应用型人才培养产教融合创新教材

装配式建筑构件深化设计

曹宽 陈楚晓 朱粤萍 主编

ZHUANGPEISHI
JIANZHU GOUJIAN
SHENHUA SHEJI

化学工业出版社

·北京·

内容简介

本书以党的二十大精神为指引，落实立德树人根本任务。本书以国家大力推动的1+X项目为背景，讲解“1+X装配式建筑构件深化设计”中级考试中构件深化设计的内容，按照不同构件划分，将考纲要求的知识点进行分解。根据不同构件的特点，采用特定设计方法逐一讲解。每个知识点都是“理论+实际操作”相结合，结合书中二维码的视频和历年真题讲解，教材内容直观化、简单化。

本书可作为职业教育土木建筑大类装配式建筑工程技术专业教学用书，还可作为工程造价、建筑工程技术、建设工程管理等专业教学用书，也可作为装配式建筑深化设计人员培训教材和工作参考书。

图书在版编目（CIP）数据

装配式建筑构件深化设计/曹宽，陈楚晓，朱粤萍主编. —北京：化学工业出版社，2023.8

ISBN 978-7-122-43552-1

Ⅰ.①装… Ⅱ.①曹… ②陈… ③朱… Ⅲ.①装配式构件-建筑设计 Ⅳ.①TU3

中国国家版本馆CIP数据核字（2023）第094620号

责任编辑：李仙华　　文字编辑：徐照阳　王　硕

责任校对：宋　夏　　装帧设计：史利平

出版发行：化学工业出版社（北京市东城区青年湖南街13号　邮政编码100011）

印　　刷：北京云浩印刷有限责任公司

装　　订：三河市振勇印装有限公司

880mm×1230mm　1/16　印张11　字数349千字　2024年7月北京第1版第1次印刷

购书咨询：010-64518888　　售后服务：010-64518899

网　　址：http://www.cip.com.cn

凡购买本书，如有缺损质量问题，本社销售中心负责调换。

定　　价：39.00元

序

国务院印发的《国家职业教育改革实施方案》中指出："建设一大批校企'双元'合作开发的国家规划教材，倡导使用新型活页式、工作手册式教材并配套开发信息化资源。每3年修订1次教材，其中专业教材随信息技术发展和产业升级情况及时动态更新。适应'互联网+职业教育'发展需求，运用现代信息技术改进教学方式方法，推进虚拟工厂等网络学习空间建设和普遍应用。"河北工业职业技术大学为落实方案精神，并推动"中国特色高水平高职学校和专业建设计划""双高"项目建设，联合河北建工集团、广联达科技股份有限公司等业内知名企业共同开发了基于"工学结合"，服务于建筑业产业升级的系列产教融合创新教材。

该丛书的编者多年从事建筑类专业的教学研究和实践工作，重视培养学生的实践技能。他们在总结现有文献的基础上，坚持"立德树人、德技并修、理论够用、应用为主"的原则，基于"岗课赛证"综合育人机制，对接"1+X"职业技能等级证书内容和国家注册建造师、注册监理工程师、注册造价工程师、建筑室内设计师等职业资格考试内容，按照生产实际和岗位需求设计开发教材，并将建筑业向数字化设计、工厂化制造、智能化管理转型升级过程中的新技术、新工艺、新理念等纳入教材内容。书中二维码嵌入了大量的数字资源，融入了教育信息化和建筑信息化技术，包含最新的建筑业规范、规程、图集、标准等文件，丰富的施工现场图片，虚拟仿真模型，教师微课知识讲解、软件操作、施工现场施工工艺模拟等视频音频文件，以大量的实际案例启发学生举一反三、触类旁通，同时随着国家政策调整和新规范的出台实时进行调整与更新。不仅为初学人员的业务实践提供了参考依据，也为建筑业从业人员学习建筑业新技术、新工艺提供了良好的平台。因此，本丛书既可作为职业院校和应用型本科院校建筑类专业学生用书，也可作为工程技术人员的参考资料或一线技术工人上岗培训的教材。

"十四五"时期，面对高质量发展新形势、新使命、新要求，建筑业从要素驱动、投资驱动转向创新驱动，以质量、安全、环保、效率为核心，向绿色化、工业化、智能化的新型建造方式转变，实现全过程、全要素、全参与方的升级，这就需要我们建筑专业人员更好地去探索和研究。

衷心希望各位专家和同行在阅读此丛书时提出宝贵的意见和建议，在全面建设社会主义现代化国家新征程中，共同将建筑行业发展推向新高，为实现建筑业产业转型升级做出贡献。

全国工程勘察设计大师 [signature]

2021年12月

前言

装配式建筑是一种新型建筑形式，2015 年相关国家标准才逐渐完善，2020 年国家大力推动装配式建筑发展。按照推进供给侧结构性改革和新型城镇化发展的要求，大力发展钢结构、混凝土等装配式建筑，具有发展节能环保新产业、提高建筑安全水平、推动化解过剩产能等一举多得之效。学校的教育应紧跟社会的需求，在教材的内容上进行更新，以满足社会对新技术人员的需求。

本书扎实推动党的二十大精神融入教材建设，通过知识与技能的学习，将精益求精的工匠精神、严谨认真的工作态度、崇高的人生追求有效地传递给学生。本书在编写方面力求做到以下几点：

（1）从岗位实际出发，将装配式混凝土构件深化设计分成 6 个任务编写。具体内容为：桁架钢筋混凝土叠合板，预制钢筋混凝土梁，预制钢筋混凝土板式楼梯，预制钢筋混凝土柱，预制钢筋混凝土内外墙板，预制钢筋混凝土阳台板。本书及时跟踪最新的国家和行业标准、规范，针对高职院校 1+X 考试的培训用教材，结合廊坊中科考试要求的 BeePC 深化设计软件，着重在操作部分详细讲解。

（2）以国家大力推动的 1+X 项目为背景，讲解“1+X 装配式建筑构件深化设计”中级考试中构件深化设计的内容，按照不同构件模块划分，将考纲要求的知识点进行分解。根据不同构件的特点，采用特定设计方法逐一讲解。每个知识点都是“理论 + 实际操作”相结合，结合二维码的视频和历年真题讲解，教材内容直观化、简单化。

（3）创新教材呈现形式，配备信息化资源，开发了丰富的视频资源，学生通过扫描书中二维码，可以获得技能操作的视频讲解，体现教、学、做的协调统一。本书将装配式建筑按照不同构件拆分，每个构件均是一独立单元，学生可以根据任务需求挑选需要的模块进行学习，不必按照传统教学方式从头到尾学习。此外，本书针对高职院校特点，融入国家大力推动的 1+X 装配式考纲，对证书要求的预制构件深化设计理论知识和 BeePC 深化设计软件操作进行讲解，配合《装配式建筑混凝土构件生产与制作》使高职院校学生学习后可以考取装配式建筑 1+X 中级证书。并在每部分的后边设置相应的选择与实操习题对学生所学知识进行检查，加强学生的装配式建筑构件应用能力和实际业务能力的培养。

本书附录一和附录二还给出了构件深化设计练习。本书选用的项目主要以第三届全国装配式建筑职业技能竞赛（学生组）选拔赛赛项一——构件深化设计赛题为例，配套图纸见本书附录二。

本书提供了丰富的视频教学资源，可通过扫描书中二维码获取。读者还可以登录网址 www.cipedu.com.cn 下载本书配套电子课件。

本教材是集体智慧的结晶，全书由河北工业职业技术大学曹宽担任第一主编，负责总体策划组织、统稿定稿，河北工业职业技术大学陈楚晓担任第二主编，杭州嗡嗡科技有限公司朱粤萍担任第三主编；河北工业职业技术大学周帅、侯志奇、韩宏彦担任副主编；河北工业职业技术大学郝永池、范泠荷、张婷、郝嫣然、王冬、李雪塞，杭州嗡嗡科技有限公司沈奇莉、孙宇、杨丁乙，杭州建研科技有限公司赵博凯、范志文技术骨干参与编写。河北工业职业技术大学谷洪雁教授担任主审并提出宝贵建议。此外，特别感谢杭州嗡嗡科技有限公司和杭州富凝建筑设计有限公司对教学数字资源给与的大力支持。

由于编者学识有限，不足之处在所难免，敬请广大读者给予指正。

编者

2023 年 07 月

目录

资源目录

绪论

装配式混凝土结构识图基础知识

0.1 装配式混凝土结构抗震等级

（1）装配整体式混凝土结构房屋的最大适用高度

装配式混凝土结构，应按现行行业标准《装配式混凝土结构技术规程》（JGJ 1）的有关规定执行。装配整体式框架结构、装配整体式剪力墙结构、装配整体式框架 - 现浇剪力墙结构、装配整体式框架 - 现浇核心筒结构、装配整体式部分框支剪力墙结构的房屋最大适用高度应满足表 0.1 的要求，并应符合下列规定：

表0.1 装配整体式混凝土结构房屋的最大适用高度 单位：m

结构类型	抗震设防烈度			
	6度	7度	8度（0.20g）	8度（0.30g）
装配整体式框架结构	60	50	40	30
装配整体式框架 - 现浇剪力墙结构	130	120	100	80
装配整体式框架 - 现浇核心筒结构	150	130	100	90
装配整体式剪力墙结构	130（120）	110（100）	90（80）	70（60）
装配整体式部分框支剪力墙结构	110（100）	90（80）	70（60）	40（30）

注：1. 房屋高度指室外地面到主要屋面的高度，不包括局部突出屋顶的部分。

2. 部分框支剪力墙结构指地面以上有部分框支剪力墙的剪力墙结构，不包括仅个别框支墙的情况。

3. 高层装配整体式混凝土结构的高宽比不宜超过表 0.2 的数值。

表0.2 高层装配整体式混凝土结构适用的最大高宽比

结构类型	抗震设防烈度	
	6度、7度	8度
装配整体式框架结构	4	3
装配整体式框架 - 现浇剪力墙结构	6	5
装配整体式剪力墙结构	6	5
装配整体式框架 - 现浇核心筒结构	7	6

① 当结构中竖向构件全部为现浇且楼盖采用叠合梁板时，房屋的最大适用高度可按现行行业标准《高层建筑混凝土结构技术规程》（JGJ 3）中的规定采用。

② 装配整体式剪力墙结构和装配整体式部分框支剪力墙结构，在规定的水平力作用下，当预制剪力墙构件底部承担的总剪力大于该层总剪力的50%时，其最大适用高度应适当降低；当预制剪力墙构件底部承担的总剪力大于该层总剪力的80%时，最大适用高度应取表0.1中括号内的数值。

③ 装配整体式剪力墙结构和装配整体式部分框支剪力墙结构中，当剪力墙边缘构件竖向钢筋采用浆锚搭接连接时，房屋最大适用高度应比表中数值降低10m。

④ 超过表内高度的房屋，应进行专门研究和论证，采取有效的加强措施。

（2）装配式混凝土结构抗震设计

装配整体式混凝土结构构件的抗震设计，应根据设防类别、烈度，结构类型和房屋高度采用不同的抗震等级，并应符合相应的计算和构造措施要求。丙类建筑装配整体式混凝土结构的抗震等级应按表0.3确定。其他抗震设防类别和特殊场地类别下的建筑应符合国家现行标准《建筑抗震设计规范》(GB 50011)、《装配式混凝土结构技术规程》(JGJ 1)、《高层建筑混凝土结构技术规程》(JGJ 3)中对抗震措施进行调整的规定。

表0.3　丙类建筑装配整体式混凝土结构的抗震等级

<table>
<tr><th colspan="2" rowspan="2">结构类型</th><th colspan="8">抗震设防烈度</th></tr>
<tr><th colspan="2">6度</th><th colspan="3">7度</th><th colspan="3">8度</th></tr>
<tr><td rowspan="3">装配整体式框架结构</td><td>高度/m</td><td>≤24</td><td>>24</td><td colspan="2">≤24</td><td>>24</td><td colspan="2">≤24</td><td>>24</td></tr>
<tr><td>框架</td><td>四</td><td>三</td><td colspan="2">三</td><td>二</td><td colspan="2">二</td><td>一</td></tr>
<tr><td>大跨度框架</td><td colspan="2">三</td><td colspan="3">二</td><td colspan="3">一</td></tr>
<tr><td rowspan="3">装配整体式框架-现浇剪力墙结构</td><td>高度/m</td><td>≤60</td><td>>60</td><td>≤24</td><td>>24且≤60</td><td>>60</td><td>≤24</td><td>>24且≤60</td><td>>60</td></tr>
<tr><td>框架</td><td>四</td><td>三</td><td>四</td><td>三</td><td>二</td><td>三</td><td>二</td><td>一</td></tr>
<tr><td>剪力墙</td><td>三</td><td>三</td><td>三</td><td>二</td><td>二</td><td>二</td><td>一</td><td>一</td></tr>
<tr><td rowspan="2">装配整体式框架-现浇核心筒结构</td><td>框架</td><td colspan="2">三</td><td colspan="3">二</td><td colspan="3">一</td></tr>
<tr><td>核心筒</td><td colspan="2">二</td><td colspan="3">二</td><td colspan="3">一</td></tr>
<tr><td rowspan="2">装配整体式剪力墙结构</td><td>高度/m</td><td>≤70</td><td>>70</td><td>≤24</td><td>>24且≤70</td><td>>70</td><td>≤24</td><td>>24且≤70</td><td>>70</td></tr>
<tr><td>剪力墙</td><td>四</td><td>三</td><td>四</td><td>三</td><td>二</td><td>三</td><td>二</td><td>一</td></tr>
<tr><td rowspan="4">装配整体式部分框支剪力墙结构</td><td>高度/m</td><td>≤70</td><td>>70</td><td>≤24</td><td>>24且≤70</td><td>>70</td><td>≤24</td><td>>24且≤70</td><td rowspan="4">—</td></tr>
<tr><td>现浇框支框架</td><td>二</td><td>二</td><td>二</td><td>二</td><td>一</td><td>一</td><td>一</td></tr>
<tr><td>底部加强部位剪力墙</td><td>三</td><td>二</td><td>三</td><td>二</td><td>一</td><td>二</td><td>一</td></tr>
<tr><td>其他区域剪力墙</td><td>四</td><td>三</td><td>四</td><td>三</td><td>二</td><td>三</td><td>二</td></tr>
</table>

注：1. 大跨度框架指跨度不小于18m的框架。

2. 高度不超过60m的装配整体式框架-现浇核心筒结构按照装配整体式框架-现浇剪力墙的要求设计时，应按表中装配整体式框架-现浇剪力墙结构的规定确定其抗震等级。

对于高层装配整体式混凝土结构，当其房屋高度、规则性等不符合以上标准的规定或者抗震设防标准有特殊要求时，可按国家现行标准《建筑抗震设计规范》(GB 50011)和《高层建筑混凝土结构技术规程》(JGJ 3)的有关规定进行结构抗震性能化设计。当采用标准未规定的结构类型时，可采用试验方法对结构整体或者局部构件的承载能力极限状态和正常使用极限状态进行复核，并应进行专项论证。

装配式混凝土结构应采取措施保证结构的整体性。安全等级为一级的高层装配式混凝土结构尚应按现行行业标准《高层建筑混凝土结构技术规程》(JGJ 3)的有关规定进行抗连续倒塌概念设计。

高层建筑装配整体式混凝土结构应符合下列规定：

① 当设置地下室时，宜采用现浇混凝土；

② 剪力墙结构和部分框支剪力墙结构底部加强部位宜采用现浇混凝土；

③ 框架结构的首层柱宜采用现浇混凝土；

④ 当底部加强部位的剪力墙、框架结构的首层柱采用预制混凝土时，应采取可靠技术措施。

0.2 钢筋的种类和表示方法

钢筋是指钢筋混凝土配筋用的直条或盘条状钢材。根据外形不同，钢筋可分为光圆钢筋和变形钢筋两种。

钢筋在混凝土中主要承受拉应力。变形钢筋由于肋的作用，和混凝土有较大的黏结能力，因而能更好地承受外力的作用。

光圆钢筋用公称直径的毫米数表示。变形钢筋的公称直径相当于横截面相等的光圆钢筋的公称直径。钢筋的公称直径为 6 ～ 50mm，推荐采用的直径为 8mm、12mm、16mm、20mm、25mm、32mm、40mm。

目前，钢筋混凝土结构用钢筋共分为 4 个级别 8 种钢筋，分别是 HPB300，HRB335、HRBF335，HRB400、RRB400、HRBF400，HRB500、HRBF500。只有 HPB300 级钢筋是光圆钢筋，剩余其他钢筋均为变形钢筋。

（1）热轧光圆型钢筋　HPB300 称为Ⅰ级钢筋，符号“Φ”，全称是热轧光圆型钢筋，300 指其对应的屈服强度标准值 300MPa，该钢筋延伸率≥ 24%。

何为低碳钢屈服强度呢？

低碳钢为韧性材料。其拉伸时的应力 - 应变曲线（图 0.1）主要分四个阶段：弹性阶段、屈服阶段、强化阶段、颈缩阶段。

① 弹性阶段试样的变形完全是弹性的，遵从胡克定律，全部荷载卸载完毕后，试样将恢复其原长。

② 随着外力逐渐增加，低碳钢进入屈服阶段，这一阶段内部原子在力的作用下发生滑移，重新排列，致使低碳钢应力增长变化微弱，但应变增长迅速，工程上将此处能够抵抗的力称为屈服强度。它是钢材性能的主要标志之一。

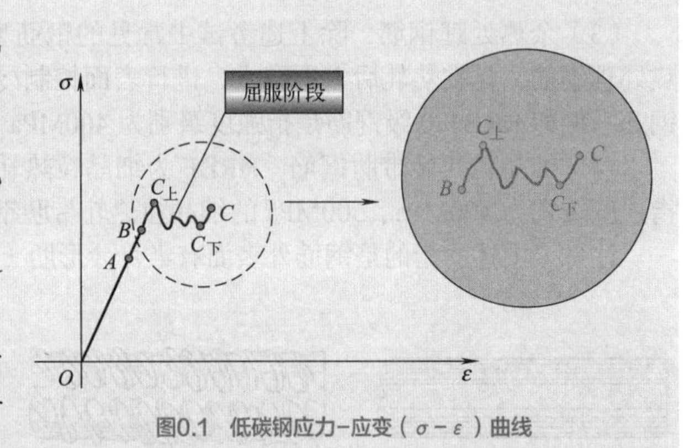

图0.1　低碳钢应力-应变（σ－ε）曲线

③ 原子排列完成后内部排列更为合理，低碳钢将进入强化阶段，抗力有所增长。

④ 随着外力的不断增加，在超出钢材的极限能力后，钢材某一段内横截面面积显著地收缩，出现“颈缩”的现象，一直到试样被拉断，此阶段称为颈缩阶段。

在 1+X 装配式深化设计职业能力等级证书考试中，一级钢筋的符号由“Φ”变为“A”来表示。例如 2A8，代表两根直径为 8mm 的一级钢筋。值得注意的是旧规范中采用 HPB235 表示一级钢，2011 年实施的《混凝土结构设计规范》把 HPB235 钢筋换成了 HPB300，此处在考试试题钢筋的选择中不要选错。

（2）热轧带肋钢筋　HRB335、HRB400、HRB500 级钢筋分别是指强度级别为 335MPa、400MPa、500MPa 的普通热轧带肋钢筋；其中 HRB335 称为Ⅱ级钢筋，符号“Φ”。HRB 即热轧带肋钢筋，所谓带肋钢筋指钢筋表面通过热轧工艺轧制出变形以增加与混凝土之间的咬合力，包括表面带肋钢筋、螺旋纹钢筋、人字纹钢筋、月牙纹钢筋等。Ⅱ级钢筋用低合金镇静钢或半镇静钢轧制，以硅、锰作为固溶强化元素，其强度较高，塑性较好，焊接性能比较理想。钢筋表面轧有通长的纵筋和均匀分布的横肋，从而可加强钢筋与混凝土间的黏结。用Ⅱ级钢筋作为钢筋混凝土结构的受力钢筋，比使用Ⅰ级钢筋可节省钢材 40% ～ 50%，因此，可广泛用于大、中型钢筋混凝土结构，如用作桥梁、水坝、港口工程和房屋建筑结构的主筋。Ⅱ级钢筋经冷拉后，也可用作房屋建筑结构的预应力钢筋。在 1+X 装配式深化设计职业能力等级证书考试中Ⅱ级钢筋的符号由“Φ”变为“B”来表示。例如 2B8，代表两根直径为 8mm 的Ⅱ级钢筋。

HRB400 级钢筋称为Ⅲ级钢筋，符号“Φ”，在 1+X 装配式深化设计职业能力等级证书考试中用“C”来表示。例如 2C8，代表两根直径为 8mm 的Ⅲ级钢筋。

HRB500 钢筋称为Ⅳ级钢筋，符号由“Φ”表示。也属于低碳钢轧制钢材，在其中加入强化元素，在保证塑性和韧性的前提下提高材料强度。Ⅳ级钢筋也为变形钢筋，表面有月牙形横肋，建筑工程中Ⅳ级钢筋比较常用于预应力混凝土板类构件中，另外吊车梁等跨度较大的预应力构件中也常用Ⅳ级钢筋。在具体施工过程中，为了发挥材料的潜力，通常在使用前对其采取冷拉处理，以节约钢材。通常设计方以冷拉设计强度值为设计参考依据。热轧钢筋的基本特性见表0.4。

表0.4 热轧钢筋的基本特性

<table>
<tr><th rowspan="2">名称</th><th rowspan="2">牌号</th><th rowspan="2">表面形式</th><th rowspan="2">公称直径 d/mm</th><th rowspan="2">屈服强度特征值/MPa</th><th>抗拉强度/MPa</th><th>伸长率/%</th><th colspan="2">冷弯</th></tr>
<tr><th colspan="2">不小于</th><th>弯曲角度</th><th>弯曲直径</th></tr>
<tr><td>光圆</td><td>HPB300</td><td>光圆</td><td>6～22</td><td>300</td><td>420</td><td>25</td><td>180°</td><td>d</td></tr>
<tr><td rowspan="6">带肋</td><td rowspan="2">HRB335</td><td rowspan="2">月牙肋</td><td>6～25</td><td rowspan="2">335</td><td rowspan="2">490</td><td rowspan="2">16</td><td rowspan="2">180°</td><td>3d</td></tr>
<tr><td>28～50</td><td>4d</td></tr>
<tr><td rowspan="2">HRB400</td><td rowspan="2">月牙肋</td><td>6～25</td><td rowspan="2">400</td><td rowspan="2">570</td><td rowspan="2">14</td><td rowspan="2">180°</td><td>4d</td></tr>
<tr><td>28～50</td><td>5d</td></tr>
<tr><td rowspan="2">HRB500</td><td rowspan="2">月牙肋</td><td>6～25</td><td rowspan="2">500</td><td rowspan="2">630</td><td rowspan="2">12</td><td rowspan="2">180°</td><td>6d</td></tr>
<tr><td>28～50</td><td>7d</td></tr>
</table>

（3）余热处理钢筋　除上述考试中常见的钢筋型号之外，按照制造工艺不同，还有RRB钢筋，即余热处理钢筋，是在热轧后立即穿水，进行表面控制冷却，然后利用芯部余热自身完成回火处理所得的成品钢筋。例如RRB400级钢筋是指强度级别为400MPa的余热处理带肋钢筋。

（4）细晶粒热轧带肋钢筋　HRBF为细晶粒热轧带肋钢筋，例如：HRBF400、HRBF500级钢筋分别是指强度级别为400MPa、500MPa的细晶粒热轧带肋钢筋。

注意，上述肋指的是钢筋外表面有半月牙形肋（图0.2），非国外标准指的螺纹型钢筋。

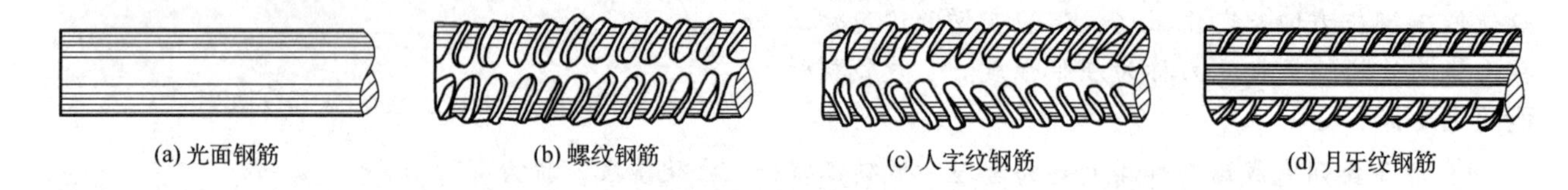

(a) 光面钢筋　(b) 螺纹钢筋　(c) 人字纹钢筋　(d) 月牙纹钢筋

图0.2 不同钢筋表面形状

《混凝土结构设计规范》（GB 50010—2010）指出，混凝土结构的钢筋应按下列规定选用。

① 纵向受力普通钢筋宜采用HRB400、HRB500、HRBF400、HRBF500钢筋，也可采用HPB300、HRB335、HRBF335、RRB400钢筋。

② 梁、柱纵向受力普通钢筋应采用HRB400、HRB500、HRBF400、HRBF500钢筋。

③ 箍筋宜采用HRB400、HRBF400、HPB300、HRB500、HRBF500钢筋，也可采用HRB335、HRBF335钢筋。

④ 预应力筋宜采用预应力钢丝、钢绞线和预应力螺纹钢筋。

0.3 混凝土保护层厚度

为了防止钢筋锈蚀，增强钢筋与混凝土之间的黏结力及钢筋的防火能力，在钢筋混凝土构件中钢筋的外边缘至构件表面应留有一定厚度的混凝土，称为钢筋保护层。特别注意的是，根据2010年发布的《混凝土结构设计规范》，保护层厚度不再是纵向钢筋（非箍筋）外缘至混凝土表面的最小距离，而是“以最外层钢筋（包括箍筋、构造筋、分布筋等）的外缘计算混凝土的保护层厚度”，用字母c表示，如图0.3所示。

影响混凝土保护层厚度的四大因素包括：环境类别、构件类型、混凝土强度等级及结构设计使用年限。

混凝土保护层厚度越大，构件的受力钢筋黏结锚固性能、耐久性和防火性能越好。但是，过大的保护层厚度会使构件受力后产生的裂缝宽度过大，就会影响其使用性能。因此，规定纵向受力的普通钢筋及预应力钢筋，其混凝土保护层厚度（钢筋外边缘至混凝土表面的距离）不应小于钢筋的公称直径 d，且应符合表 0.5 的规定。一般设计中是采用最小值的。

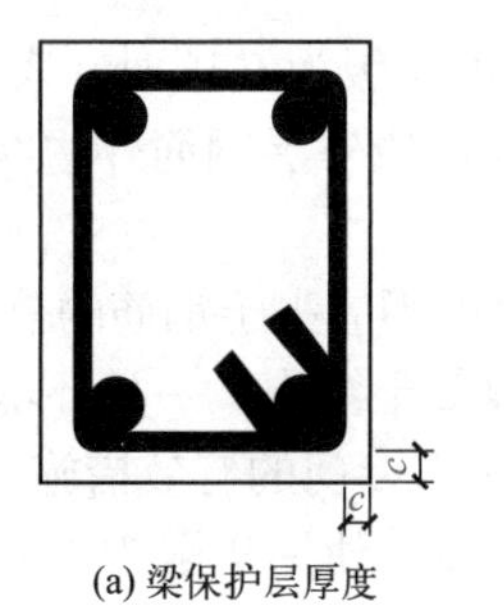

(a) 梁保护层厚度

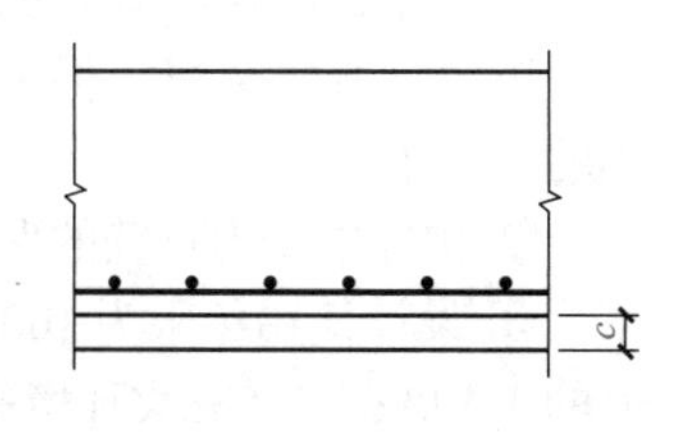

(b) 板保护层厚度

图0.3 保护层厚度示意图

（1）混凝土结构所在的环境类别

随着表 0.5 中环境类别序号升高，混凝土结构所在的环境是越来越恶劣的，所以必须设置相应的混凝土保护层厚度，用以防止钢筋的腐蚀。

表0.5 混凝土结构的环境类别

环境类别	条 件
一	室内干燥环境；无侵蚀性静水浸没环境
二 a	室内潮湿环境； 非严寒和非寒冷地区的露天环境； 非严寒和非寒冷地区与无侵蚀性的水或土壤直接接触的环境； 严寒和寒冷地区的冰冻线以下与无侵蚀性的水或土壤直接接触的环境
二 b	干湿交替环境； 水位频繁变动环境； 严寒和寒冷地区的露天环境； 严寒和寒冷地区冰冻线以上与无侵蚀性的水或土壤直接接触的环境
三 a	严寒和寒冷地区冬季水位变动区环境； 受除冰盐影响环境； 海风环境
三 b	盐渍土环境； 受除冰盐作用环境； 海岸环境
四	海水环境
五	受人为或自然的侵蚀性物质影响的环境

注：在实际工程施工图中，如果用到环境类别，则一般由设计单位在施工图中直接标明，无须由施工单位、监理单位等进行判定。

（2）各类环境下混凝土保护层厚度

针对各类环境该如何设置保护层厚度呢？规范中对设计使用年限为 50 年的混凝土结构材料作出了规定。

规定一类环境墙板壳体保护层厚度不得小于 15mm，更重要的梁柱构件保护层厚度相应增加。二类环境以此类推，如表 0.6 所示。

表0.6 墙板壳体保护层厚度 单位：mm

环境类别	板、墙、壳	梁、柱、杆
一	15	20
二 a	20	25
二 b	25	35
三 a	30	40
三 b	40	50

特别注意：规定中，混凝土强度等级为 C25 时，表 0.6 中保护层厚度数值应增加 5mm。

① 表 0.6 中混凝土保护层厚度指最外层钢筋外边缘至混凝土表面的距离，适用于设计使用年限为 50 年的混凝土结构。

② 构件中受力钢筋的保护层厚度不应小于钢筋的公称直径。

③ 设计使用年限为 100 年的混凝土结构：一类环境中，最外层钢筋的保护层厚度不应小于表 0.6 中数值的 1.4 倍；二、三类环境中，应采取专门的有效措施。

例如：环境类别为一类，结构设计使用年限为 100 年的框架梁，混凝土强度等级为 C30, 其混凝土保护层的最小厚度应为 20 × 1. 4=28（mm）。

0.4 钢筋的锚固

钢筋混凝土结构中钢筋能够受力，主要是依靠钢筋和混凝土之间的黏结锚固作用，因此钢筋的锚固是混凝土结构受力的基础。如锚固失效，则结构将丧失承载能力并由此导致结构破坏。受力钢筋依靠其表面与混凝土的黏结作用或端部构造的挤压作用而达到设计承受应力所需要的长度。弯折锚固长度包括直线段和弯折段。锚固长度对于建筑来说至关重要，甚至关系到整个工程施工的成功与否。

钢筋的锚固是指梁、板、柱等构件的受力钢筋伸入支座或基础。《混凝土结构施工图平面整体表示方法制图规则和构造详图》（22G101-1）给出了受拉钢筋基本锚固长度 l_{ab} 的取值，见表 0.7；抗震设计时受拉钢筋基本锚固长度 l_{abE} 的取值见表 0.8。

表0.7 受拉钢筋基本锚固长度 l_{ab} 单位：mm

钢筋种类	混凝土强度等级							
	C25	C30	C35	C40	C45	C50	C55	≥ C60
HPB300	34*d*	30*d*	28*d*	25*d*	24*d*	23*d*	22*d*	21*d*
HRB400、HRBF400 RRB400	40*d*	35*d*	32*d*	29*d*	28*d*	27*d*	26*d*	25*d*
HRB500、HRBF500	48*d*	43*d*	39*d*	36*d*	34*d*	32*d*	31*d*	30*d*

表0.8 抗震设计时受拉钢筋基本锚固长度 l_{abE} 单位：mm

钢筋种类		混凝土强度等级							
		C25	C30	C35	C40	C45	C50	C55	≥ C60
HPB300	一、二级	39*d*	35*d*	32*d*	29*d*	28*d*	26*d*	25*d*	24*d*
	三级	36*d*	32*d*	29*d*	26*d*	25*d*	24*d*	23*d*	22*d*
HRB400 HRBF400	一、二级	46*d*	40*d*	37*d*	33*d*	32*d*	31*d*	30*d*	29*d*
	三级	42*d*	37*d*	34*d*	30*d*	29*d*	28*d*	27*d*	26*d*
HRB500 HRBF500	一、二级	55*d*	49*d*	45*d*	41*d*	39*d*	37*d*	36*d*	35*d*
	三级	50*d*	45*d*	41*d*	38*d*	36*d*	34*d*	33*d*	32*d*

一般情况下，受拉钢筋的锚固长度 l_a、抗震锚固长度 l_{aE} 应根据锚固条件按下列公式进行调整计算（修正系数说明参见表 0.9）：

受拉钢筋锚固长度 l_a=锚固长度修正系数 ζ_a × 基本锚固长度 l_{ab}

抗震锚固长度 l_{aE}=抗震锚固长度修正系数 ζ_{aE} × 锚固长度 l_a

表0.9 受拉钢筋锚固长度l_a、抗震锚固长度l_{aE}和受拉钢筋锚固长度修正系数ζ_a

受拉钢筋锚固长度 l_a、抗震锚固长度 l_{aE}			受拉钢筋锚固长度修正系数 ζ_a		
非抗震	抗震		锚固条件		ζ_a
$l_a=\zeta_a l_{ab}$	$l_{aE}=\zeta_{aE}\times l_a$	1. l_a不应该小于200mm 2. 锚固长度修正系数ζ_a按本表取用，当多于一项时，可按连乘计算，但不应该小于0.6 3. ζ_{aE}为抗震锚固长度修正系数，对一、二级抗震等级取1.15，对三级抗震等级取1.05，对四级抗震等级取1.00	带肋钢筋的公称直径大于25mm		1.10
			环氧树脂涂层带肋钢筋		1.25
			施工过程中易受扰动的钢筋		1.10
			锚固区保护层厚度	$3d$	0.80
				$5d$	0.70

注：1. l_{abE}可以从表0.8中直接查取；从表0.8和表0.9中查取l_{abE}和ζ_a后，由$l_{aE}=\zeta_a\times l_{abE}$，即可得出$l_{aE}$。当没有特殊锚固条件时，一般情况下$\zeta_a$=1.0，即$l_{aE}=l_{abE}$。

2. 当抗震等级为四级时，ζ_{aE}=1.0，即$l_{abE}=l_{ab}$。

任务1

桁架钢筋混凝土叠合板识图与深化设计

知识目标

1. 了解钢筋混凝土叠合板的组成以及基础知识；
2. 掌握钢筋混凝土叠合板施工图中所包含的识读要点；
3. 掌握钢筋混凝土叠合板的深化设计内容。

能力目标

通过识读叠合板施工图，能正确对预制钢筋混凝土叠合板进行深化设计。

素质目标

预制板的拆分直接影响到生产的标准化程度，通过学习，深刻体会深化设计中的标准化设计的重要性。在拆分过程中强调树立正确的技术观和培养大胆的技术创新意识，通过更合理的拆分，使得叠合板的规格以及数量、种类更加合理，从而使得生产成本降低，降低施工难度。特别注意生产－深化设计－运输－吊装－灌浆等过程中的全面考虑，培养综合素质、职业能力和大局意识。

本任务将对主要的预制构件——钢筋混凝土板的平法施工图识图的一般规则和板的平法施工图制图规则进行讲解，并将详细讲述混凝土结构板的构造。

识图是第一步，通过本任务理论基础知识的学习，掌握常见的混凝土板平法施工图的表示方法，掌握板的平法施工图制图规则，能够看懂板的平法施工图。

1.1　桁架钢筋混凝土叠合板识图

1.1.1　楼板的识图

楼板根据其长短边比值的不同，可分为单向板和双向板。单向板中的钢筋主要由短边方向的受力钢筋及长边方向的分布钢筋组成；双向板两个方向均布置受力钢筋。

根据支承结构体系的不同，混凝土梁板可分为梁板结构和板柱结构。其中，有梁有板的称为梁板结构，也称为肋梁楼盖；有板无梁的则称为板柱结构，如图 1.1 所示。因此，板的平法识图分为有梁楼盖平法识图、无梁楼盖平法识图和楼板相关构造平法识图。

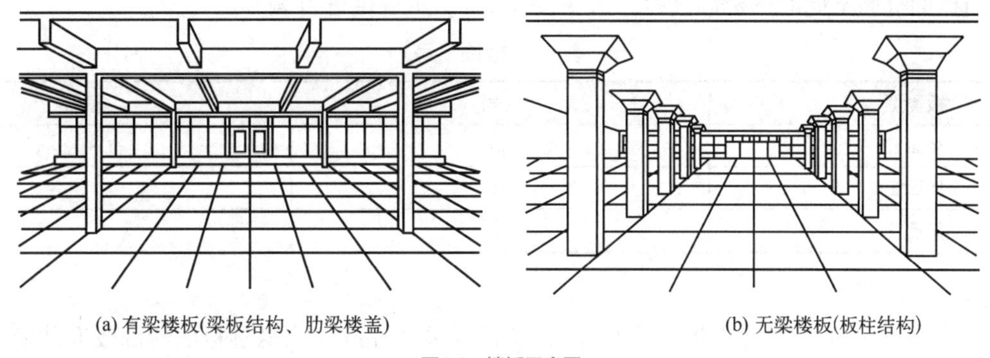

(a) 有梁楼板(梁板结构、肋梁楼盖)　　(b) 无梁楼板(板柱结构)

图1.1　楼板示意图

在实际工程中，常见钢筋混凝土楼板配筋情况如图 1.2 所示。从图中可以看出，两个方向都有钢筋，若将各板块受力钢筋及支座处负弯矩钢筋在同一张平面布置图上表达出来，较为烦琐，且图面较乱。板的平法施工图是在板的平面布置图上，采用平面注写的表达方式，将板中的配筋情况表达出来，较为简便。板的平面注写内容主要包括板块集中标注和板支座原位标注。

图1.2　有梁楼盖现浇楼板配筋图

为方便设计表达和施工识图，规定结构平面的坐标方向如下：

① 当两向轴网正交布置时，规定图面从左至右为 X 向，从下至上为 Y 向；

② 当轴网转折时，局部坐标方向顺轴网转折角度做相应转折；

③ 当轴网向心布置时，切向为 X 向，径向为 Y 向。

此外，对于平面布置比较复杂的区域，如轴网转折交界区域、向心布置的核心区域等，其平面坐标方向应由设计者另行规定并在图上明确表示。

1.1.1.1　集中标注

有梁楼盖集中标注内容如图 1.3 所示，按“板块”进行划分。板块集中标注的内容为：板块编号、板厚、上部贯通纵筋、下部纵筋，以及当板面标高不同时的标高高差。

（1）板块编号

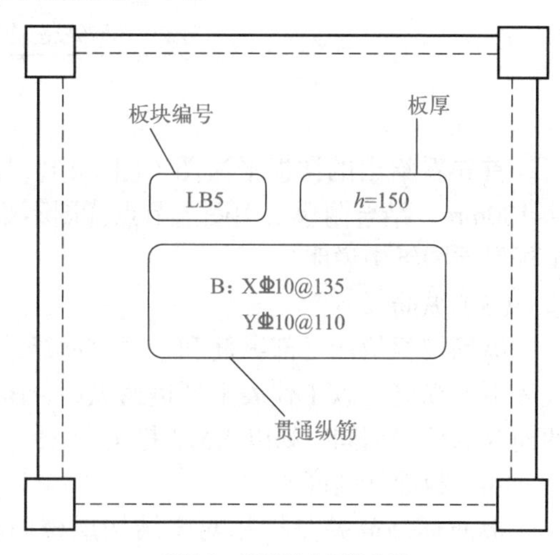

图1.3　楼盖集中标注内容

对于普通楼面，两向均以一跨为一板块；对于密肋楼盖，两向主梁（框架梁）均以一跨为一板块（非主梁密肋不计）。所有板块应逐一编号，相同编号的板块可择其一集中标注，其他仅注写置于圆圈内的板编号，以及当板面标高不同时的标高高差。板块按表 1.1 所示规定进行编号。

表1.1 板块编号

板类型	代号	序号
楼面板	LB	××
屋面板	WB	××
悬挑板	XB	××

（2）板厚

板厚注写为 ×××（为垂直于板面的厚度），单位均采用 mm；当悬挑板的端部改变截面厚度时，用斜线分隔根部与端部的高度值，注写为 ×××/×××；当原设计图纸中已在图注中统一注明板厚时，此项可不注。

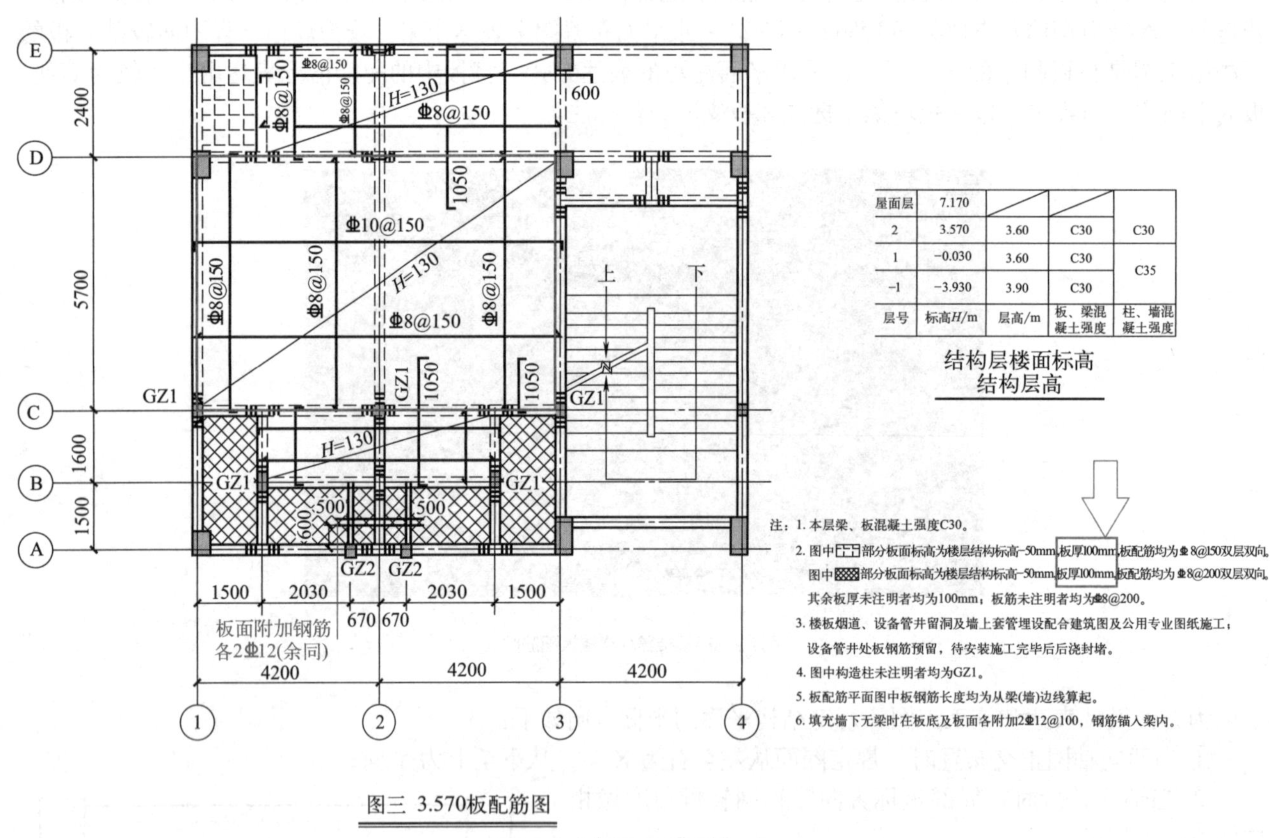

图1.4 楼板平法示意图（一）

首先看给出的楼板平法图（图 1.4），找到需要的板相关的信息。例如图中框选区域中，楼板厚度为 H=130mm，结合附录二中图七节点详图不难看出项目中楼板采用的是 60（预制）+70（现浇）的形式。其余板厚看图纸中说明。

（3）纵筋

纵筋按板块的下部纵筋和上部贯通纵筋分别注写（当板块上部不设贯通纵筋时则不注），并以字母 B 代表下部纵筋，以 T 代表上部贯通纵筋，B&T 代表下部与上部；X 向纵筋以 X 打头，Y 向纵筋以 Y 打头，两向纵筋配置相同时则以 X&Y 打头。

（4）板面标高高差

板面标高高差是指相对于结构层楼面标高的高差，应将其注写在括号内，且有高差则注，无高差不注。

1.1.1.2 板支座原位标注

板和梁相交的一定范围内，楼板承受负弯矩作用，因而，板支座处需配置一定数量的负弯矩钢筋（扣筋），如图 1.5 所示。对于图 1.5 中所示的负弯矩钢筋，无须贯通布置，因此不属于集中标注的范畴，可在支座位置处将配筋情况表达出来，即板支座处原位标注。同样，悬挑板的上部受力钢筋也是通过原位标注的方法进行表示的。

图1.5　楼板扣筋示意图

板支座原位标注的内容为：板支座上部非贯通纵筋和悬挑板上部受力钢筋。以图 1.6 框选处举例，代表此处横向钢筋与竖向钢筋都为 8mm 的三级钢筋，每根钢筋间距为 150mm。

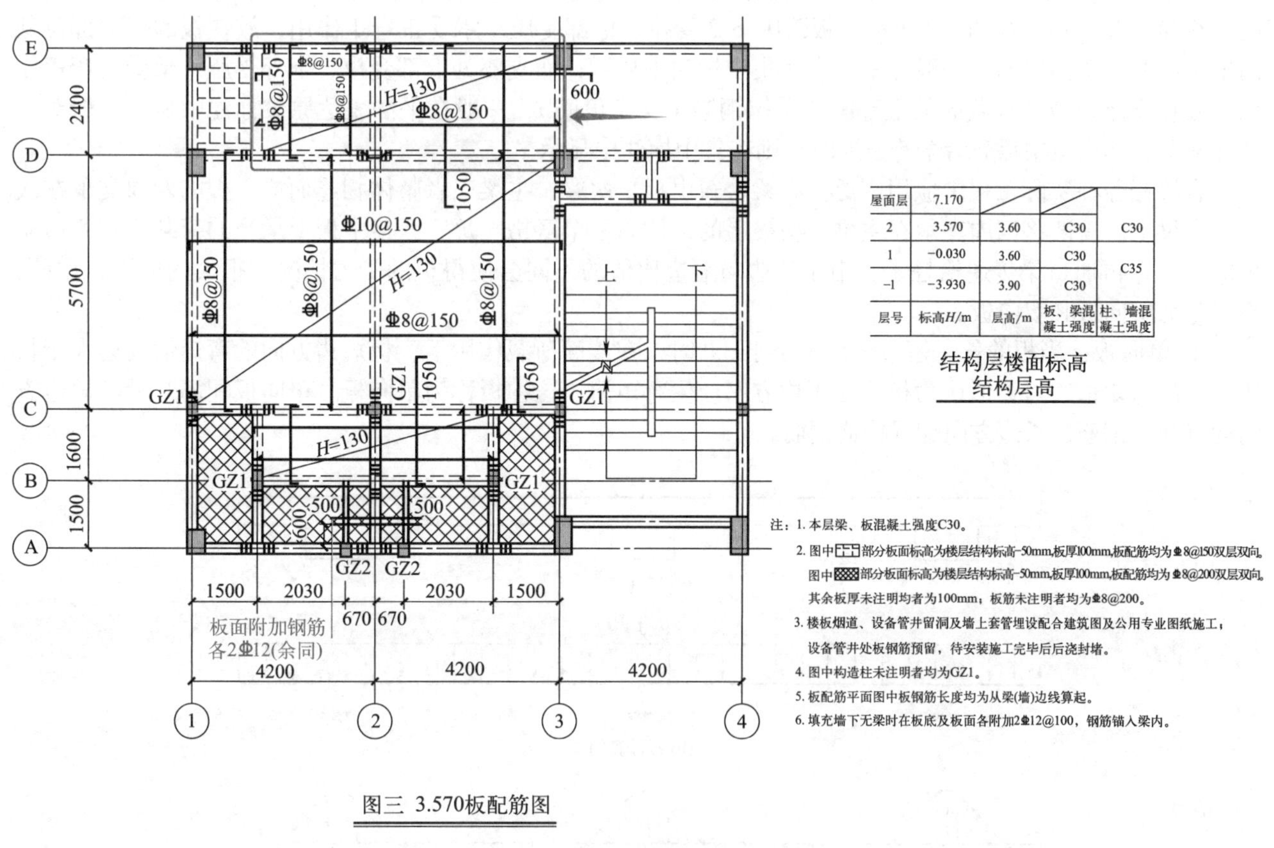

图1.6　楼板平法示意图（二）

楼板相关构造的平法施工图设计是在板平法施工图上采用直接引注方式表达。楼板相关构造类型与编号如表 1.2 所示。

表1.2 楼板相关构造类型及编号

构造类型	代号	序号	说 明
纵筋加强带	JQD	××	以单向加强纵筋取代原位置配筋
后浇带	HJD	××	有不同的留筋方式
柱帽	ZM×	××	适用于无梁楼盖
局部升降板	SJB	××	板厚及配筋与所在板相同；构造升降高度≤ 300mm
板加腋	JY	××	腋高与腋宽可选注
板开洞	BD	××	最大边长或直径 <1000mm；加强筋长度有全跨贯通和自洞边锚固两种
板翻边	FB	××	翻边高度≤ 300mm
角部加强筋	Crs	××	以上部双向非贯通加强钢筋取代原位置的非贯通配筋
悬挑板阴角放射筋	Cis	××	板悬挑阴角上部斜向附加钢筋
悬挑板阳角放射筋	Ces	××	板悬挑阳角上部放射筋
抗冲切箍筋	Rh	××	通常用于无柱帽无梁楼盖的柱顶
抗冲切弯起筋	Rb	××	通常用于无柱帽无梁楼盖的柱顶

1.1.2 楼板的计算原理

板钢筋标准构造及计算原理：在现浇有梁楼盖中，梁是板的支座，板是支承于梁上的连续构件，板的计算简图和弯矩图如图 1.7 所示。板跨中下部受拉、上部受压，承受正弯矩作用，故在板的跨中部位截面下部应配置受力钢筋，一般在平法表达集中标注中显示；而支座处上部受拉、下部受压，承受负弯矩作用，故在支座处应在板截面的上部配置受拉钢筋（支座负筋），一般在平法表达原位标注中显示。但对于特殊情况，如当板中负筋沿全跨贯通时，则在集中标注中显示。

有梁楼盖在实际工程中应用广泛。有梁楼盖由板、次梁、主梁三者整体相连而成。板的四周支承在次梁、主梁上。一般将四周支承在主梁、次梁上的板称为一个区格。每一区格中板上承受的荷载传到四边支承的梁上，再通过梁传递给柱子，由于长边与短边比值的不同会使得板的受力情况有很大的区别，据此，板可分为单向板和双向板。

① 单向板：当板的长、短边之比不小于 3.0 时，在楼面荷载作用下，板短边方向的弯矩值会远大于长边方向的弯矩值，可近似认为板只在短边方向产生弯矩值，这种板称为单向板。单向板配筋时沿着短边方向配置受力钢筋，长边方向配置构造钢筋。

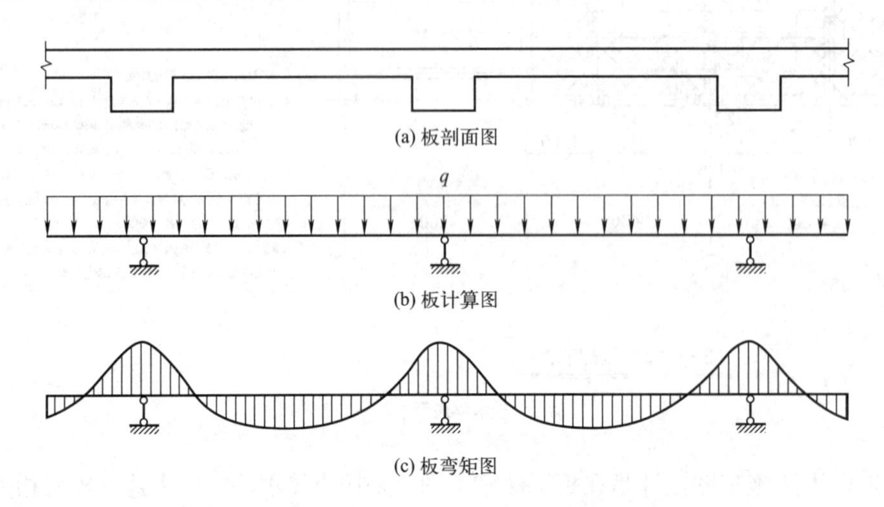

图1.7 板剖面图、计算简图及弯矩示意图

② 双向板：当板的长、短边之比不大于 2.0 时，板在长、短跨方向均有弯矩值，且两个方向的弯矩值都不能忽略，这种板称为双向板。双向板配筋时沿着两个方向均配置受力钢筋。

当板的长、短边之比大于 2.0 但小于 3.0 时，宜按双向板设计；若按单向板设计，则沿短边方向配置受力钢筋，且长边方向配置不少于短边方向 25% 的受力钢筋。板构件钢筋构造知识体系如表 1.3 所示。

表1.3　板构件钢筋构造知识体系

钢筋种类	钢筋构造情况	钢筋种类	钢筋构造情况
板底筋	端部及中间支座锚固	支座负筋及分布筋	端支座负筋
	悬挑板		中间支座负筋
	板翻边		跨板支座负筋
	局部升降板	其他钢筋	板开洞
板顶筋	端部及中间支座锚固悬挑板		悬挑阳角附加筋
	板翻边		悬挑阴角附加筋
	局部升降板		温度筋

1.1.3　楼板的构造

1.1.3.1　端部钢筋锚固构造

板端部支座不同，钢筋构造亦有所差别，如图 1.8 所示。下部钢筋锚固长度为 5*d* 且至少到支座中线，板钢筋距支座边的起步距为 $^1/_2$ 板筋间距。

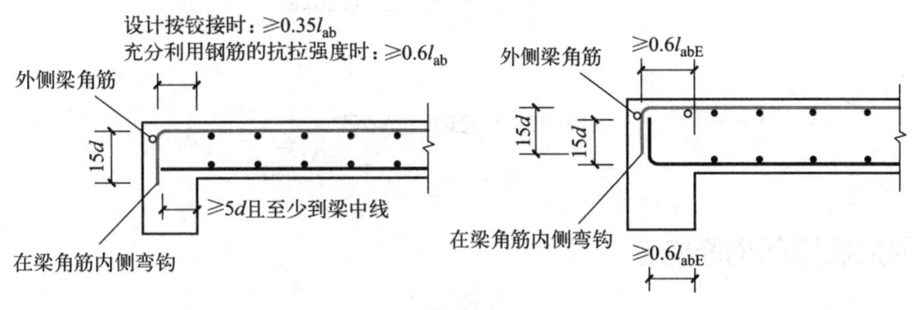

图1.8　板在端部支座的锚固构造

如图 1.9 所示，因为在支座处正弯矩为零，所以板下部钢筋在支座处不受力，参照图 1.8 左侧的锚固构造。上部钢筋因为有负弯矩的作用，在支座处是受力的，所以参照受力筋锚固。

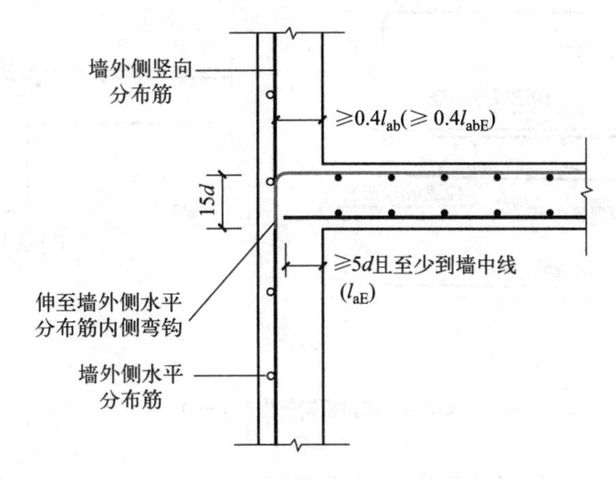

(括号内的数值用于梁板式转换层的板)

(a) 端部支座为剪力墙中间层

图1.9

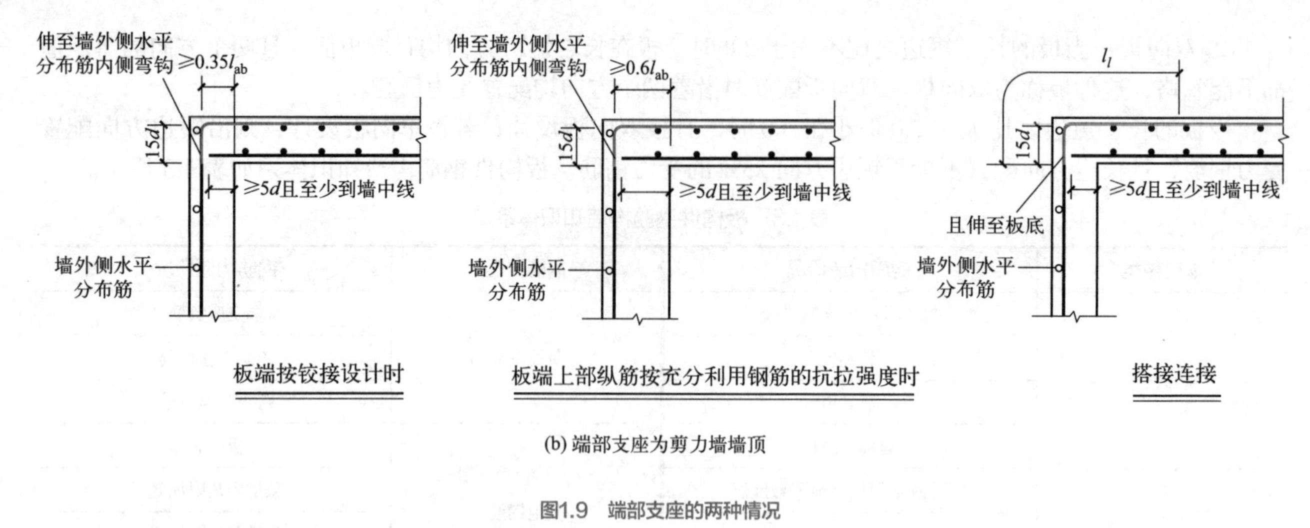

(b) 端部支座为剪力墙墙顶

图1.9 端部支座的两种情况

1.1.3.2 中间支座锚固构造

中间支座锚固构造如图 1.10 所示，下部钢筋锚固长度为 5d 且至少到支座中线。对于用于梁板式转换层的板，板下部纵筋可在中间支座锚固或贯穿中间支座。

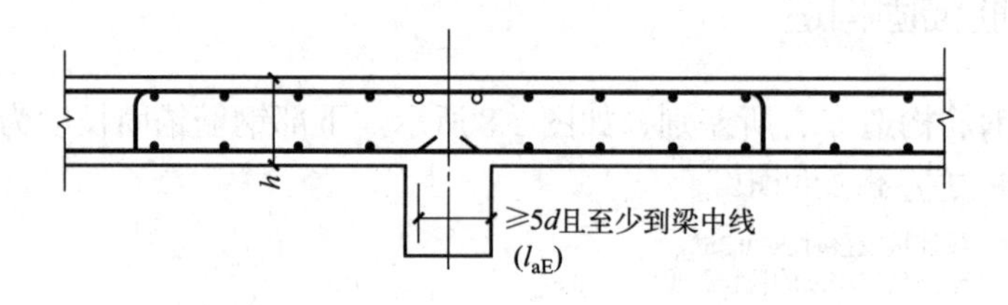

图1.10 中间支座锚固构造

1.1.3.3 悬挑板底部钢筋构造

由于悬挑板承受负弯矩作用，上部受拉，故悬挑板受力钢筋在上部，底部仅配置构造钢筋或分布钢筋，如图 1.11 所示，其底部钢筋锚入支座不小于 12d 且至少到支座中心线。

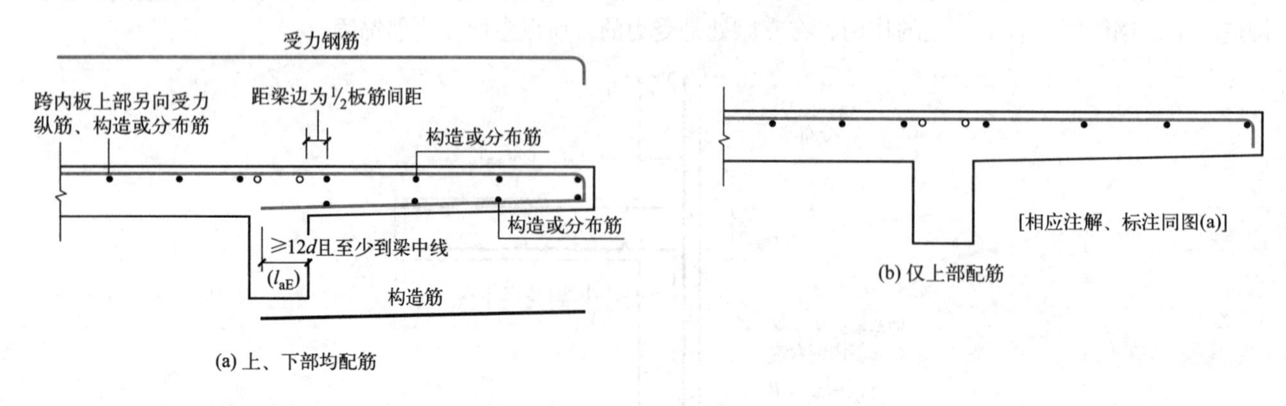

(a) 上、下部均配筋

(b) 仅上部配筋

图1.11 悬挑板钢筋构造（一）

端部钢筋锚固构造：板顶筋端部锚固构造视支座不同，如图 1.12 所示，纵筋在端支座应伸至墙外侧水平分布钢筋内侧后弯折 15d，当平直段长度不小于 l_a 或 l_{aE} 时可不弯折。

板顶贯通筋中间连接：相邻跨净跨相等时，板顶贯通筋连接构造如图 1.13 所示。

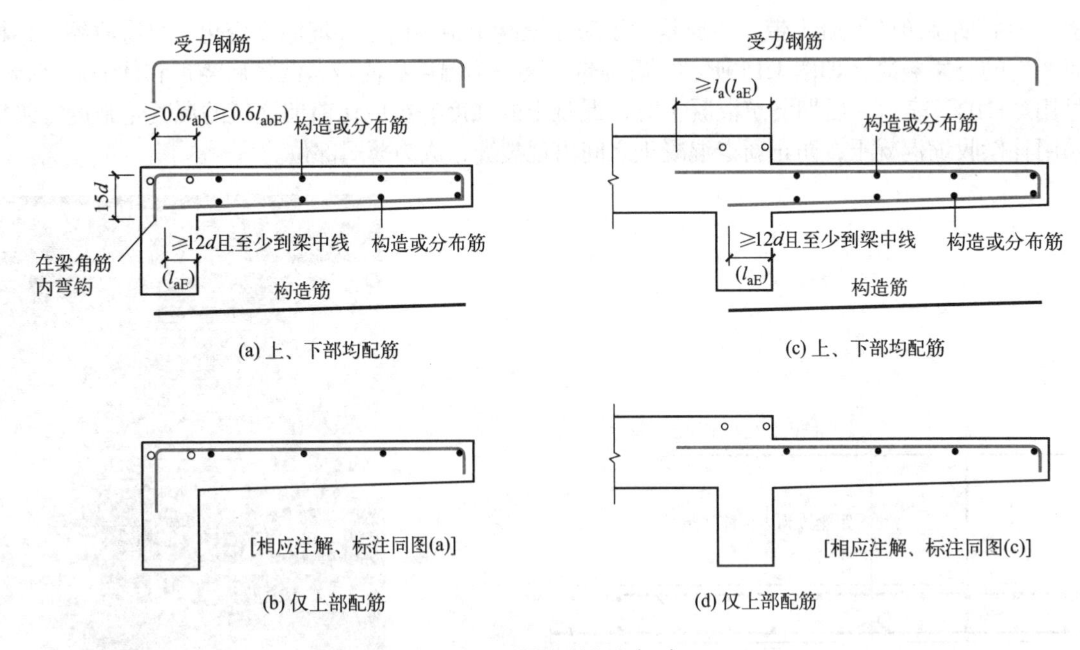

图1.12 悬挑板钢筋构造（二）

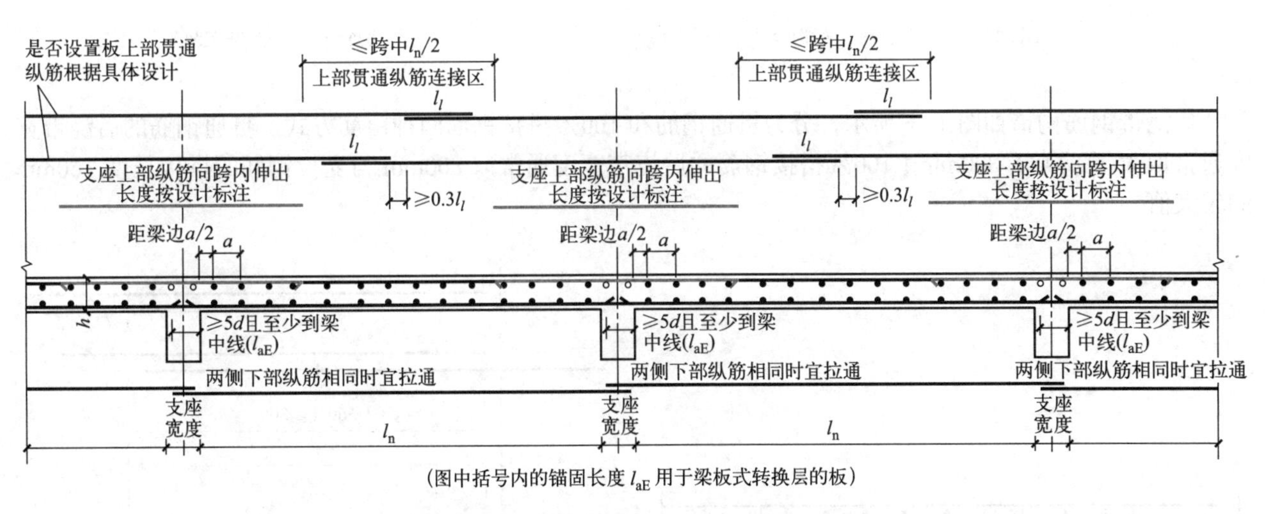

图1.13 相邻等跨的板顶贯通筋连接构造

悬挑板顶部筋延伸：悬挑板板顶受力筋宜由跨内板顶筋直接延伸到悬挑端，然后向下弯折至板底；纯悬挑板板顶受力筋在支座一端要满足锚固要求。

1.1.3.4 支座负筋、分布筋构造

中间支座负筋一般构造如图 1.14 所示。中间支座负筋的延伸长度是指自支座中心线向跨内的长度，长度由设计者或设计图纸的单位指定。向下弯折长度为 $h-2c$，即板厚减两个保护层厚度，在支座负筋的下部应布置与其垂直的分布钢筋，形成一个稳定的钢筋骨架。支座负筋的分布筋距支座边的起步距为图纸中标注的板筋间距的 $\frac{1}{2}$。

1.1.3.5 后浇带

后浇带为后期浇筑的混凝土带，主要是为了防止混凝土结构由于环境温度变化、自身收缩、结构不均匀沉降而产生的有害裂缝，如图 1.15 所示。后浇带主要分为温度后浇带、沉降后浇带和伸缩后浇带。后浇带的代号用“HJD”表示。后期浇筑混凝土时，混凝土的强度等级应比前期浇筑的混凝土强度等级提高一级，宜采用补偿收缩混凝土，防止新老混凝土之间出现裂缝，成为薄弱部位。

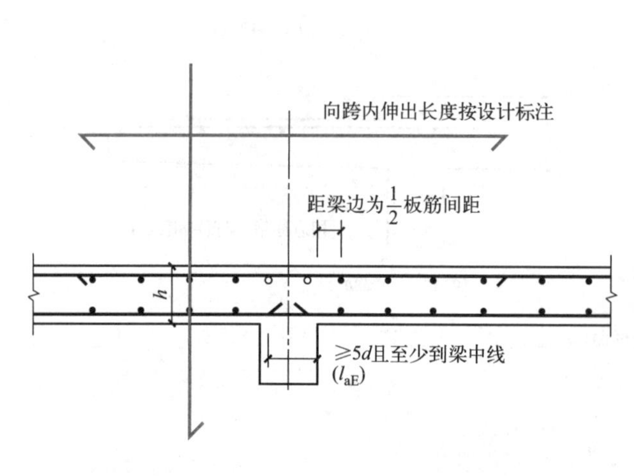

图1.14 中间支座负筋一般构造

图1.15 后浇带施工图

后浇带钢筋构造如图 1.16 所示，分为贯通钢筋和 100% 搭接钢筋两种留筋方式。贯通钢筋的后浇带宽度通常取大于或等于 800mm；100% 搭接钢筋的后浇带宽度通常取 800mm 与受拉钢筋的搭接长度 +60mm 的较大值。

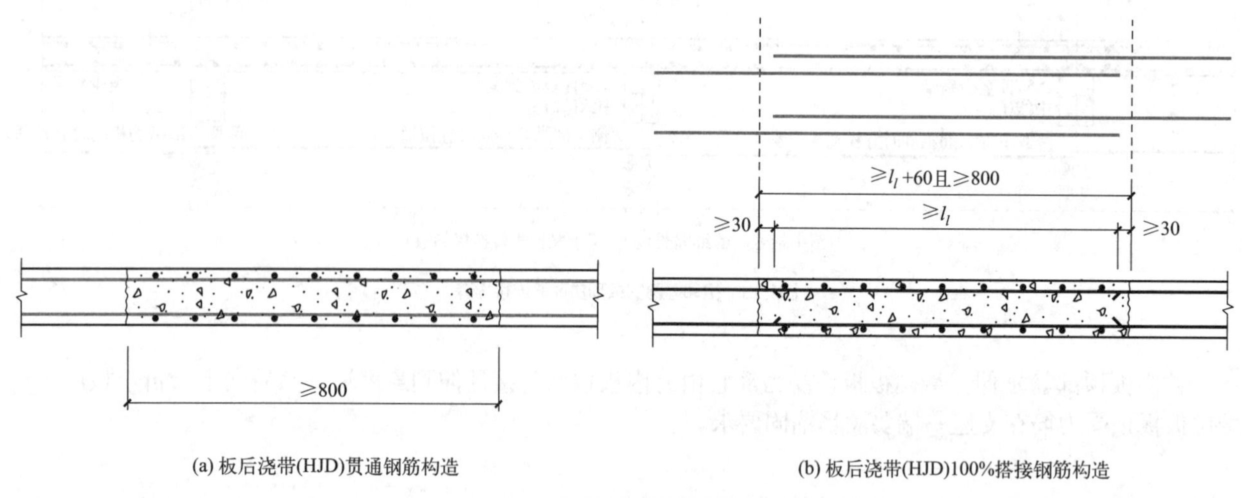

(a) 板后浇带(HJD)贯通钢筋构造

(b) 板后浇带(HJD)100%搭接钢筋构造

图1.16 板后浇带钢筋构造

1.1.3.6 板翻边钢筋构造

板翻边可分为上翻和下翻。翻边尺寸在引注内容中表达，翻边高度在标注构造详图中为小于或等于 300mm。当翻边高度大于 300mm 时，由设计者自行处理。钢筋在阴角位置，应避免内折角（即钢筋在阴角部位不可直接转折)，如图 1.17 所示。

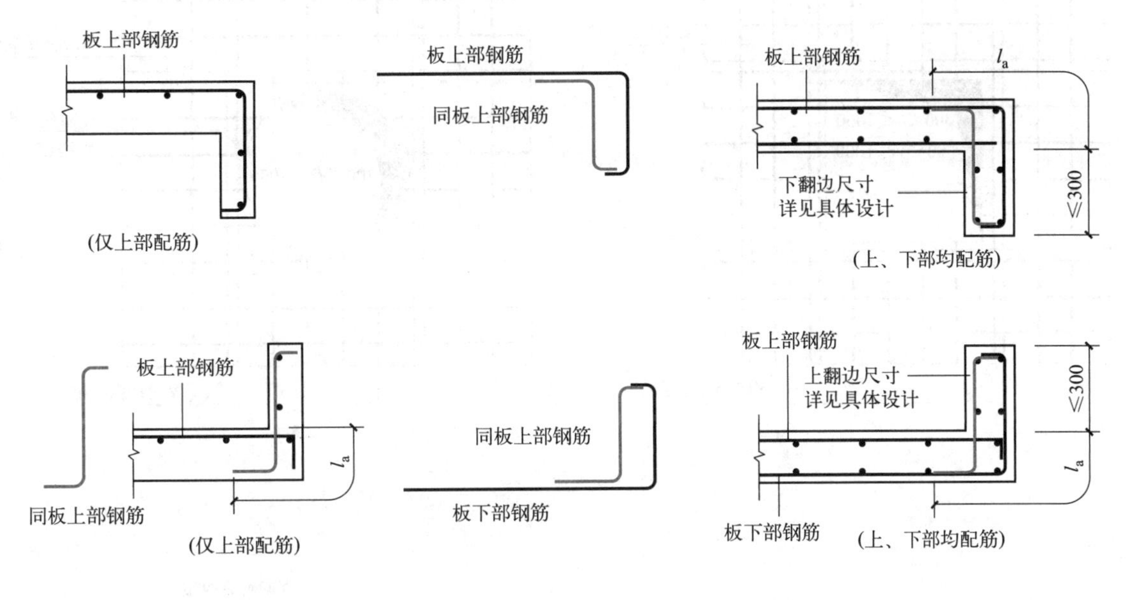

图1.17　板翻边钢筋构造

1.1.3.7　板开洞钢筋构造

现浇板开洞（BD）钢筋构造如图 1.18 和图 1.19 所示。

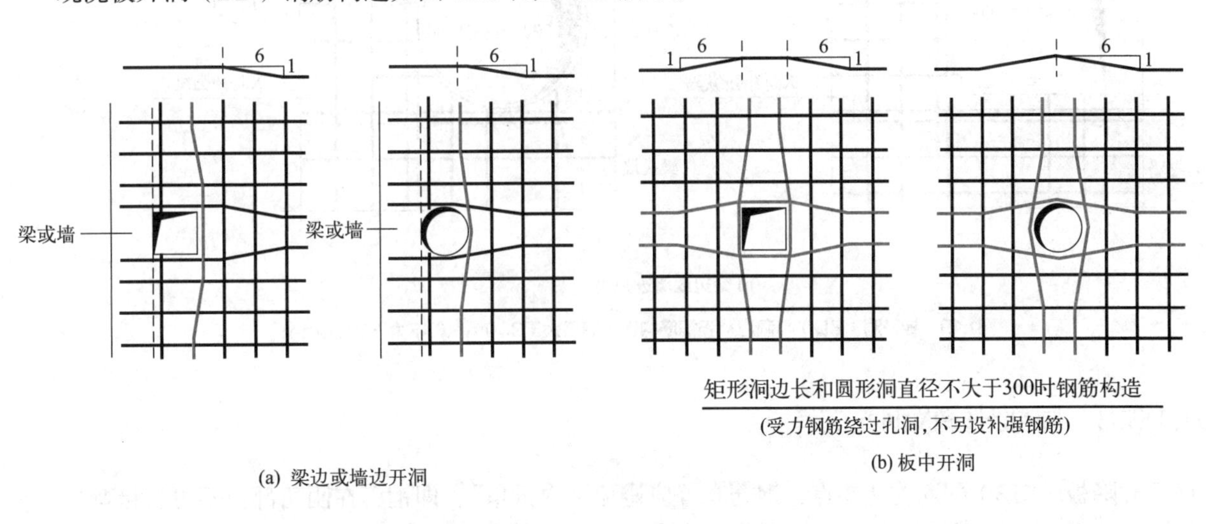

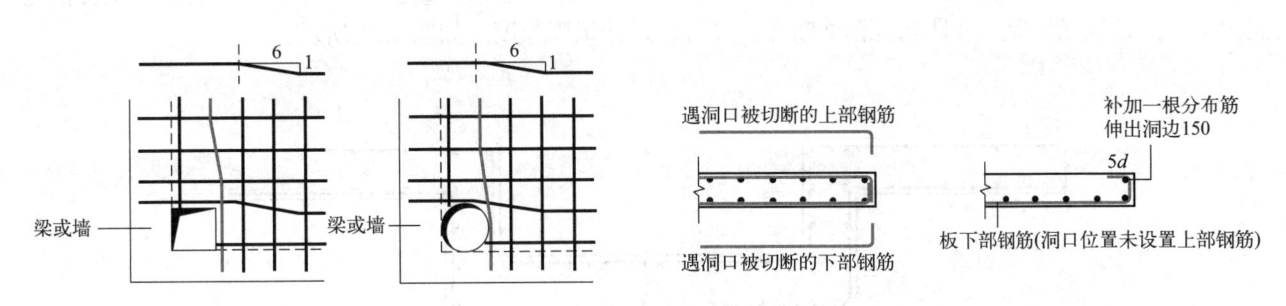

图1.18　板开洞（BD）与洞边补强钢筋构造（洞口小于300mm）

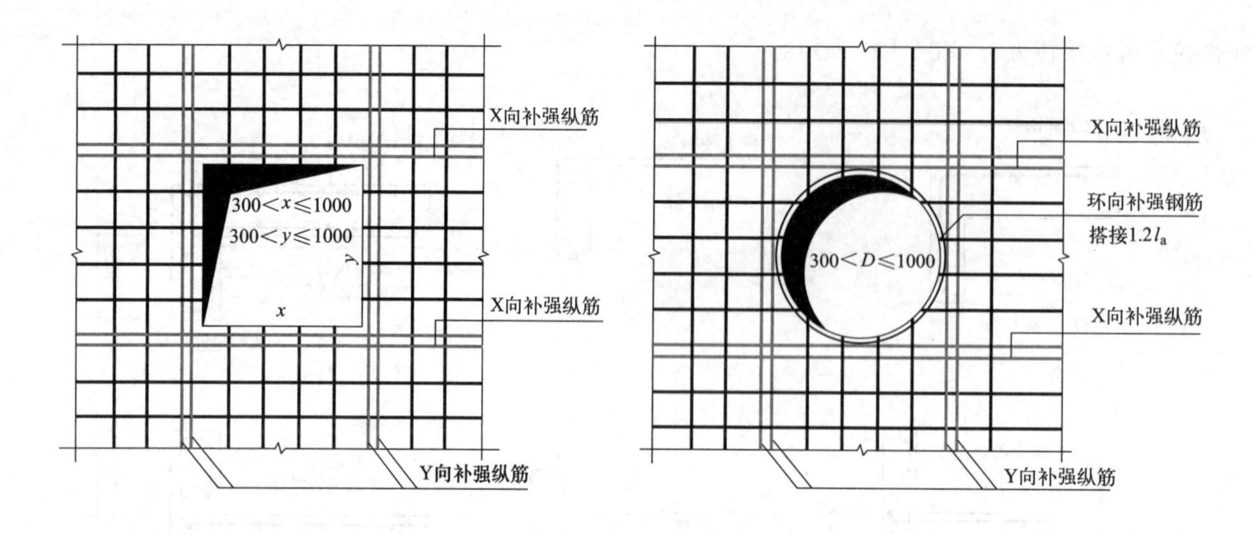

(a) 板中开洞

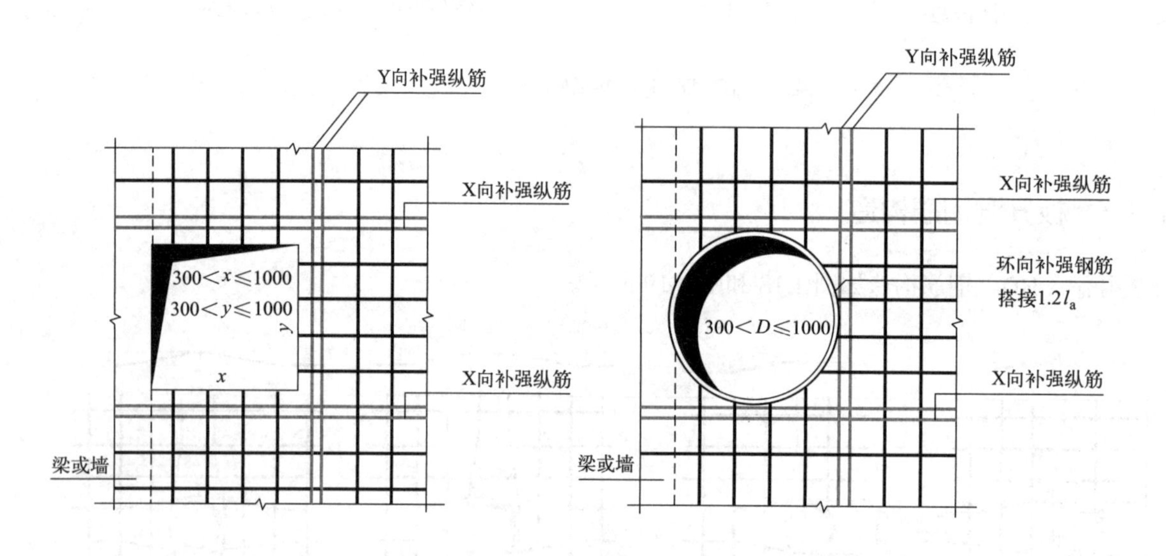

(b) 梁边或墙边开洞

图1.19 板开洞（BD）与洞边补强钢筋构造（洞口大于300mm但不大于1000mm）

1.1.3.8 局部升降板钢筋构造

局部升降板（SJB）配筋构造要点：钢筋布置应避免“内折角”，即钢筋在阴角部位不可直接弯折。

如图 1.20 所示，对①号筋在 a、d 两处阴角部位转折属内折角，对②号筋在 b、c 两处阴角部位转折也属内折角。正确做法是：在阴角处钢筋断开，并各自延伸锚固长度，如图 1.21 所示。

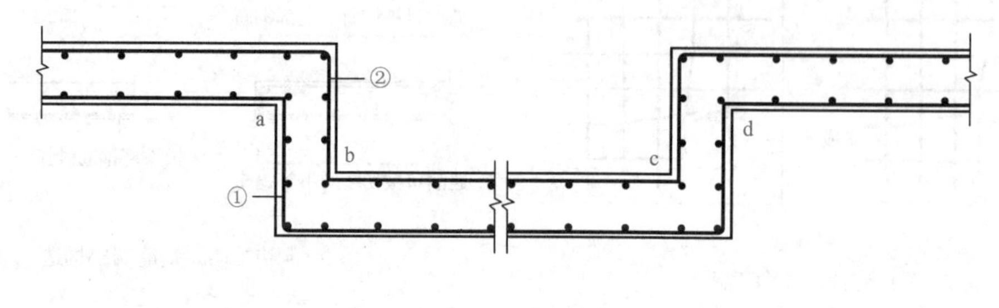

图1.20 内折角示意图

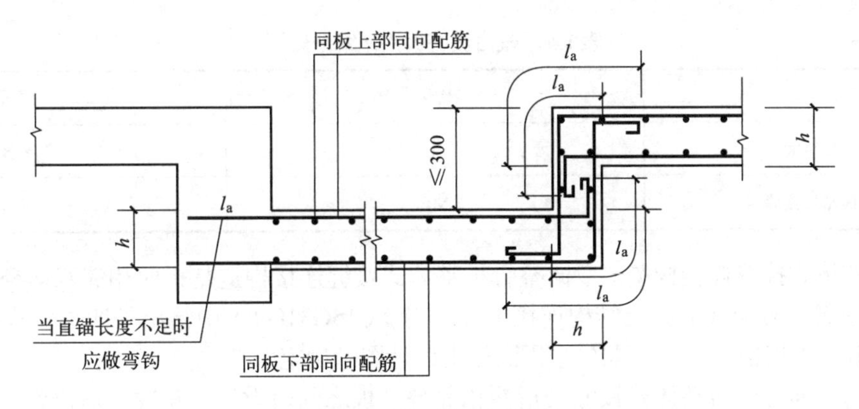

图1.21　局部升降板钢筋构造

1.1.3.9　悬挑板阳角放射筋构造

悬挑板阳角部位需配放射筋，以抵抗负弯矩，如图 1.22 所示。

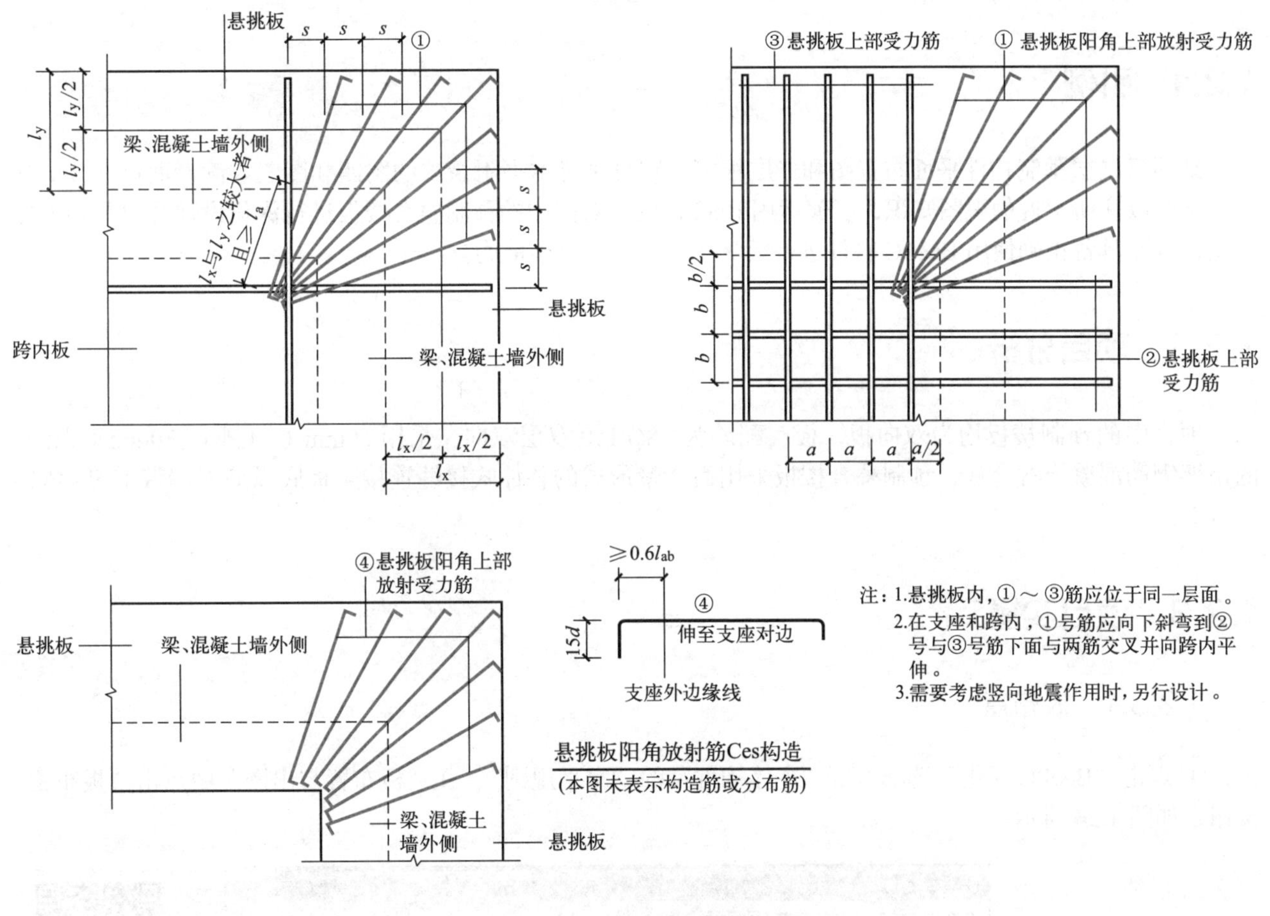

图1.22　悬挑板阳角放射筋构造

1.1.4　节点构造识图

叠合板连接构造如下。

叠合楼盖预制底板接缝需要在平面上标注其编号、尺寸和位置，并需给出接缝的详图，接缝编号规则见表 1.4。

表1.4 叠合板底板接缝编号规则

名称	代号	序号
叠合板底板接缝	JF	××
叠合板底板密拼接缝	MF	××

双向叠合板整体式接缝连接构造。双向叠合板整体式接缝连接构造是指两相邻双向叠合板之间的接缝处理形式。标准图集《装配式混凝土结构连接节点构造》(15G310-1)中给出了四种后浇带形式的接缝和一种密拼接缝共五种连接构造形式，具体选用形式 由设计图纸确定。

后浇带形式的双向叠合板整体式接缝是指两相邻叠合板之间留设一定宽度的后浇带，通过浇筑后浇带混凝土使相邻两叠合板连成整体的连接构造形式。后浇带形式的双向叠合板整体式接缝包括板底纵筋直线搭接、板底纵筋末端带 135° 弯钩连接、板底纵筋末端带 90° 弯钩搭接和板底纵筋弯折锚固四种接缝形式。

1.2 桁架钢筋混凝土叠合板深化设计

1.2.1 引例

某项目二层预制构件平面布置图和二层板配筋图分别见本书附录二的图四和图三。读者通过本节的学习，结合以往所掌握的识图知识，能够运用 BeePC 软件对图中的预制叠合楼板进行深化设计并出具相关加工图，从而具备正确使用 BeePC 软件进行板深化图设计的基本能力。

1.2.2 项目分析

项目中的预制楼板均为双向板，板底配筋为⌀8@150 双层双向，采用 60mm（预制）+70mm（现浇）的桁架钢筋混凝土叠合板，预制叠合楼板采用后浇带形式的整体式接缝连接（板底纵筋末端带 135° 弯钩连接）。

1.2.3 项目实操

1.2.3.1 板布置

① 点击“BeePC 深化”选项卡下“主体构件”的“水平规则”，在“板布置与出图”中点击“板布置”按钮，如图 1.23 所示。

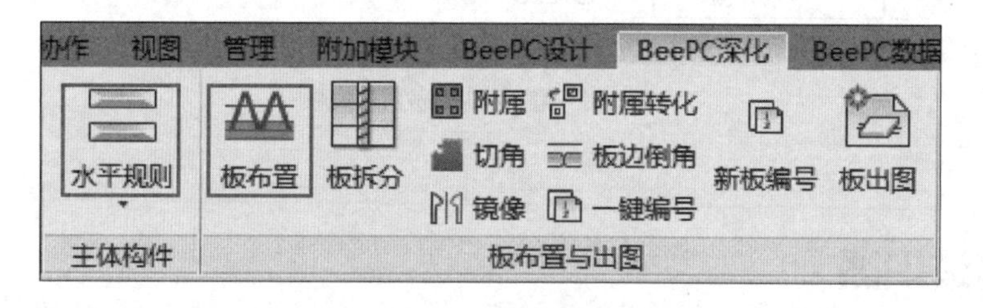

二维码 1.1

图1.23 板布置水平规则

② 弹出“板布置”对话框，对话框中包含三大部分，从左至右依次为板名称区域、参数设置区域（图 1.24）以及构件视口区（图 1.25）。

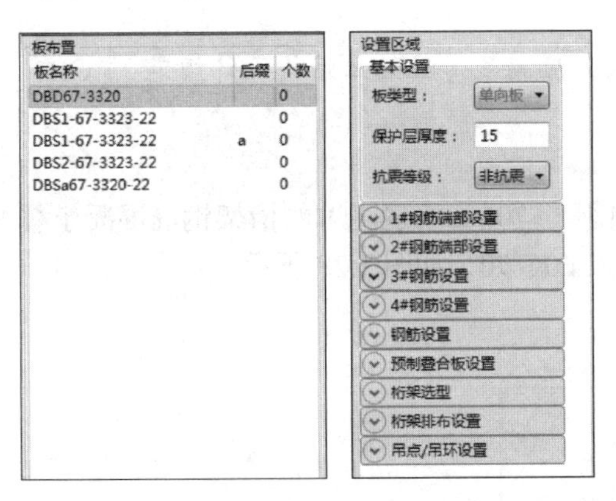

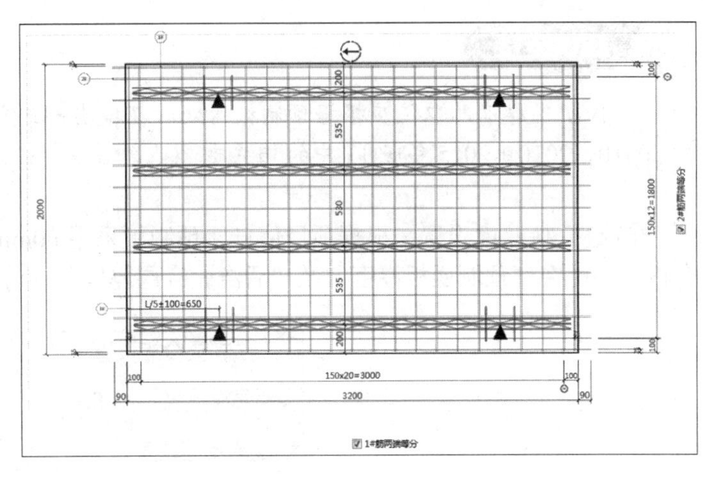

图1.24 板的名称区域和板的参数设置区域

图1.25 构件视口区

③ 预制板类型选择。根据项目情况，PCB3 类型为双向板（下拼），故在板名称区域中选取第二行“DBS1-67-3323-22”选项，则参数设置区域与构件视口区将跳换成该板类型的界面，如图 1.26 所示。

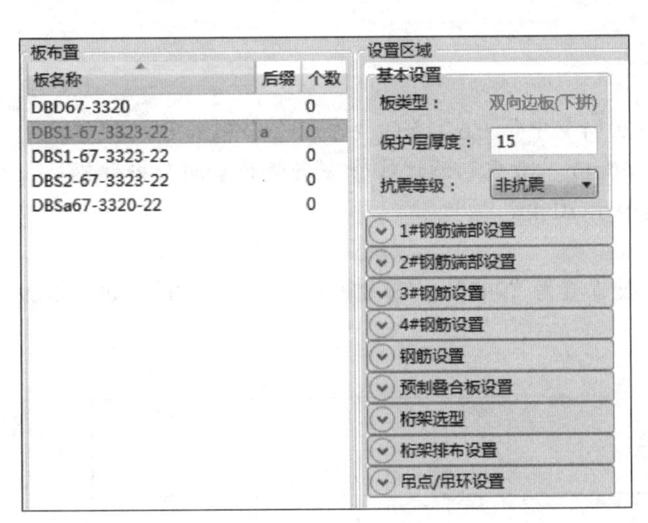

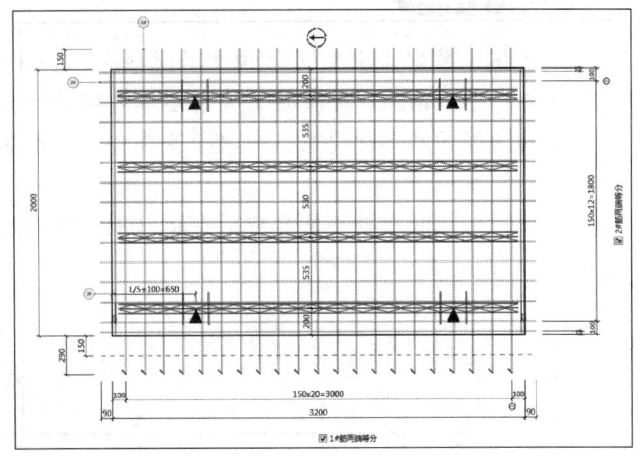

图1.26 板类型的界面

特别提示

板名称区域中默认的 5 种板名称与参数设置区域的板类型一一对应，分别为单向板、双向边板（下拼）、双向边板（上拼）、双向中板、双向板（直筋）。底板编号参照《桁架钢筋混凝土叠合板（60mm 厚底板）》（15G366—1）的规则进行，如 DBS1-67-3323-22，表示双向受力叠合板用底板，拼装位置为边板，预制底板厚度为 60mm，后浇叠合层厚度为 70mm，预制底板的标志跨度为 3300mm，预制底板的标志宽度为 2000mm，底板跨度方向配筋为Φ 8@150，底板宽度方向配筋为Φ 8@150。

④ 基本参数设置。输入“保护层厚度”为 15，在抗震等级下拉菜单中选取“非抗震”，如图 1.27 所示。

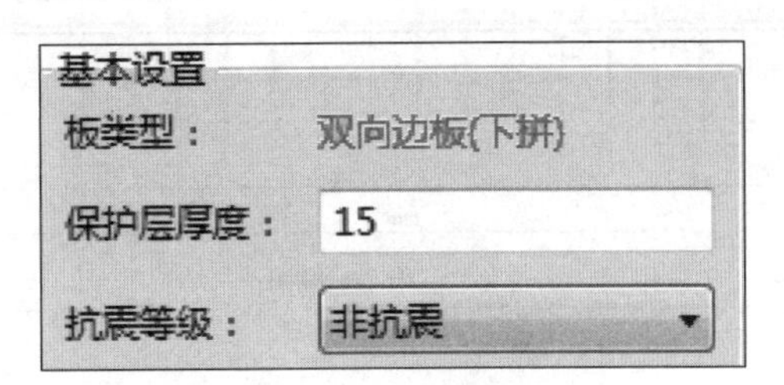

图1.27 保护层厚度设置

知识链接

保护层厚度的取值应根据预制板所处的环境类别进行输入，应满足《混凝土结构设计规范》[GB 50010—2010（2015年版）]中的相关要求。

⑤ 叠合板厚度设置。根据项目信息，预制板采用60mm（预制）+70mm（现浇）的桁架钢筋混凝土叠合板，因此在“预制底板厚度”及“后浇叠合层厚度”中分别输入60、70，如图1.28所示。

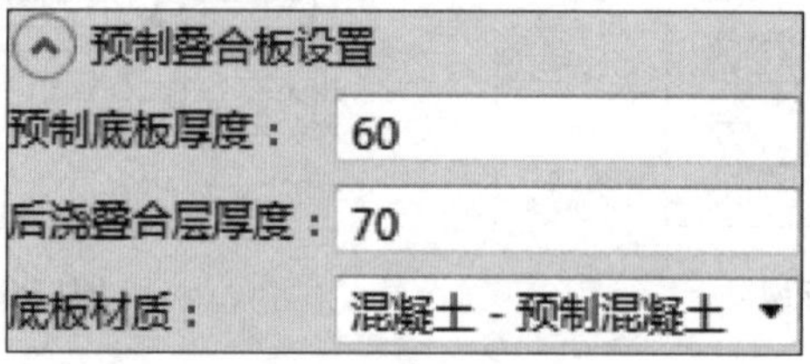

预制叠合板设置

预制底板厚度：60

后浇叠合层厚度：70

底板材质：混凝土 - 预制混凝土

图1.28 叠合板厚度设置

知识链接

依据《装配式混凝土结构技术规程》（JGJ 1—2014）中第6.6.2条的要求，叠合板的预制板厚度不宜小于60mm，后浇混凝土叠合层厚度不应小于60mm，考虑到预埋线管穿桁架的空间及桁架钢筋上弦筋的保护层厚度要求，一般后浇叠合层厚度不小于70mm。

⑥ 编辑预制底板的平面尺寸。在构件视口区修改板宽值为“2400”，修改板长值为“3900”，如图1.29所示。

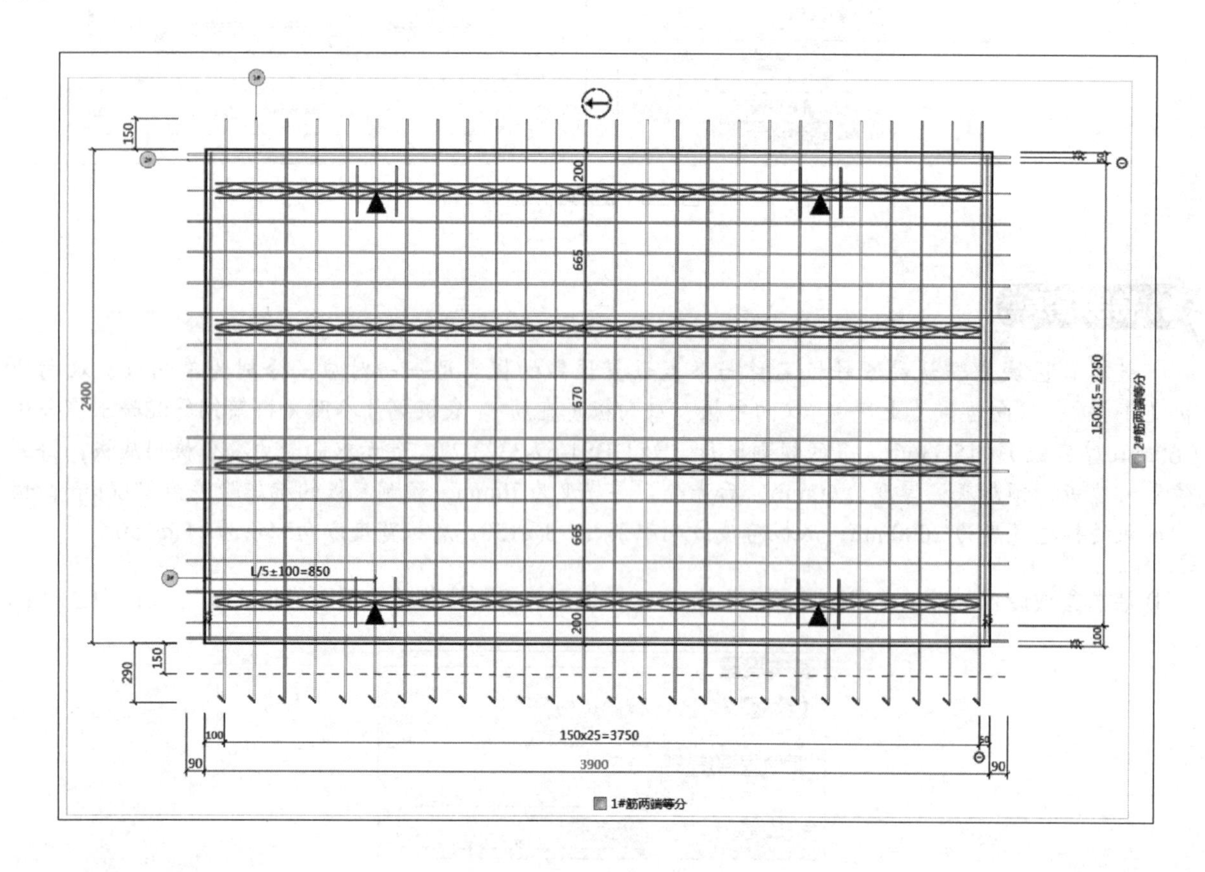

图1.29 编辑预制底板的平面尺寸

特别提示

构件视口区蓝色数字均为可修改项，主要包括以下内容。

① 预制底板的平面尺寸。

② 钢筋的出筋长度、钢筋的定位及钢筋的间距。

③ 拼缝定位线的位置。

⑦ 板钢筋规格设置。叠合板中预制底板的钢筋规格应按照结构施工图中的板底配筋来确定，根据项目信息可知，PCB3 板底配筋 X 向和 Y 向均为⌀8@150，故在钢筋设置中在 1# 钢筋和 2# 钢筋栏均输入“C8@150”，考虑到板块之间避筋的方便性，将该板块左右两端设置有 3# 钢筋，规格为⌀6，4# 钢筋不设置，如图 1.30 所示。

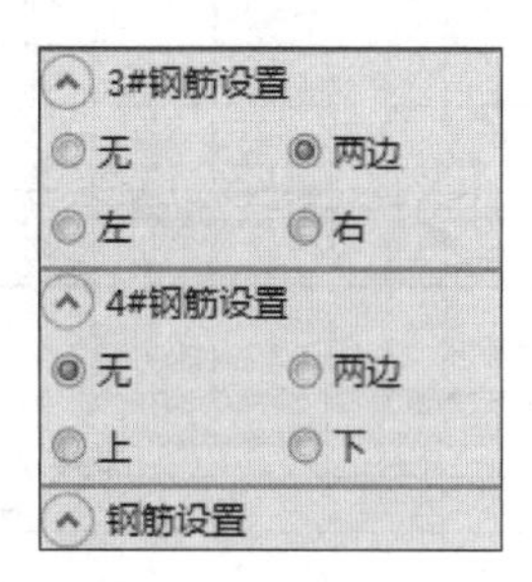

图1.30 编辑板钢筋规格

特别提示

软件中设置有四类钢筋——1#筋、2#筋、3#筋、4#筋，分别为构件视口区中板块的 Y 向筋、X 向筋、Y 向端部构造筋、X 向端部构造筋。1#筋和 2#筋的配置根据板结构施工图进行设置，3#筋和 4#筋的配置根据是否存在避筋需要以及实际生产情况而定。

⑧ 板钢筋端部做法设置。根据项目信息，1# 筋下端为 135° 弯钩连接，其他受力钢筋均直接伸入支座中心线，即 1# 筋上端点选“无弯钩”，1# 筋下端点选“135° 弯钩”；2# 筋左右端部均点选“无弯钩”，如图 1.31 所示。

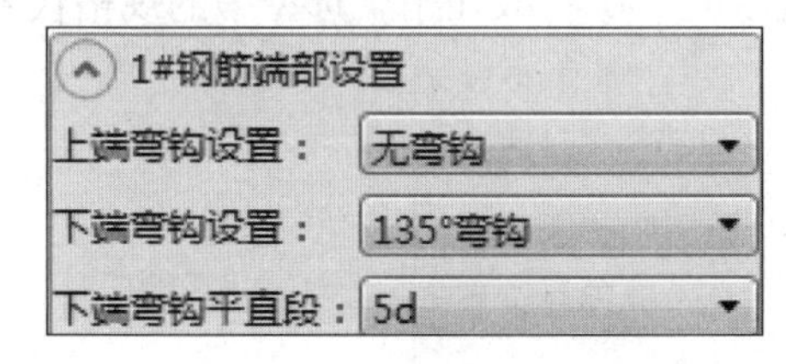

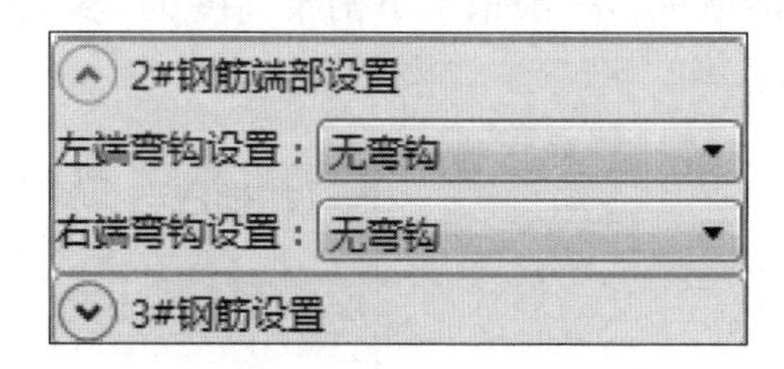

图1.31 编辑板钢筋端部

特别提示

软件中 1#筋和 2#筋的端部弯钩有三种做法，分别是无弯钩（即直筋）、90° 弯钩、135° 弯钩，对应弯钩平直段长度依次为“无”“12*d*”“5*d*”。

⑨ 板钢筋定位及出筋长度的输入。根据项目信息，PCB3 除下端 300mm 的接缝宽外，其余三边梁支座宽度均为 240mm，故在构件视口区修改 1#、2# 筋的三边出筋长度为 110mm，拼缝定位线距板下边为 150mm，1# 筋接缝出筋长度为 290mm，如图 1.32 所示。

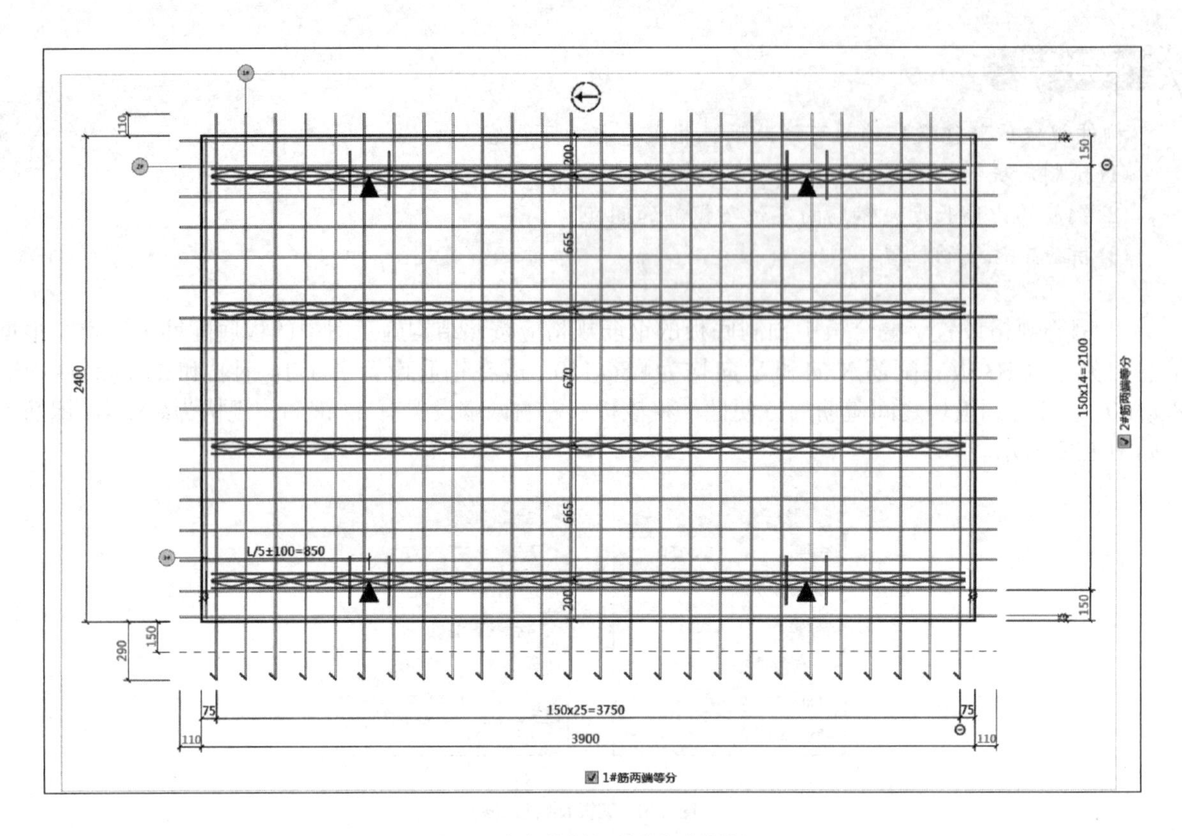

图1.32 板钢筋定位及出筋长度的输入

知识链接

依据《装配式混凝土结构技术规程》(JGJ 1—2014)中第6.6.4条的规定，双向板的预制底板内的纵向受力钢筋宜从板端伸出并锚入支承梁或墙的后浇混凝土中，锚固长度不应小于5*d*(*d*为纵向受力钢筋直径)，且宜伸过支座中心线。

⑩ 钢筋桁架规格选取。根据项目信息，叠合板厚度为130mm，在满足钢筋桁架上弦保护层的前提下，桁架高度尽可能取大，一般情况下桁架高度为“叠合板厚度-50”；故在桁架选型中的规格代号选取“B80”，如图1.33所示。

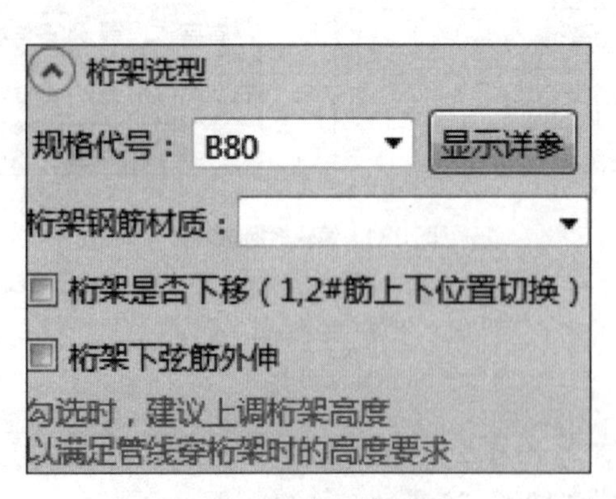

图1.33 钢筋桁架规格选取

⑪ 钢筋桁架排布设置。选取桁架排数为“4排”，勾选“桁架中心2#筋省略”和“桁架定位在2#筋上”，在构件视口区可见桁架自动进行排布并亮显，如图1.34所示；若桁架间距不满足规程要求，则勾选“等距”“对称”等再自行调整。

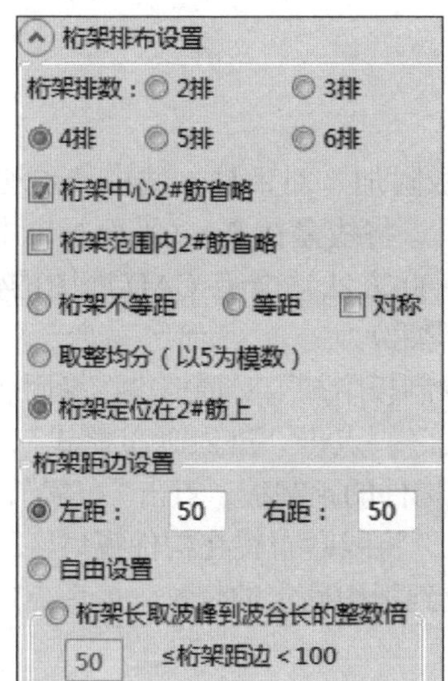

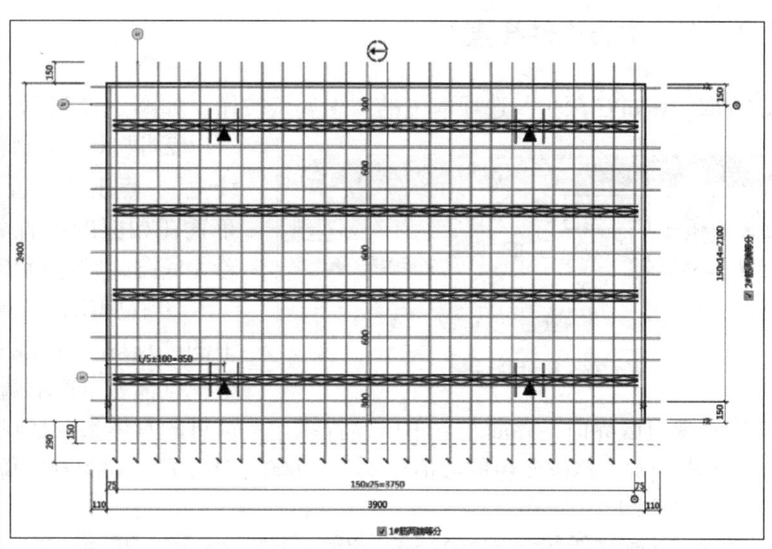

图1.34 钢筋桁架排布设置

知识链接

依据《装配式混凝土结构技术规程》(JGJ 1—2014) 中第 6.6.7 条的规定，桁架钢筋距板边不应大于 300mm，间距不宜大于 600mm。

⑫ 吊件设置。根据项目信息，该预制板选用吊桁架筋的形式进行吊装，故在吊点 / 吊环设置时选取“吊点”，选取吊点位置为“固定 L/5 ± 100 波峰处”，选取吊点组数为“2 组”，勾选“设置吊点加强筋”，吊点加强筋默认值为直径为 8 的三级钢，单长为 280mm，一般情况下此加强筋不需修改，如图 1.35 所示。

⑬ 点击构件视口区右下角的“布置”按钮，将预制板布置到相应的位置，如图 1.36 所示。

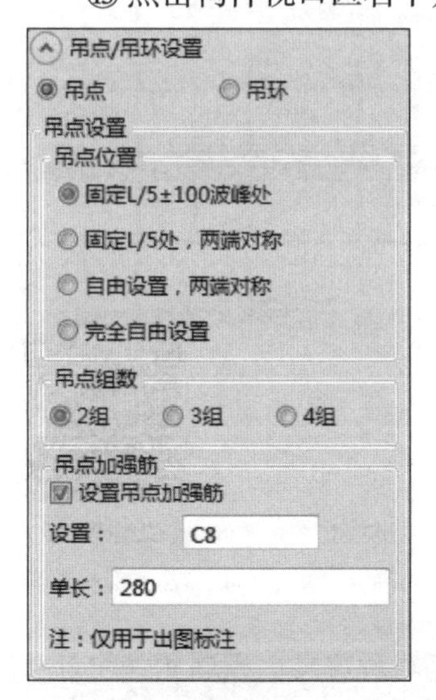

图1.35 吊件设置

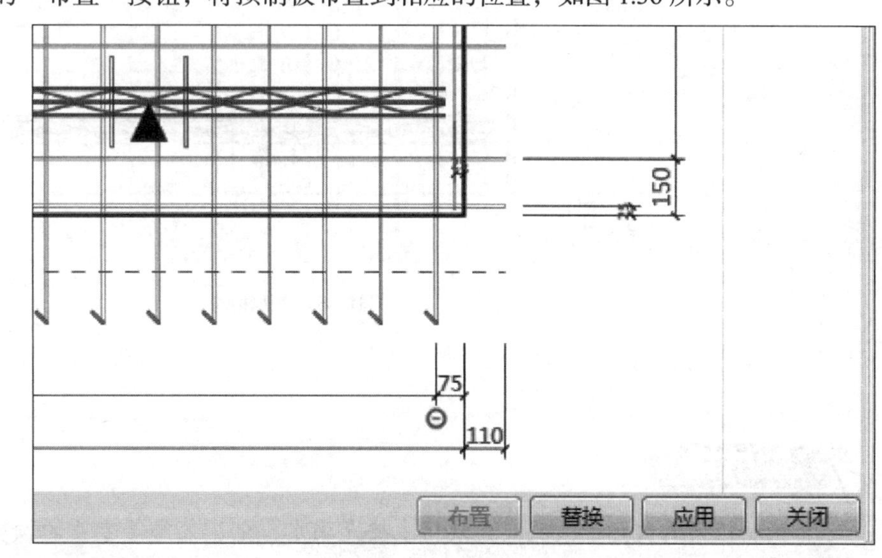

图1.36 预制板布置

特别提示

① 构件布置完成后，板名称区域中会显示相应板的名称及数量，并可以进行“复制”“删除”“去除重复”“常规排序”等操作。

② 如需编辑已经布置好的预制板，则可以在 Revit 模型中双击所布置的板，进入板布置模式，点击“替换”或“应用”进行修改。

1.2.3.2 附属构件布置

① 点取“BeePC 深化”选项卡中的“附属”按钮，如图 1.37 所示。

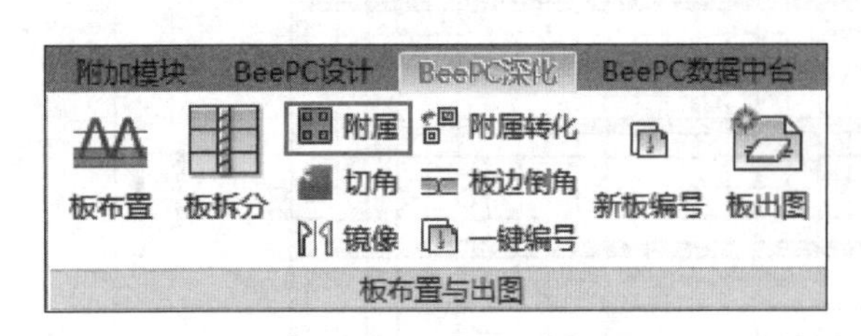

图1.37 附属构件布置

② 进入“预制板附加”对话框，选中“预埋 PVC 线盒”，点击“布置”，将线盒在 Revit 平面视口中直接布置在相应的位置。此方法适合有 CAD 底图的情况，若无底图，则进行步骤③。

③ 在弹出的“预制板附加”对话框内选择附属构件中的“预埋 PVC 线盒”，点击“进入画布模式”，在模型中点选需布置附属构件的预制板，点击“布置”，跳出图 1.39 构件视口区界面，界面左下角可设置线盒上锁母的具体参数信息，将线盒布置在构件视口区的预制板内，再点击线盒，修改蓝色的数值分别为“600”“1120”，则线盒定位到板中确定的位置，最后点击“应用到实例”，如图 1.38 所示。

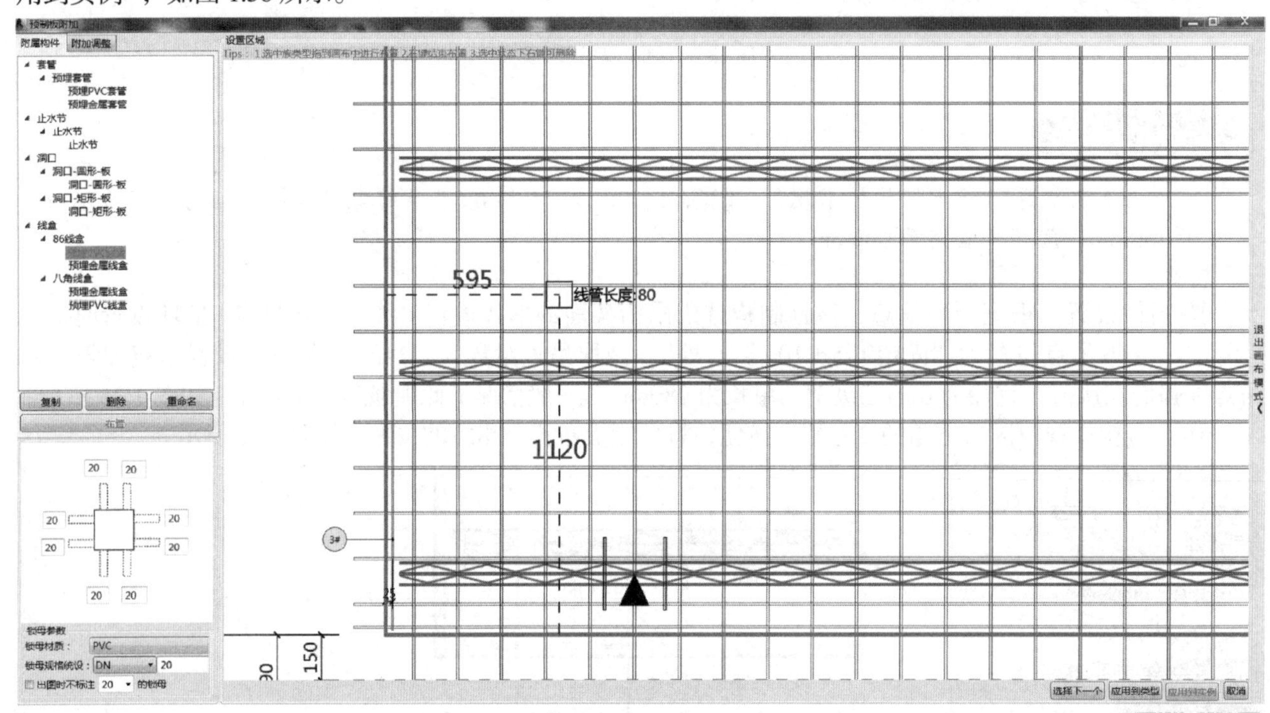

图1.38 附属构件

二维码 1.2

知识链接

预制板内的线盒个数及线盒规格主要是由水、电、装修等专业的预留预埋所决定。预制构件中外露预埋件凹入构件表面的深度不宜小于 10mm。

1.2.3.3 细部处理

二维码 1.3

预制底板细部处理主要包括切角和板边倒角。

（1）楼板切角设置

点击“板布置与出图”中的“切角”按钮，在弹出的“楼板切角”对话框中选择“选单个板”，在模型中选择有柱墙缺角的板，则跳出界面如图 1.39 所示，此时勾选左上角缺口，点击 a1、b1 并分别修改值为“170”“370”，1# 筋和 2# 筋切角伸出长度选择自定义并输入数值“110”，点击对话框右下角“生成切角”。

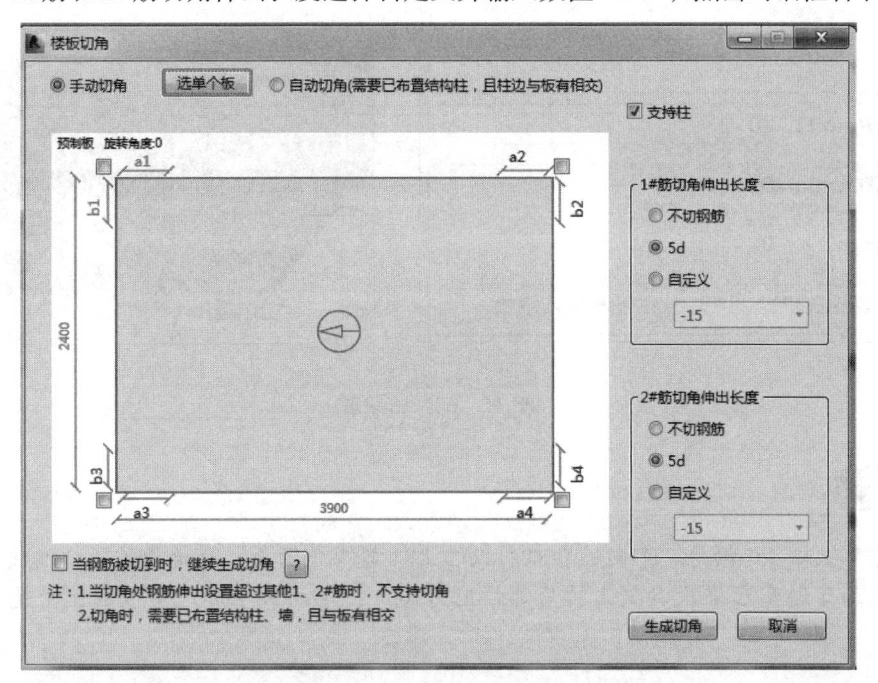

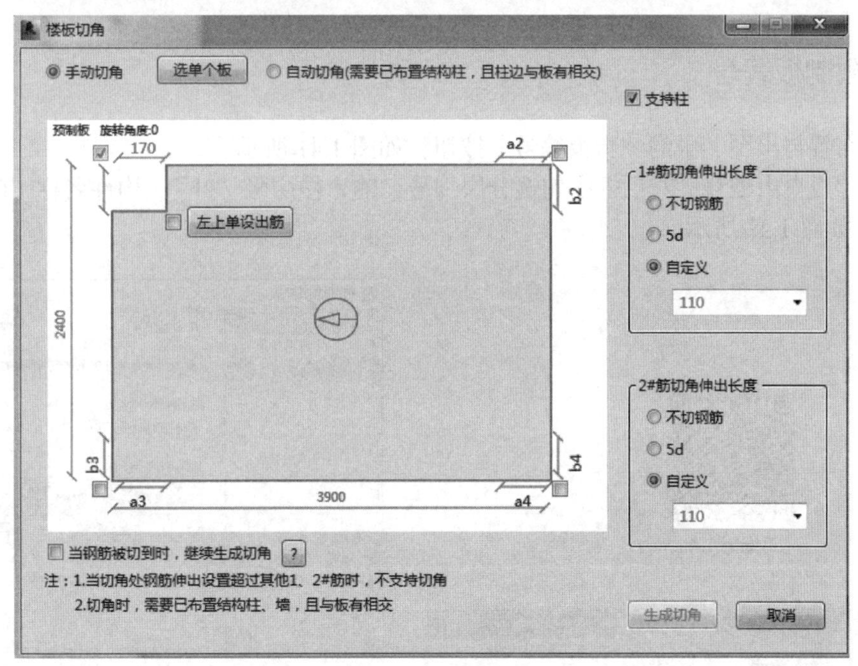

图1.39 楼板切角设置

特别提示

依据 18G901—1，柱缺角处板底筋伸出长度同该板内其他同向钢筋的伸出长度。进行了板切角处的桁架钢筋自动截断。以上为手动切角的示意操作，若选择“自动切角”，则需要在模型中布置与板有相交的结构柱或墙，大家可自行学习此部分内容。

（2）板边倒角设置

点取“板布置与出图”中的“板边倒角”按钮，出现“板倒角”对话框，输入上倒角宽为“20”，下倒角宽为“0”，容差值为“0”，如图 1.40（a）所示；点击“非密拼边倒角”，选中预制板，点击左上角“完成”按钮，完成倒角处理的预制板如图 1.40（b）所示。

上倒角宽(mm)： 20
下倒角宽(mm)： 0
容差(mm)： 0
密拼边倒角 非密拼边倒角

(a)

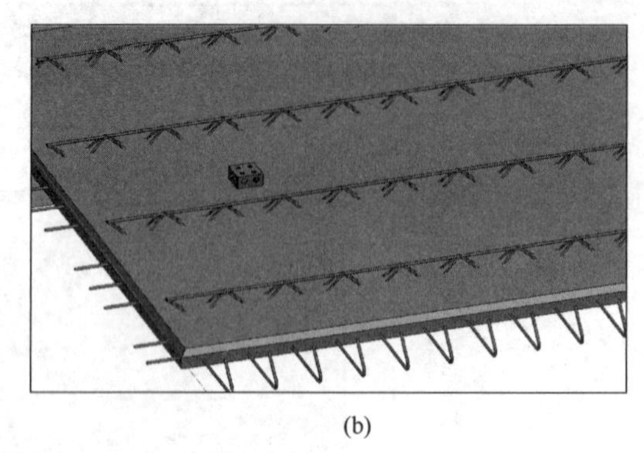

(b)

图1.40 板边倒角设置

知识链接

叠合板边角做成45°倒角。单向板和双向板的上部都做成倒角，一是为了保证连接节点钢筋保护层厚度，二是为了避免后浇段混凝土转角部位应力集中，单向板下部边角做成倒角是为了便于接缝处理。

1.2.3.4 预制板编号

① 点取“板布置与出图”中的“新板编号”按钮，如图 1.41 所示。

② 在弹出的“板自由编号”对话框中勾选分层编号，输入楼层号“2F”、构件名称“PCB”，勾选“编号延板长布置”，如图 1.42 所示。

二维码 1.4

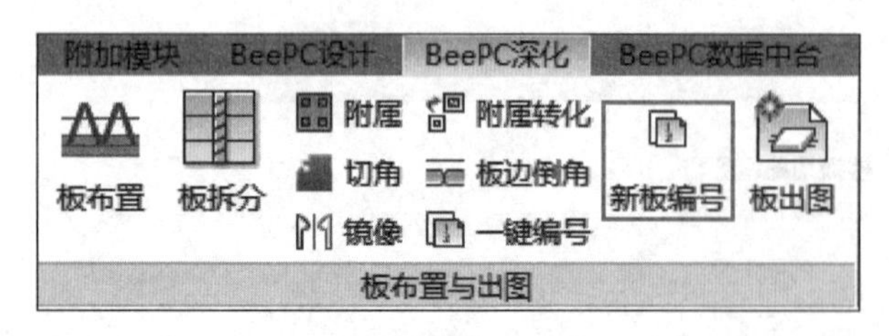

图1.41 预制板编号

图1.42 板编号

③ 点击右下角“一键编号”，则预制板编号完成。

特别提示

根据当下预制工厂的实际加工情况，深化设计时选择合适的编号模式，可为一构件一码，也可为相同构件合并，同时还可以按楼层或按整栋楼进行归并。

1.2.3.5 BOM 清单

BeePC 软件提供 BOM 清单功能，预制叠合楼板的 BOM 清单操作如下：

① 点取“BeePC 深化”选项卡下的“规则清单”按钮，如图 1.43 所示。

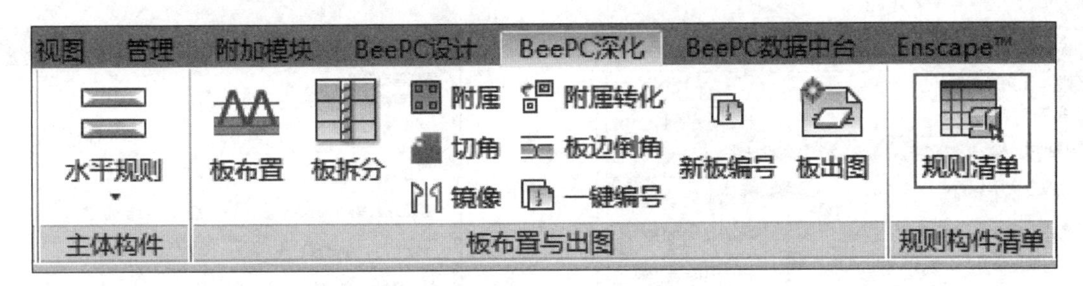

图1.43 BOM清单

② 进入“BeePC-BOM 报表”对话框，左侧为报表名称，右侧为对应的一览表，如图 1.44 所示。

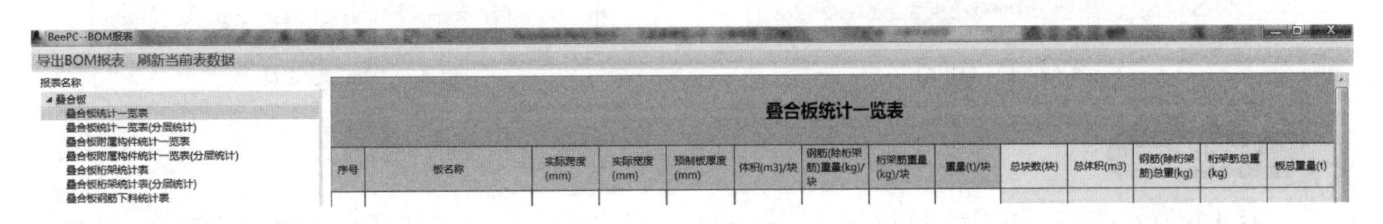

图1.44 BOM清单

③ 软件内置叠合板的 7 类 BOM 清单，并支持将生成的 BOM 报表导出 Excel 或导出对应视图，如图 1.45 所示。

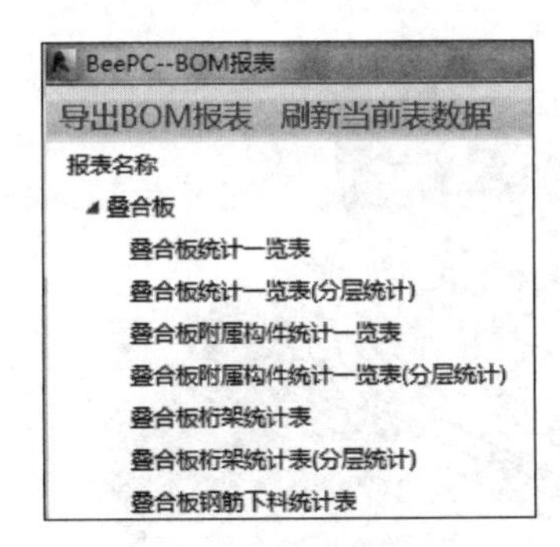

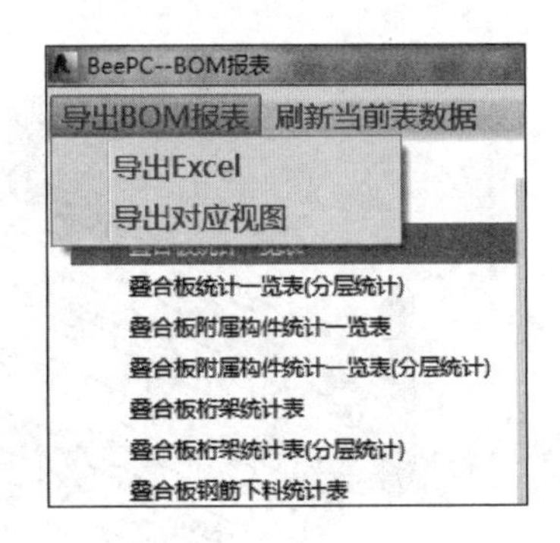

图1.45 BOM清单

特别提示

BOM 表的制作需要在板编号后进行，若工程实际中不需要 BOM 表，则在板编号后可跳过此项，直接进行板出图。

1.2.3.6 板出图

① 点取“板布置与出图”中的“板出图”按钮，如图 1.46 所示。

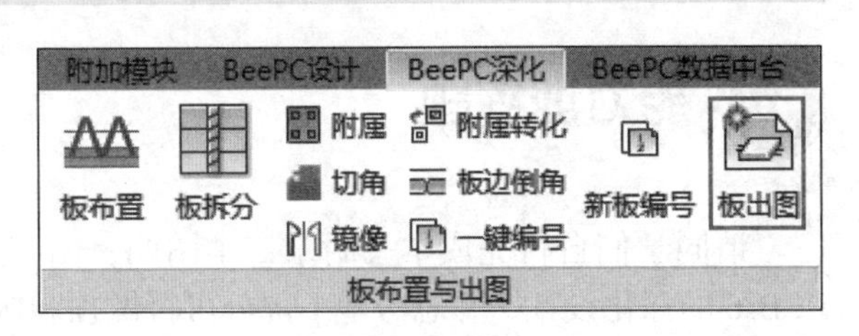

图1.46 板布置与出图

② 进入“板一键出图”对话框，对图框名称、图

框尺寸、出图比例、标注文字字体等内容进行点选，对出图布局、明细表等内容可以进行编辑。本工程实例选择如图 1.47 所示。

③勾选“直接导出合并 CAD”，跳出 dwg 图纸排布设置弹框，如图 1.47 与图 1.48 所示，点击“保存”，则所选板的详图均保存在指定路径的文件夹下。

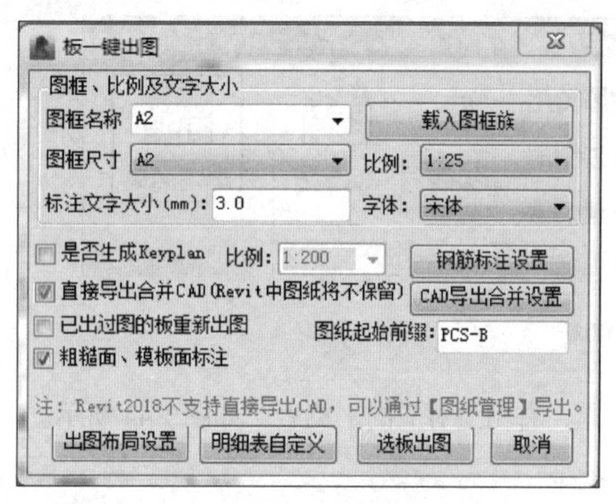

图1.47 板一键出图

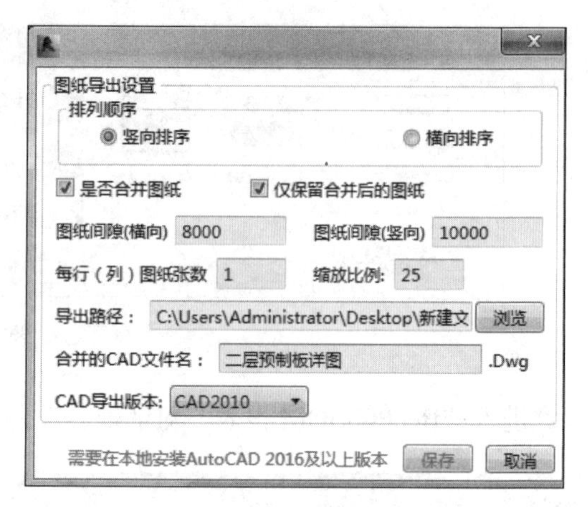

图1.48 图纸导出设置

特别提示

板出图得到的图纸结果有两种类型，一种为导出 dwg 图纸，另一种为在 Revit 中生成图纸，读者可根据项目实际情况自行选择。本例采用的是导出 dwg 图纸。

二层叠合板布置完后的效果如图 1.49 所示。

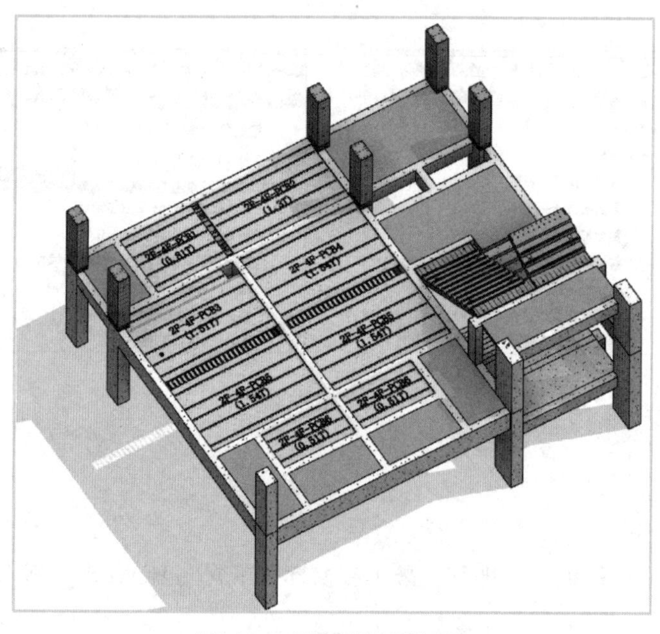

图1.49 二层叠合板布置效果图

能力训练题

请同学们自行完成本书附录二中图四、图三某项目二层预制构件的 PCB-1、PCB-2、PCB-4、PCB-5、PCB-6 的深化设计，并思考地下部分可否做预制构件。

任务2

预制钢筋混凝土梁识图与深化设计

知识目标

1. 了解预制钢筋混凝土梁的组成以及基础知识；
2. 掌握预制钢筋混凝土梁施工图中所包含的识读要点；
3. 掌握预制钢筋混凝土梁的深化设计内容。

能力目标

通过识读梁施工图，能正确对预制钢筋混凝土梁进行深化设计。

素质目标

装配式钢筋混凝土梁是水平结构重要的传力构件，它的安全性不容忽视。通过任务 2 的学习，注重培养严谨性思维，培养查阅相关文献的能力，培养正确的就业观念，主动参与实践，逐步形成良好的学习习惯和严谨细致的工作态度。同时，由于梁的施工与使用过程中需要考虑的内容较多，除了安全意识的培养，还要特别注意培养大局意识和较强的表达与沟通能力。

2.1 预制钢筋混凝土梁识图

本节从梁平法识图出发，讲解预制钢筋混凝土梁识图。

2.1.1 梁的编号与梁类型

在房屋建筑结构中，水平向截面尺寸的高与宽均较小而长度尺寸相对较大的构件称为梁。梁主要承受梁轴上墙板的荷载，属于受弯为主的水平构件；跨度较大或荷载较大的梁，还承受较大的剪力（主要发生在近梁支座附近的集中荷载）。梁通常是水平搁置，有时为满足使用要求也有倾斜搁置的。梁在房屋建筑中的用途极其广泛，如楼盖、屋盖中的主梁、次梁、吊车梁、基础梁等。

根据钢筋混凝土梁的受力特点，梁中一般配制下面几种钢筋：纵向受力钢筋、箍筋、弯起钢筋、架立钢筋、纵向构造钢筋。纵向受力钢筋布置在梁的受拉区，承受由于弯矩作用而产生的拉力，常用 HPB300、HRB335、HRB400 级钢筋。有时在构件受压区也配置纵向受力钢筋，与混凝土共同承受压力。纵向钢筋的数量一般不少于两根；当梁宽小于 100mm 时，可为一根。纵向受力钢筋应沿梁宽均匀分布，尽量布置排成一排；当钢筋根数较多时，一排排不下，可排成两排。在正常情况下，当混凝土强度等级小于或等于 C20 时，纵向钢筋混凝土保护层厚度为 30mm。当混凝土强度等级大于或等于 C25 时，保护层厚度为 25mm，且不小于钢筋直径 d。

梁平法施工图是在梁平面布置图上采用平面注写方式或截面注写方式表达。在施工中采用平面注写方式时，应结合集中标注和原位标注一起注写。

平面注写方式，是在梁平面布置图上，用分别在不同编号的梁中各选一根梁，在其上注写截面尺寸和配筋具体数值的方式来表达梁平法施工图。

平面注写包括集中标注与原位标注，集中标注表达通用数值，原位标注表达梁的特殊数值。当集中标注中的某项数值不适用于梁的某部位时，则将该项数值原位标注，施工时原位标注取值优先。梁平法识图表示方式示意图见图 2.1。

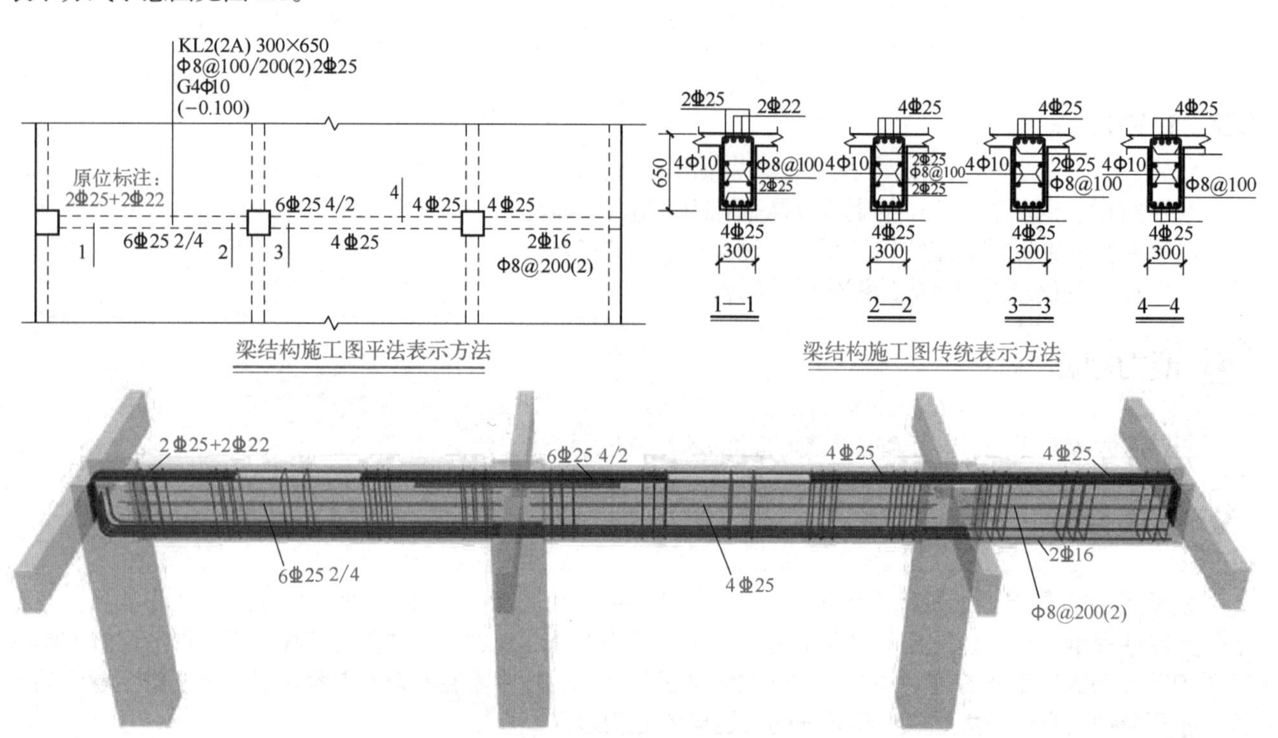

图2.1 梁平法识图表示方式示意图

梁的编号由梁类型代号、序号、跨数及有无悬挑代号组成（表 2.1）。

表2.1 梁编号与定义

梁类型	代号	序号	跨数及是否有悬挑	备注
楼层框架梁	KL	××	（××）、（××A）或（××B）	中间楼层支承在框架柱或剪力墙上的梁
楼层框架扁梁	KBL	××	（××）、（××A）或（××B）	截面宽度大于截面高度的楼层框架梁
屋面框架梁	WKL	××	（××）、（××A）或（××B）	屋面层支承在框架柱或剪力墙上的梁
框支梁	KZL	××	（××）、（××A）或（××B）	支承在框支柱的梁
托柱转换梁	TZL	××	（××）、（××A）或（××B）	支承柱子的梁
非框架梁	L	××	（××）、（××A）或（××B）	支承在其他类型梁上的梁
悬挑梁	XL	××	（××）、（××A）或（××B）	一端支承在框架柱上，另一端悬挑的梁
井字梁	JZL	××	（××）、（××A）或（××B）	相互垂直方向的非框架梁，形成井格式

注：（××A）为一端有悬挑，（××B）为两端有悬挑，悬挑不计人跨内。

梁编号构件的定义叙述如下。

① 楼层框架梁（KL）。是各楼面的承重梁与框架柱组合成的框架，框架空间共同受力，见图 2.2。

② 屋面框架梁（WKL）。是框架结构屋面最高处的框架梁，见图 2.2。

③ 非框架梁（L）。在框架结构中，框架梁之间设置的将楼板的重量传递给框架梁的其他梁，见图 2.2。

④ 悬挑梁（XL）。一端埋在支撑物上，另一端挑出支撑物的梁，见图 2.2。

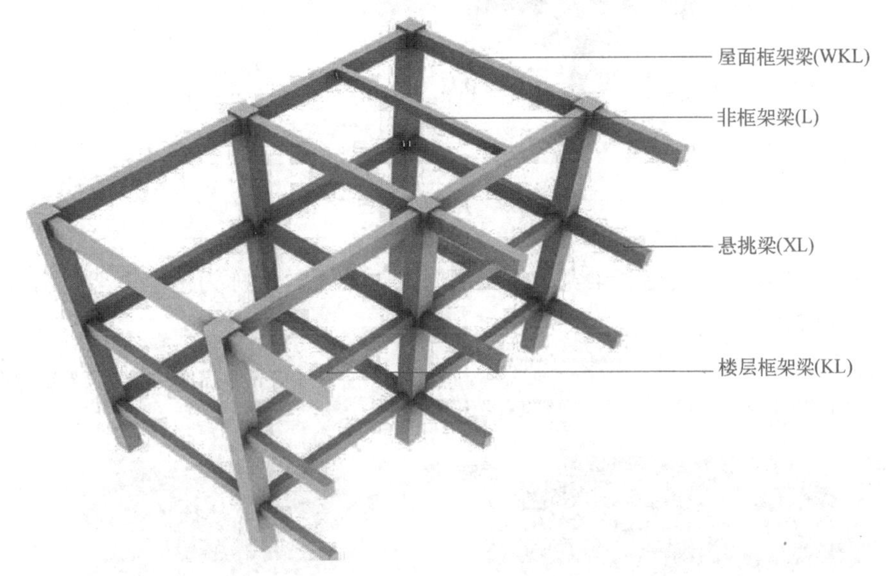

图2.2　梁示意图

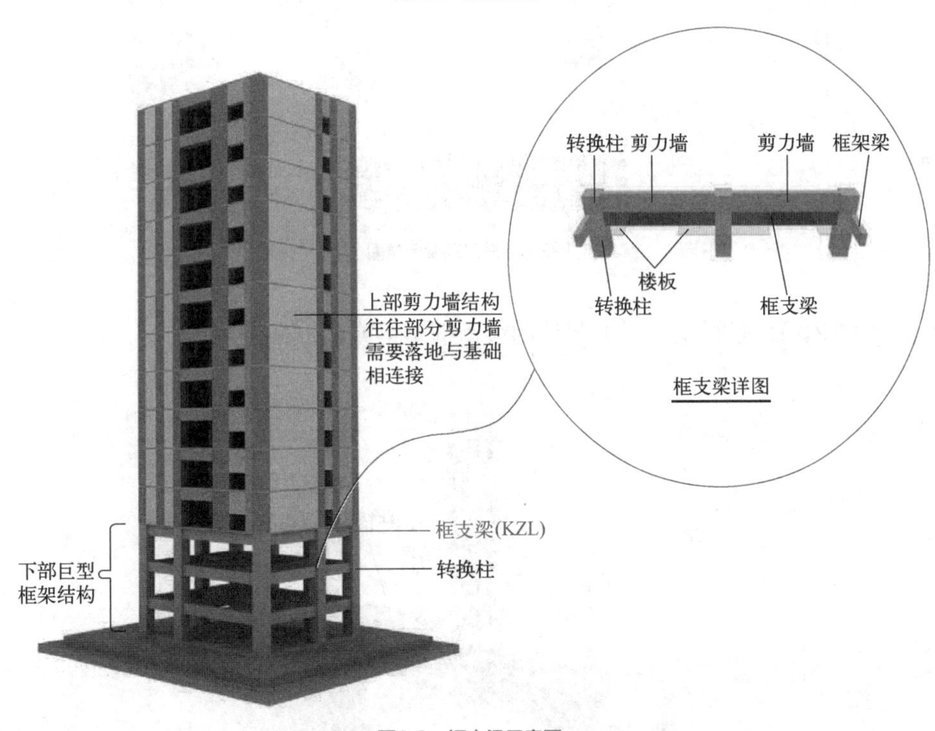

图2.3　框支梁示意图

⑤ 框支梁（KZL）。因为建筑功能要求，下部要有大的空间，上部部分竖向构件不能直接连续贯通落地，而通过水平转换结构与下部竖向构件连接。当布置的转换梁支承上部的剪力墙时，转换梁叫框支梁，见图 2.3，支承框支梁的柱叫框支柱。

⑥ 井字梁（JZL）。井字梁就是不分主次梁，高度相当的梁，同位相交，呈井字形。这种梁一般用于正方形楼板或者长宽比小于 1.5 的矩形楼板，大厅比较多见，梁间距 3m 左右，是由同一平面内相互正交或斜交的梁所组成的结构构件，又称交叉梁或格形梁（图 2.4）。

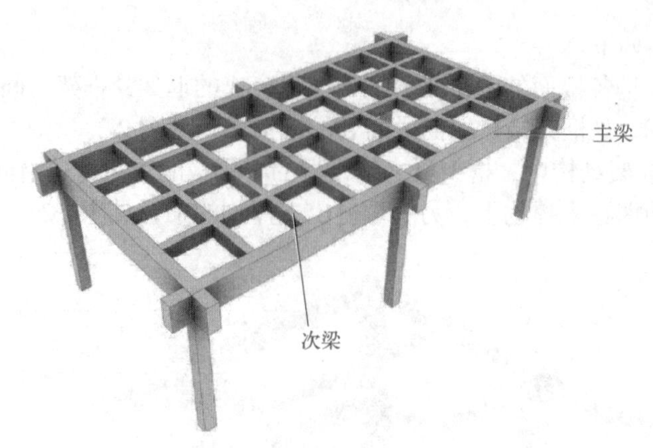

图2.4 井字梁示意图

⑦ 楼层框架扁梁（KBL），是指当梁宽大于梁高时的框架梁，又称为楼层框架宽扁梁（或称宽扁梁、框架扁梁），如图 2.5 所示。

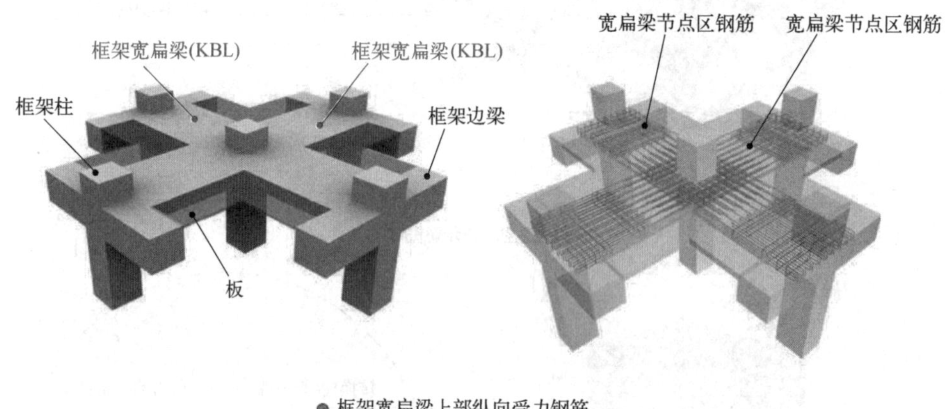

图2.5 框架扁梁示意图

⑧ 托柱转换梁（TZL），是指支撑梁上起柱的梁（框架梁或非框架梁），见图 2.6。

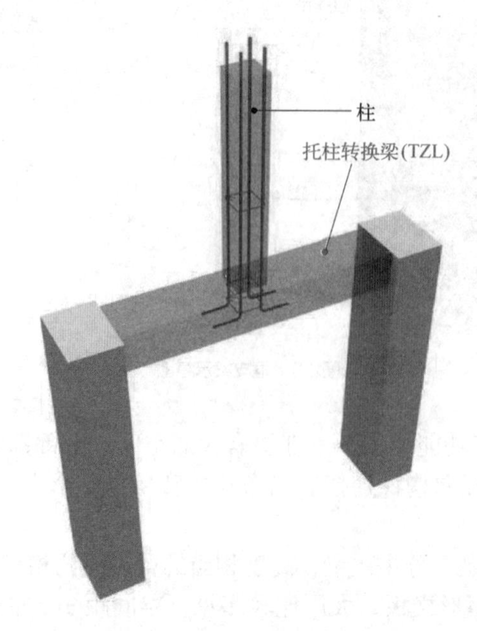

图2.6 托柱转换梁示意图

2.1.2 梁集中标注的内容

① 梁编号。梁编号见表 2.1。

② 梁集中标注截面注写梁截面尺寸，该项为必注值。

当为等截面梁时，用 $b \times h$ 表示；

当为竖向加腋梁时，用 $b \times h$ Y$c_1 \times c_2$ 表示，其中 c_1 为腋长，c_2 为腋高（图 2.7）；

当为水平加腋梁时，一侧加腋时用 $b \times h$ PY$c_1 \times c_2$ 表示，其中 c_1 为腋长，c_2 为腋宽，加腋部位应在平面图中绘制；当有悬挑梁且根部和端部的高度不同时，用斜线分隔根部与端部的高度值，即为 $b \times h_1/h_2$，根部为 h_1，端部为 h_2。

③ 梁集中标注箍筋注写内容。梁箍筋，包括钢筋级别、直径、加密区与非加密区间距及肢数。箍筋加密区与非加密区的不同间距及肢数需用斜线“/”分隔；当梁箍筋为同一种间距及肢数时，则不需用斜线；当加密区与非加密区的箍筋肢数相同时，则将肢数注写一次；箍筋肢数应写在括号内，加密区范围见相应抗震等级的标准构造详图（图 2.8）。

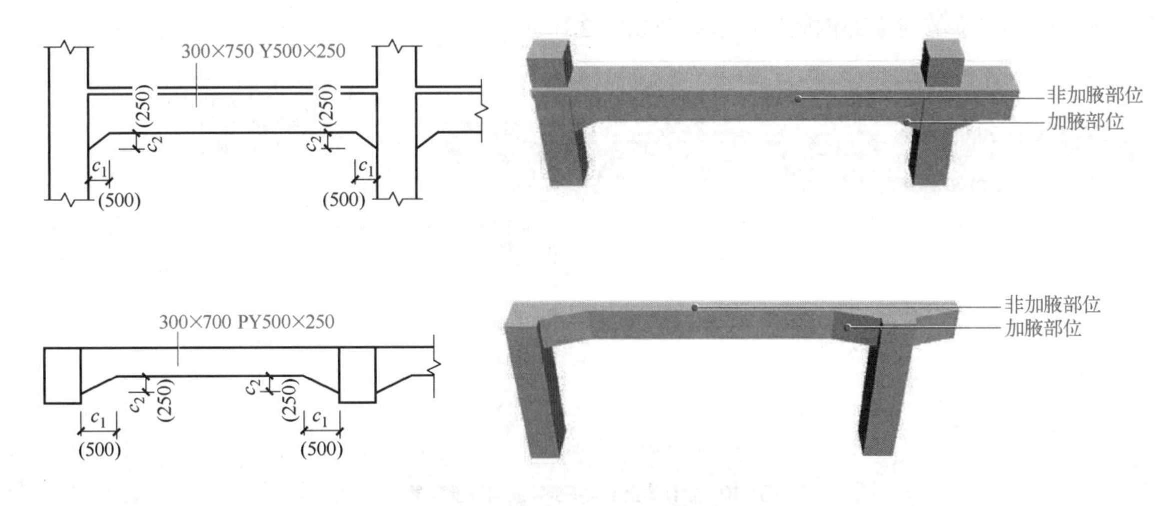

图2.7 加腋界面注写示意图

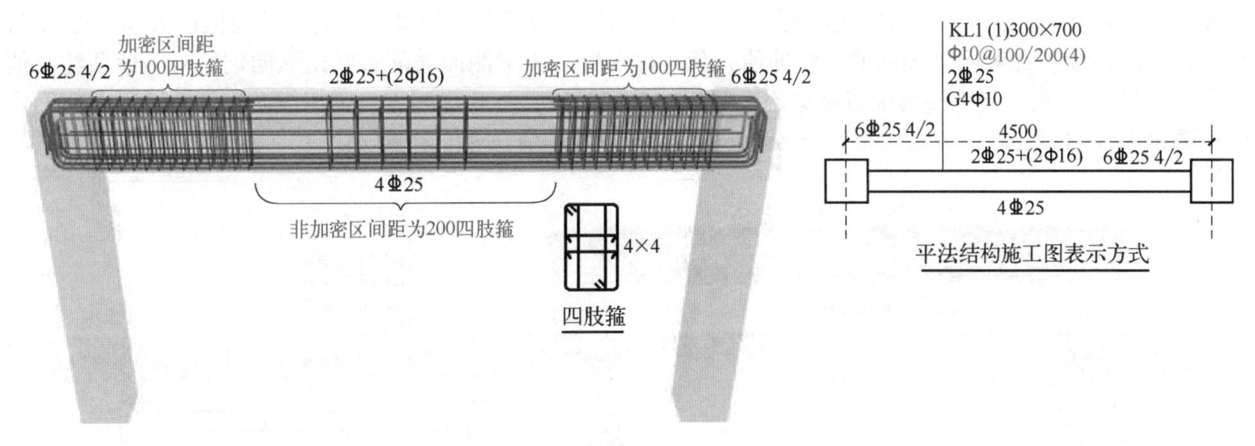

图2.8 框架梁箍筋加密区示意图

④ 梁集中标注通长筋注写内容。梁上部通长筋或架立筋配置（通长筋可为相同或不同直径采用搭接连接、机械连接或焊接的钢筋），该项为必注值。所注规格与根数应根据结构受力要求及箍筋肢数等构造要求而定。当同排纵筋中既有通长筋又有架立筋时，应用加号“+”将通长筋和架立筋相联。注写时需将角部纵筋写在加号的前面，架立筋写在加号后面的括号内，以示不同直径及与通长筋的区别。当全部采用架立筋时，则将其写入括号内（图 2.9）。

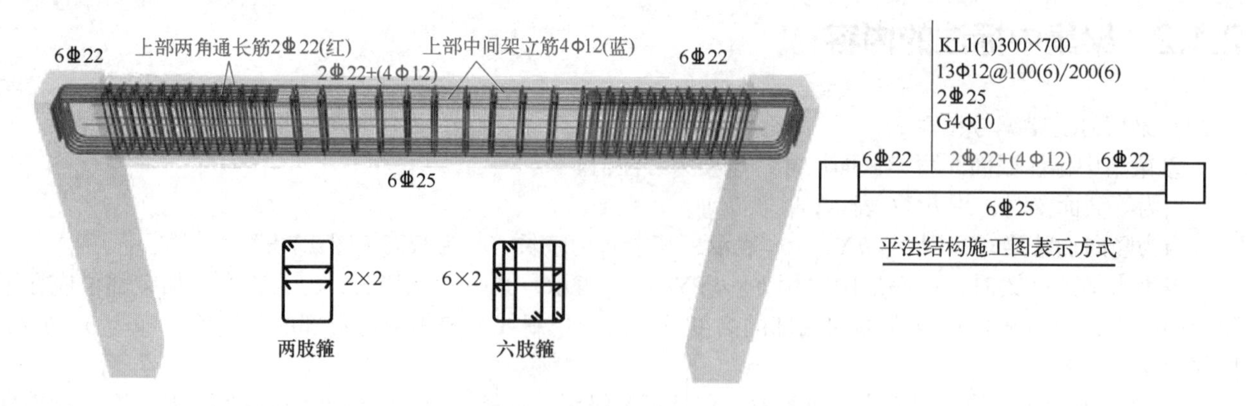

图2.9 框架梁架立筋构造示意图

⑤ 梁集中标注纵筋注写内容。当梁的上部纵筋和下部纵筋为全跨相同，且多数跨配筋相同时，此项可加注下部纵筋的配筋值，用分号“；”将上部与下部纵筋的配筋值分隔开来；少数跨不同者，按22G101-1的规定处理。框架梁上部与下部钢筋构造示意图如图2.10所示。

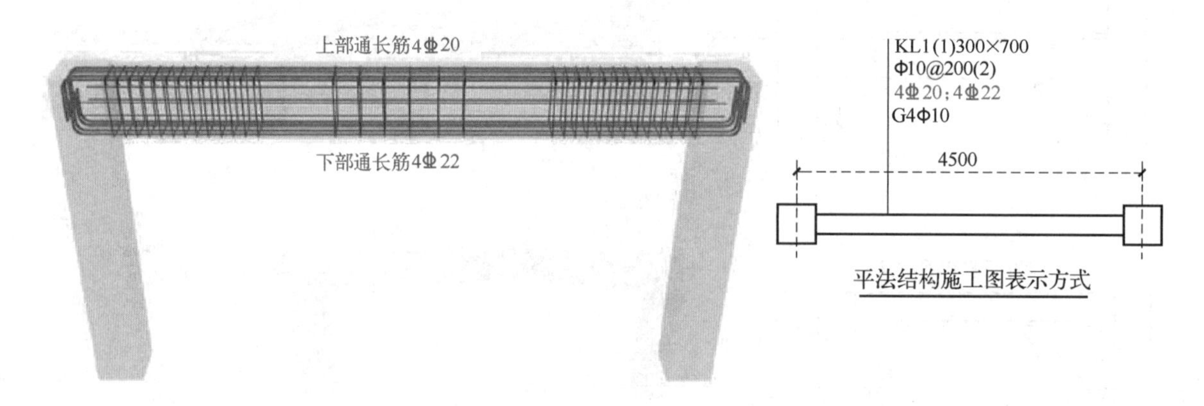

图2.10 框架梁上部与下部钢筋构造示意图

⑥ 梁集中标注构造钢筋注写内容。梁侧面纵向构造钢筋或受扭钢筋配置，该项为必注值。当梁腹板高度 $h_w \geqslant 450$mm 时，需配置纵向构造钢筋，所注规格与根数应符合规范规定。此项注写值以大写字母G打头，接续注写设置在梁两个侧面的总配筋值，且对称配置。当梁侧面需配置受扭纵向钢筋时，此项注写值以大写字母N打头，接续注写配置在梁两个侧面的总配筋值，且对称配置。受扭纵向钢筋应满足梁侧面纵向构造钢筋的间距要求，且不再重复配置纵向构造钢筋（图2.11）。

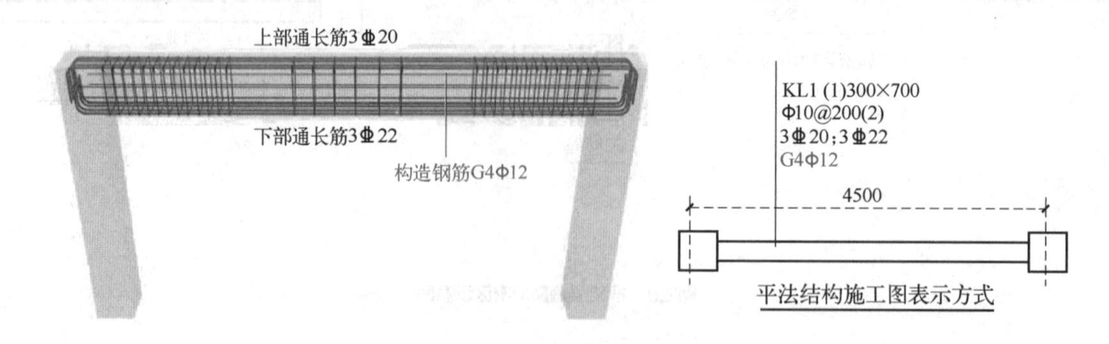

图2.11 框架梁构造钢筋示意图

⑦ 梁顶标高集中标注注写内容。梁顶面标高高差，该项为选注值。梁顶面标高高差，是指相对于结构层楼面标高的高差值，对于位于结构夹层的梁，则指相对于结构夹层楼面标高的高差。有高差时，需将其写入括号内，无高差时不注（图2.12）。

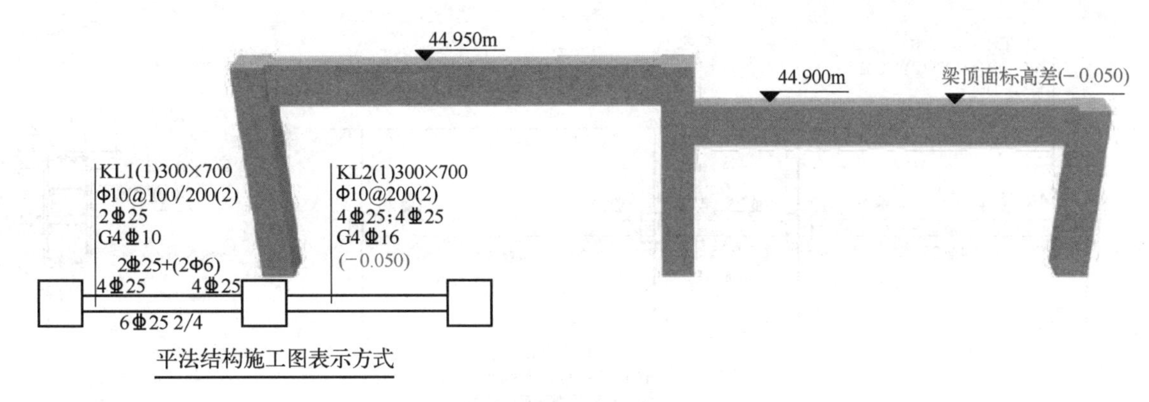

图2.12　梁顶标号不同的梁施工图

2.1.3　梁原位标注的内容

梁原位标注上部纵筋注写内容为梁支座上部纵筋，该部位包含通长筋在内的所有纵筋。

① 当上部纵筋多于一排时，用斜线“/”将各排纵筋自上而下分开。

② 当同排纵筋有两种直径时，用加号“+”将两种直径的纵筋相联，注写时将角部纵筋写在前面。框架梁双排钢筋如图 2.13 所示。

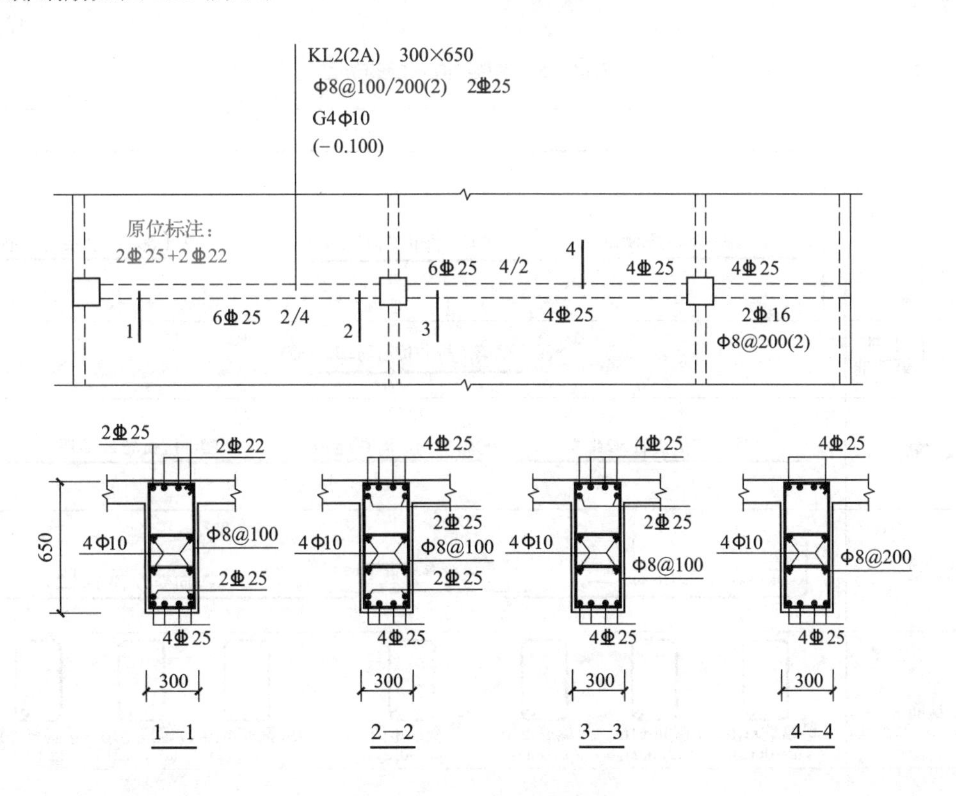

图2.13　框架梁双排钢筋示意图

③ 当梁中间支座两边的上部纵筋不同时，需在支座两边分别标注；当梁中间支座两边的上部纵筋相同时，可仅在支座的一边标注配筋值，另一边省去不注（图 2.14）。

④ 当下部纵筋多于一排时，用斜线将各排纵筋自上而下分开。

⑤ 当同排纵筋有两种直径时，用加号“+”将两种直径的纵筋相联，注写时角筋写在前面。

⑥ 当梁下部纵筋不全部伸入支座时，将梁支座下部纵筋减少的数量写在括号内。框架梁构造钢筋示意图见图 2.15。

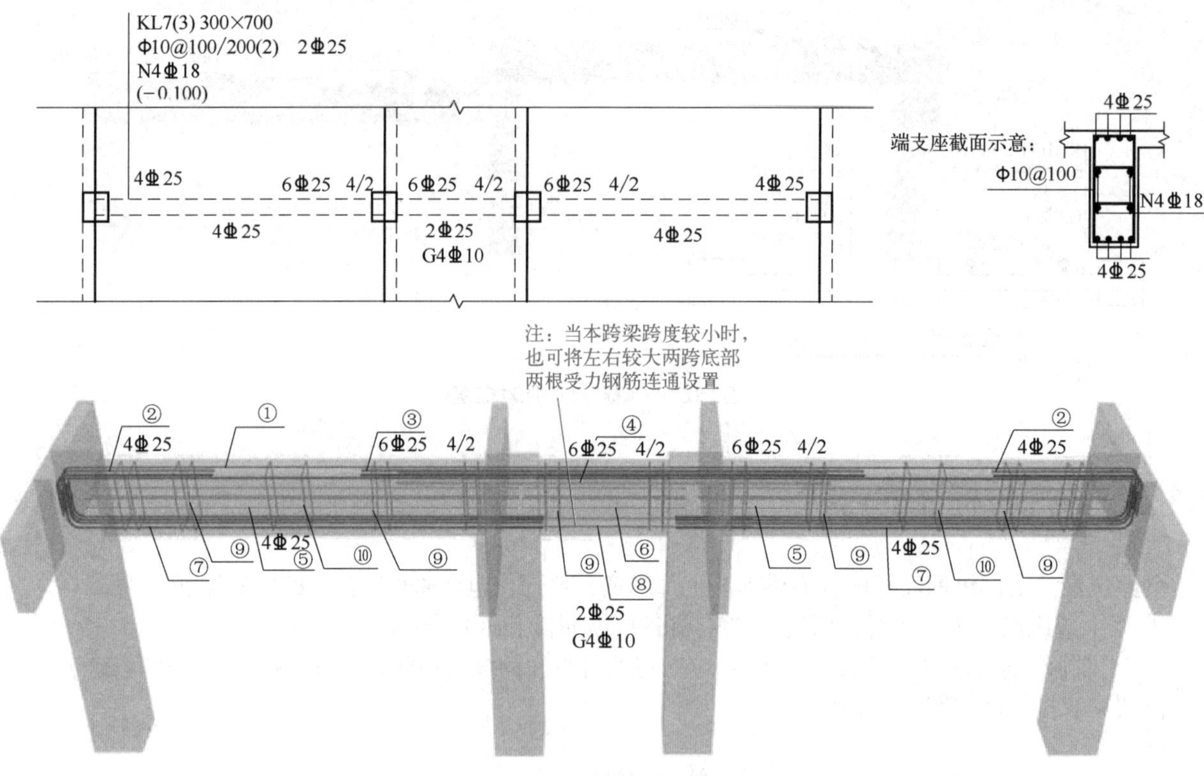

图2.14 大小跨梁结构施工图示意图

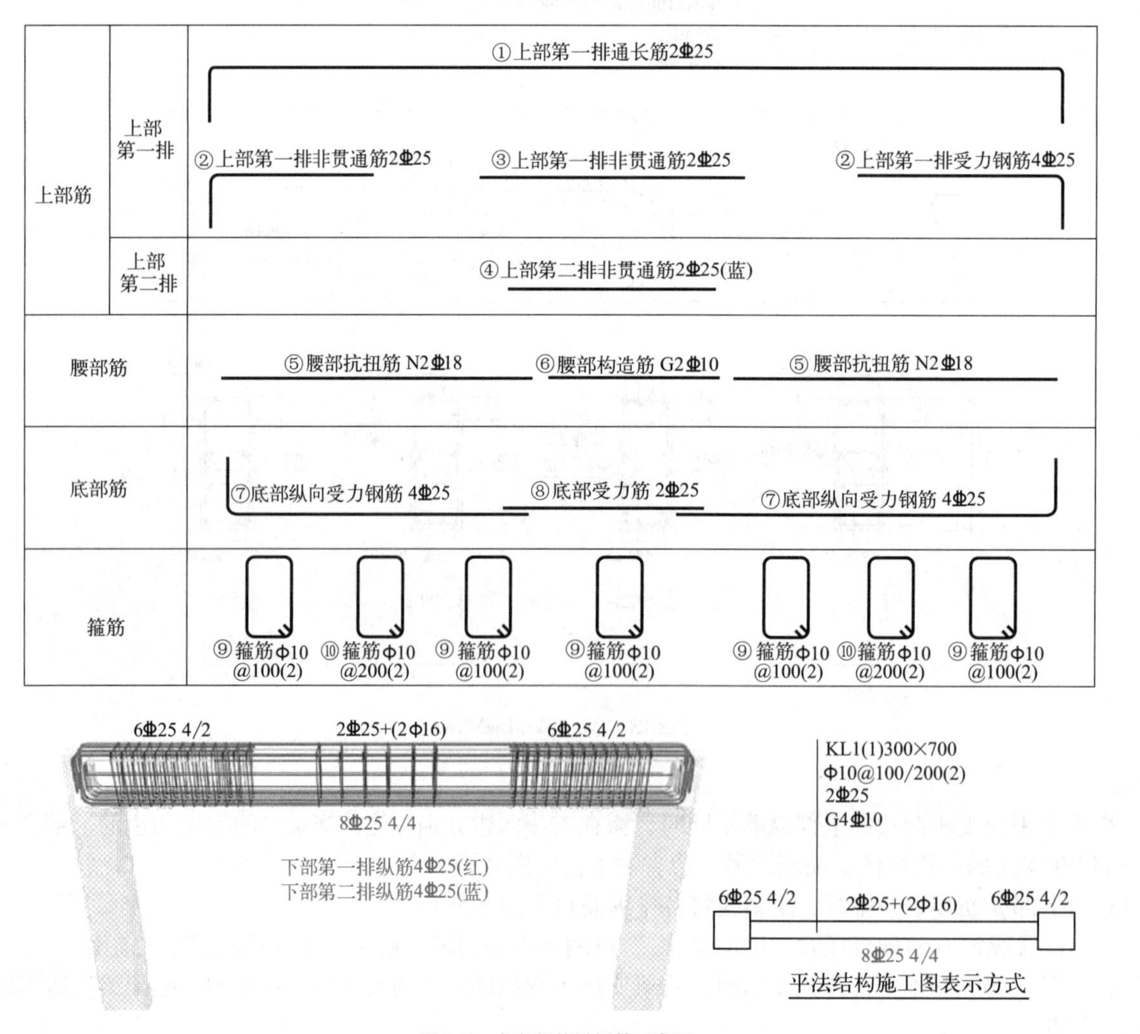

图2.15 框架梁构造钢筋示意图

⑦ 宽扁梁结构施工图集中标注。对于上部纵筋和下部纵筋，尚需注明未穿过柱横截面的纵向受力钢筋根数（图 2.16）。

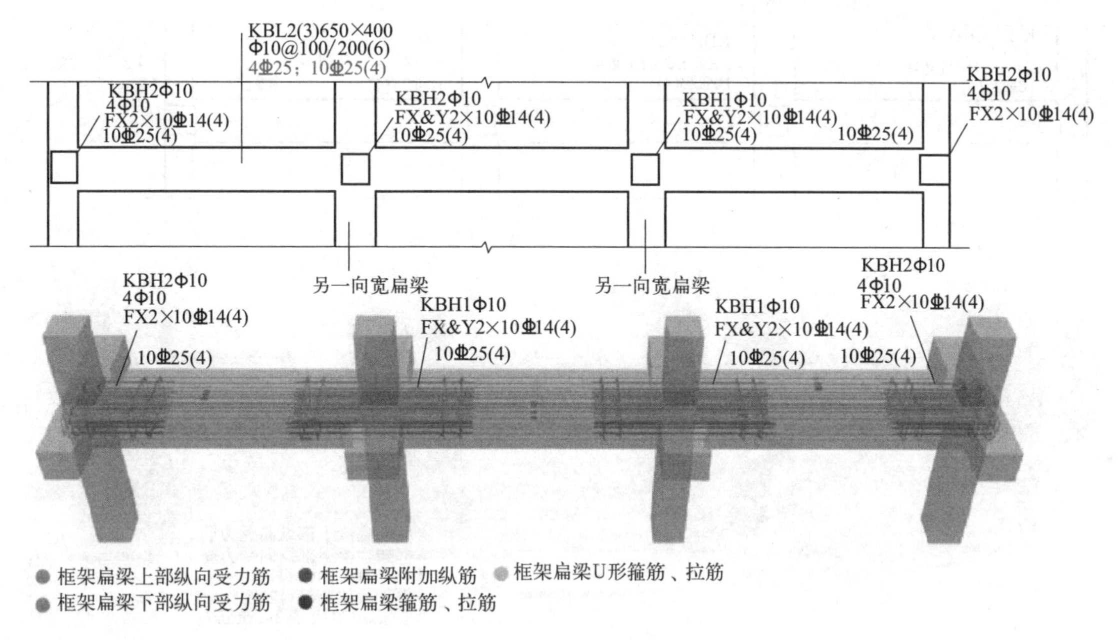

图2.16 楼层框架扁梁集中标注示意图

框架宽扁梁原位标注（一）：

KBH2 ⏀ 10，FX&Y 2 × 10 ⏀ 14（4）表示框架扁梁中间支座节点核心区：柱外核心区竖向拉筋 ⏀ 10；沿梁 X 向（Y 向）配置两层 10 ⏀ 14 附加纵向钢筋，每层有 4 根纵向受力钢筋未穿过柱截面，柱两侧各 2 根附加纵向钢筋沿梁高度范围均匀布置，如图 2.17 所示。

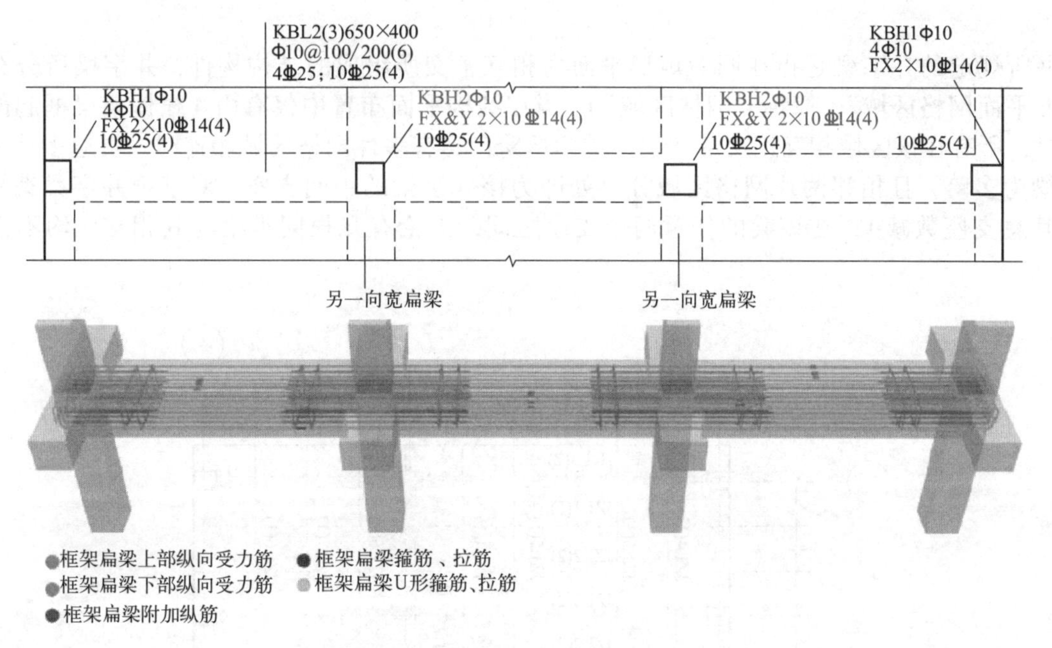

图2.17 框架扁梁中间支座核心区原位标注示意图

框架宽扁梁原位标注（二）：

KBH2 Φ 10，4 Φ 10，FX 2 × 10 ⏀ 14（4）表示框架扁梁端部支座节点核心区：柱外核心区竖向拉筋Φ 10，附加 U 形箍筋 4 道，柱两侧各 2 道；沿梁框架扁梁 X 向配置两层 10 ⏀ 14 附加纵向钢筋，有 4 根纵向受力钢筋未穿过柱截面，柱两侧各 2 根；附加纵向钢筋沿梁高度范围均匀布置，如图 2.18 所示。

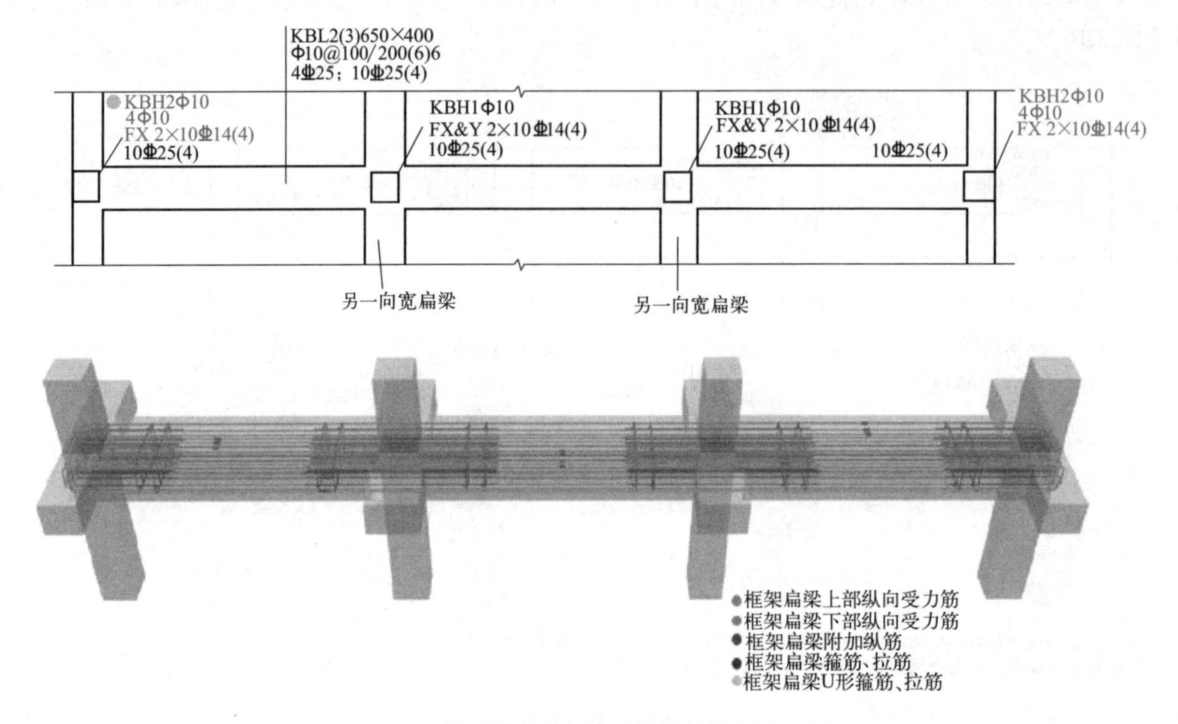

图2.18 框架扁梁端部支座节点核心区原位标注示意图

⑧ 井字梁注写内容。井字梁矩形平面网格注写内容：井字梁通常由非框架梁构成，并以框架梁为支座（特殊情况下以专门设置的非框架大梁为支座）。

在此情况下，为明确区分井字梁与作为井字梁支座的梁，井字梁用单粗虚线表示（当井字梁顶面高出板面时可用单粗实线表示），作为井字梁支座的梁用双细虚线表示（当梁顶面高出板面时可用双细实线表示）。

本书所规定的井字梁是指在同一矩形平面内相互正交所组成的结构构件，井字梁所分布范围称为“矩形平面网格区域”（简称“网格区域”）。当在结构平面布置中仅有由4根框架梁框起的一片网格区域时，所有在该区域相互正交的井字梁均为单跨；当有多片网格区域相连时，贯通多片网格区域的井字梁为多跨，且相邻两片网格区域分界处即为该井字梁的中间支座。对某根井字梁编号时，其跨数为其总支座数减1；在该梁的任意两个支座之间，无论有几根同类梁与其相交，均不作为支座（图2.19）。

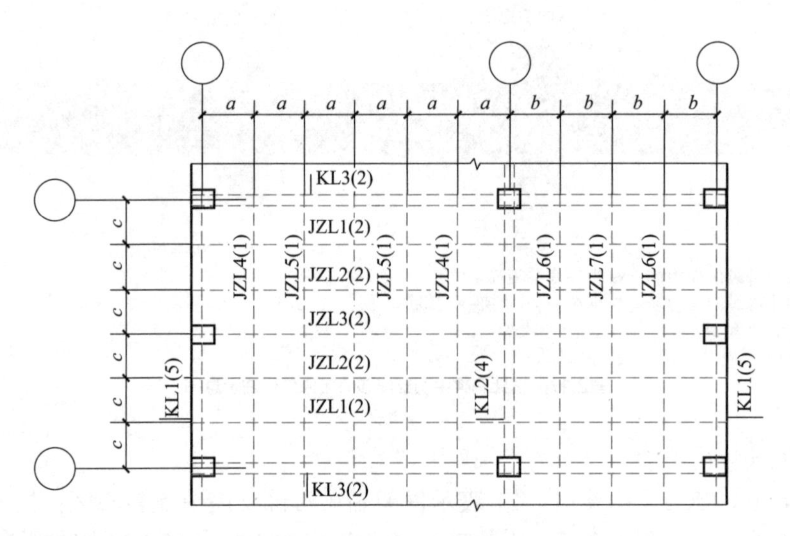

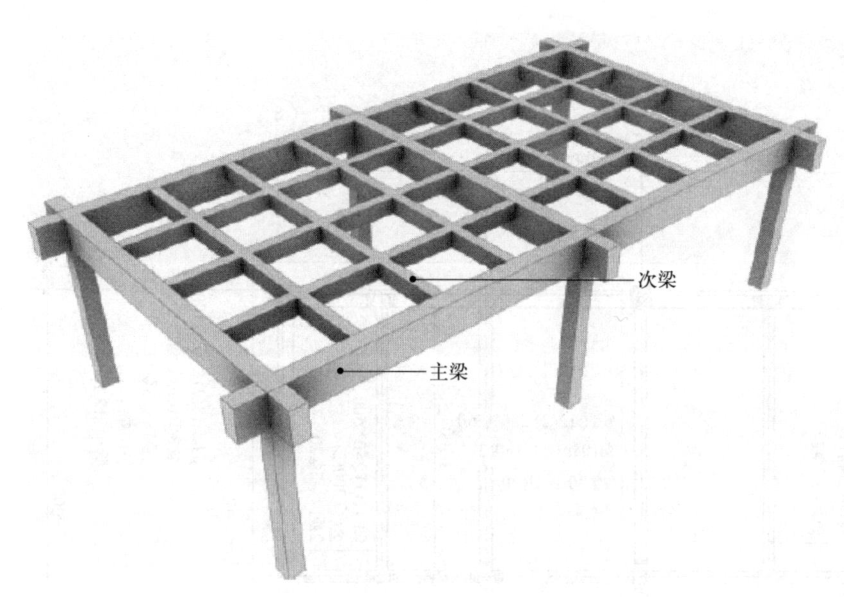

图2.19 井字梁矩形平面网格区域示意图

2.2 预制钢筋混凝土梁深化设计

2.2.1 引例

图 2.20 和图 2.21 为某项目三层预制构件平面布置图和三层梁平法施工图。读者通过本节的学习，结合以往所掌握的识图知识，能够运用 BeePC 软件对图中的预制叠合梁进行深化设计并出具相关加工图，从而具备正确使用 BeePC 软件进行板深化图设计的基本能力。

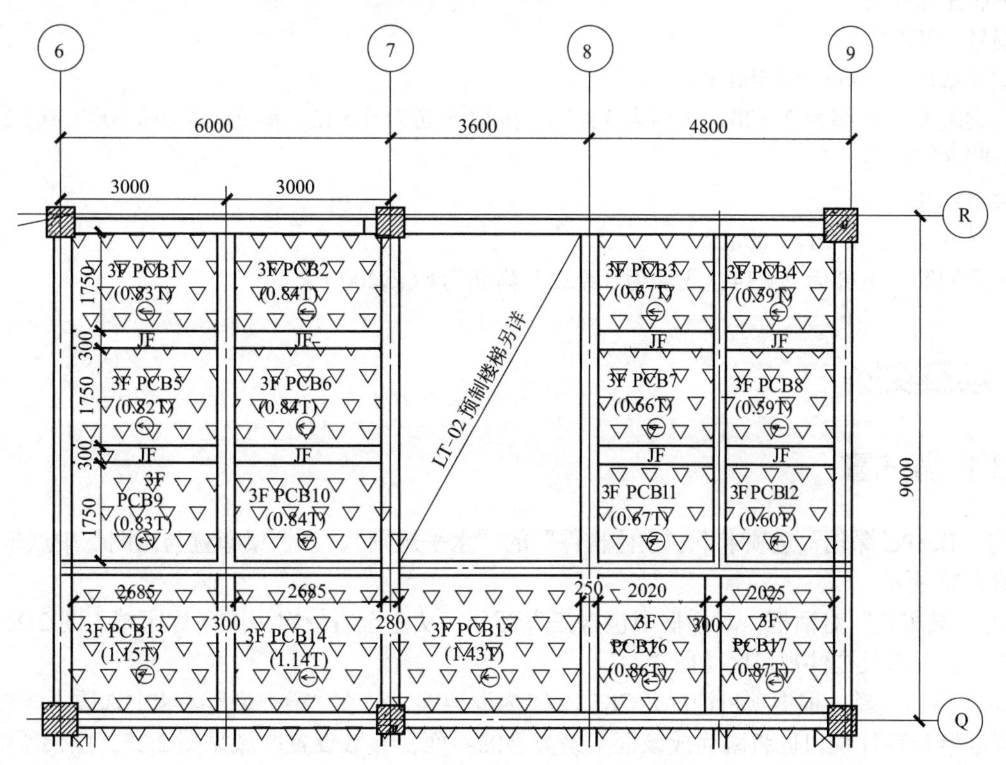

图2.20 某项目三层预制构件平面布置图

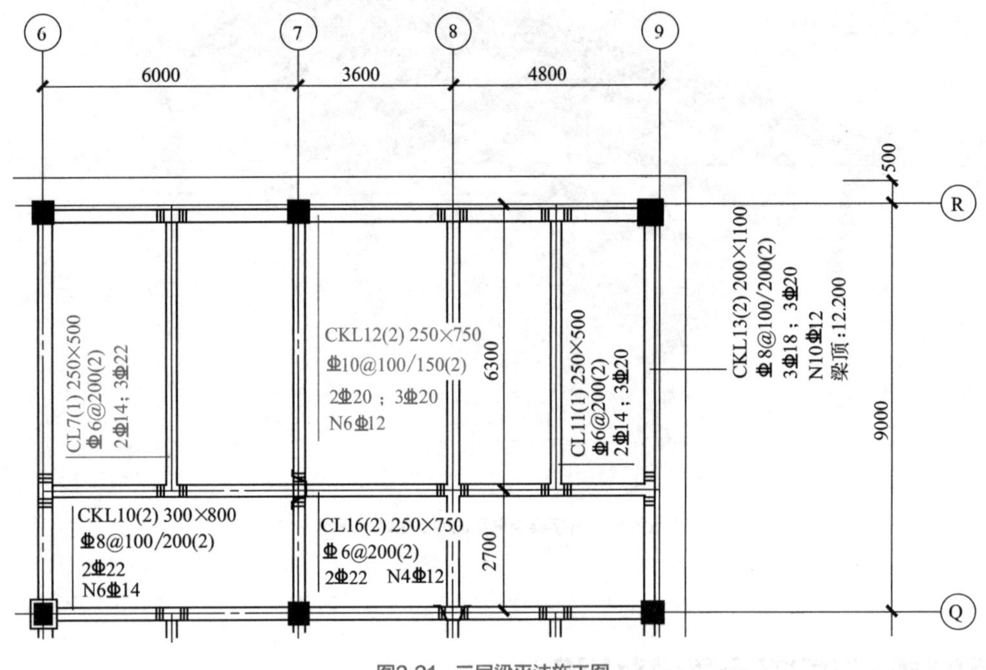

图2.21　三层梁平法施工图

2.2.2　项目分析

项目中的部分主梁和次梁采用预制叠合梁，位置详见预制构件平面布置图，主梁抗震等级为三级，次梁为非抗震。所有楼板均采用 60mm（预制）+80mm（现浇）的桁架钢筋混凝土叠合板，板顶与梁顶平齐。已知预制叠合梁的信息如下：

（1）预制主梁信息

平法编号：CKL12；

预制主梁截面：250mm × 750mm ；

预制主梁配筋：上部为 2 Φ 20，底部为 3 Φ 20，抗扭腰筋为 6 Φ 12，箍筋为Φ 10@100/150（2）。

（2）预制次梁信息

平法编号：CL7；

预制次梁截面：250mm × 500mm ；

预制次梁配筋：上部为 2 Φ 14，底部为 3 Φ 22，箍筋为Φ 6@200（2）。

2.2.3　项目实操

2.2.3.1　梁布置

① 点击“BeePC 深化”选项卡下“主体构件”的“水平规则”，在“梁布置与出图”中点击“梁布置”按钮，如图 2.22 所示。

② 弹出“梁布置”对话框，对话框中包含三大部分，从左至右依次为梁名称区域（图 2.23）、参数设置区域（图 2.23）以及构件视口区（图 2.24）。

③ 预制梁类型选择。根据项目情况，CKL12 梁为框架梁，故在“梁类型”区域中选取“框架梁”选项，则参数设置区域与构件视口区将跳换成该框架梁类型的界面，参数设置区域见图 2.25，框架梁绘制界面见图 2.24。

二维码 2.1

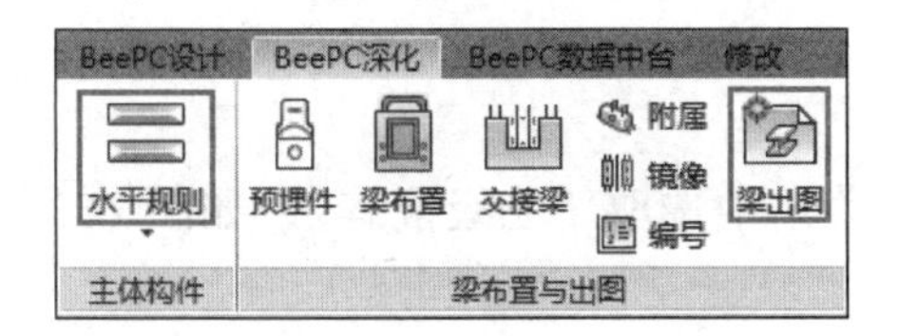

图2.22　梁布置

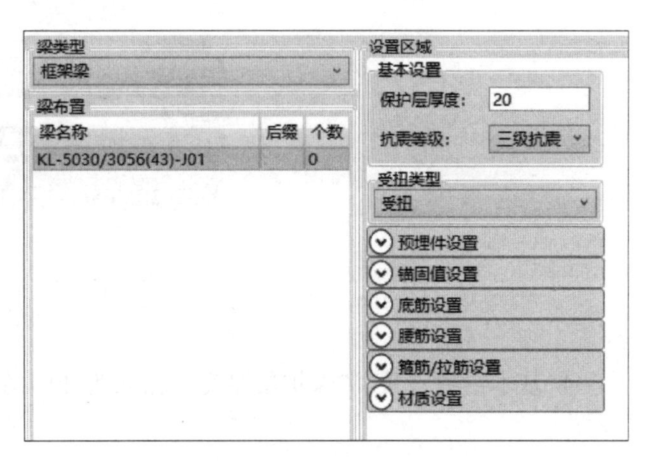

图2.23　梁名称区域与参数设置区域

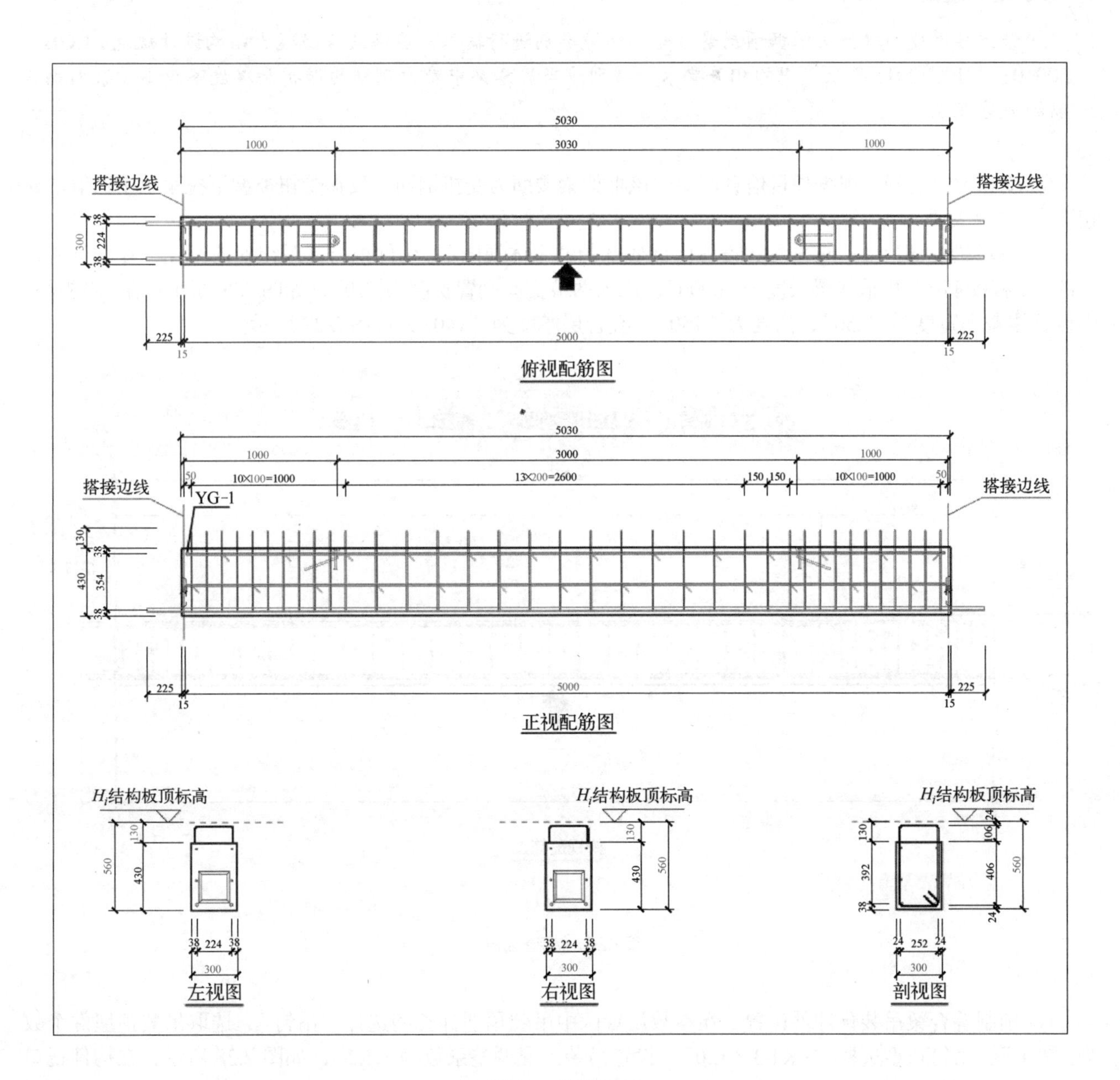

图2.24　构件视口区

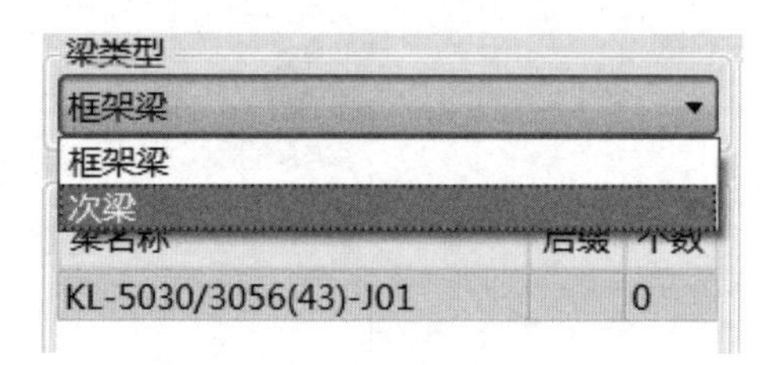

图2.25 参数设置区域

④ 基本参数设置。“保护层厚度”输入为 20，在抗震等级下拉菜单中选取“三级抗震”，如图 2.23 所示。

知识链接

保护层厚度的取值应根据预制梁所处的环境类别进行输入，应满足《混凝土结构设计规范》(GB 50010—2010，2015 年版）中的相关要求，特别应当注意梁中受力钢筋的保护层厚度不应小于梁内钢筋的公称直径。

⑤ 受扭类型选择。根据项目信息可知，该框架梁腰筋为受扭钢筋，故在受扭类型下拉菜单中选取“受扭”，如图 2.23 所示。

⑥ 编辑梁外部尺寸。点击参数设置区域底部的“主体视图”，构件视口区跳出对应视图，在构件视口区的“俯视配筋图”中输入梁长度为“6000”，深入两端支座搁置长度为“10”，如图 2.26 所示；在“左视图”中设置梁截面宽度为“250”，高度为“750”，叠合层厚度为“140”，如图 2.27 所示。

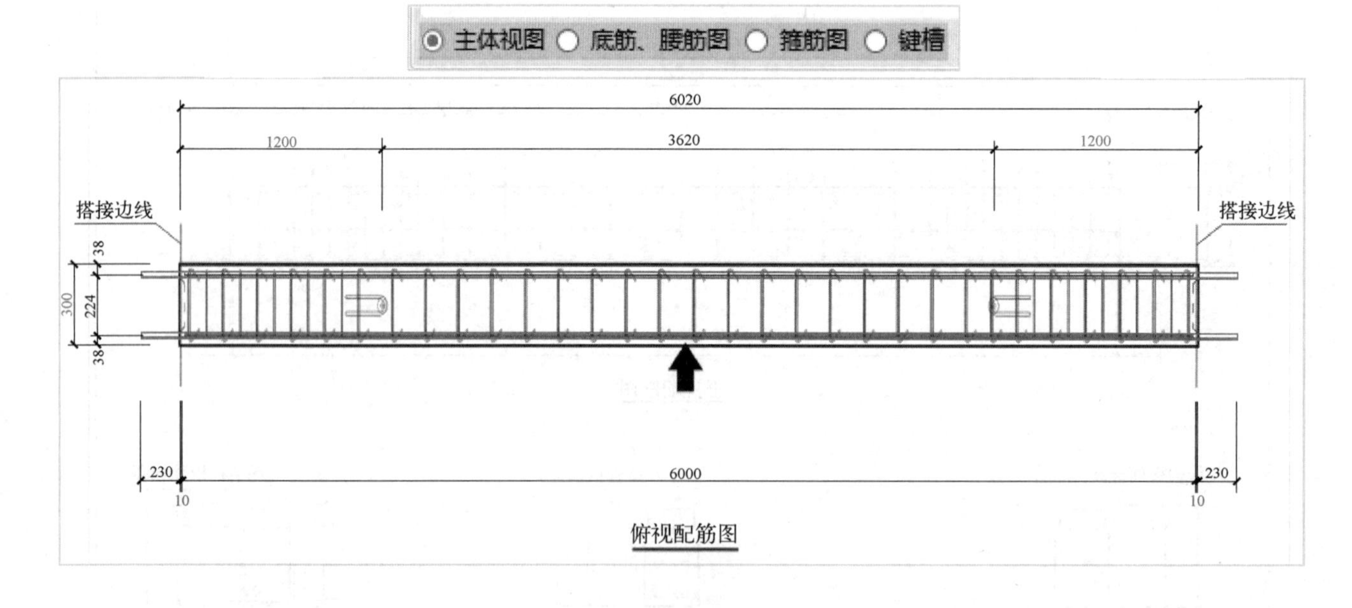

图2.26 俯视配筋图

⑦ 预制叠合梁吊装预埋件设置。在参数设置区中吊装预埋件类型选择“吊钉”，选取吊装预埋件个数为“2 个”，吊钉选型选择“KK1.3 × 120”，设置吊装工况调整系数为“1.2”，如图 2.28 所示；在构件视口区的“俯视配筋图”输入吊钉距搭接边线为“750”，如图 2.29 所示。

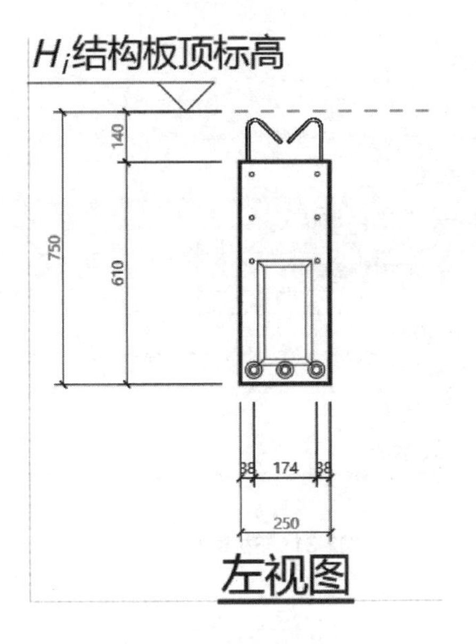

图2.27 左视图

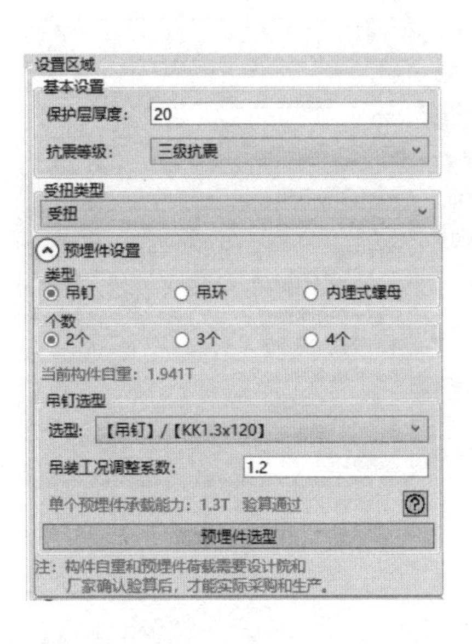

图2.28 吊装预埋件

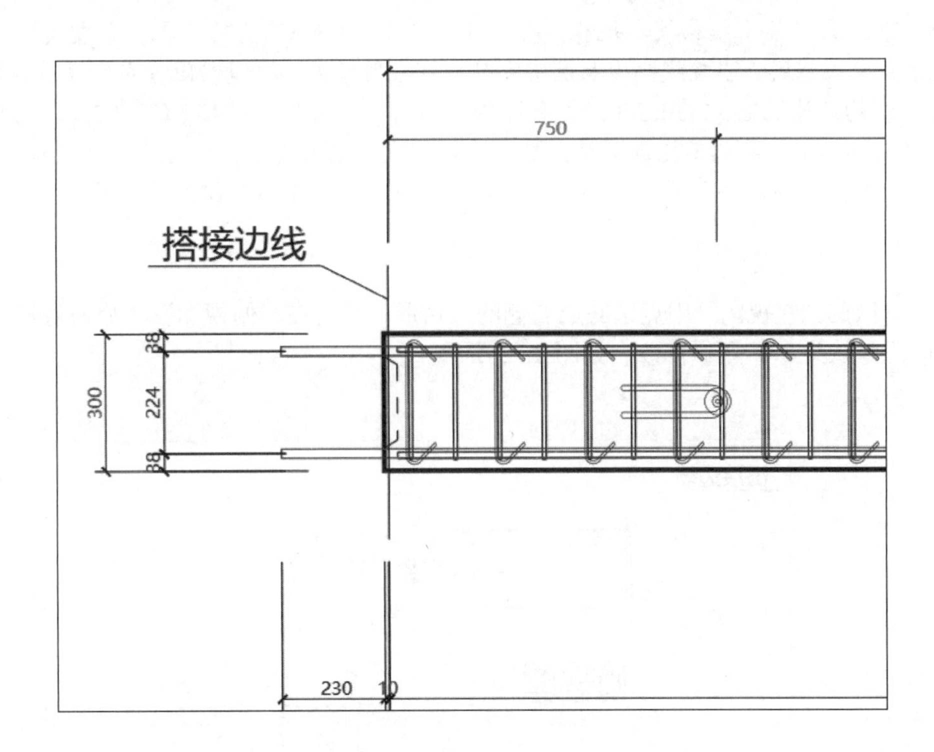

图2.29 预制叠合梁吊装预埋件设置

特别提示

吊钉的其他类型可通过“预埋件选型”选择所需型号，根据选择的埋件型号、个数，软件会自动计算并有红色字体提示“验算通过”或者“验算不通过”，来检验吊装埋件是否符合承载力要求。

⑧ 底筋设置。将视图切换到“底筋、腰筋图”，在参数设置区设置底筋行数为“1”，底筋设置为“C20”，勾选底筋伸出形式为“对称”，左侧伸出形式在下拉菜单中选取“末端带螺栓锚头”，见图 2.30；伸出设置在下拉菜单中选取“$0.4l_{abE}$”，见图 2.31。

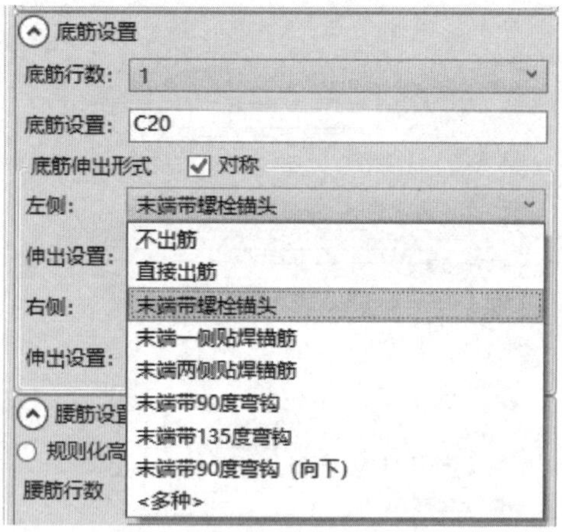

图2.30 设置底筋

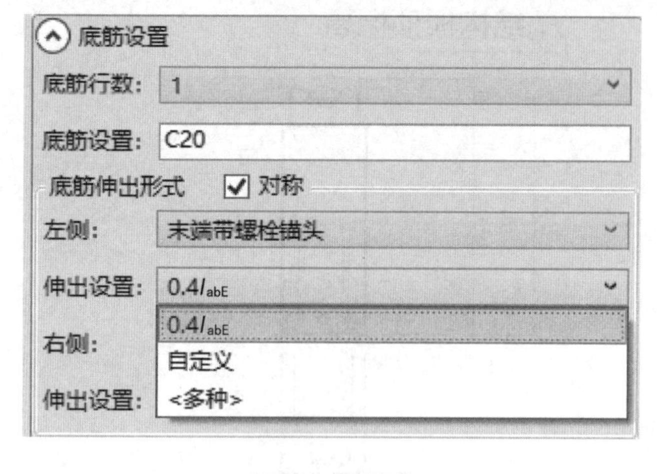

图2.31 下拉菜单

知识链接

依据《装配式混凝土结构技术规程》（JGJ 1—2014）中6.5.6条的要求，预制构件纵向钢筋宜在后浇混凝土内直线锚固；当直线锚固长度不足时，可采用弯折、机械锚固方式，并应符合现行国家标准《混凝土结构设计规范》（GB 50010）和《钢筋锚固板应用技术规程》（JGJ 256）的规定。本项目预制框架梁两端的框架柱宽不能满足梁内底部纵筋的直线锚固要求，故可采用弯折和机械锚固方式，又考虑到该预制梁内有抗扭腰筋也应同纵向钢筋伸入柱内，为了避免钢筋的碰撞，采用机械锚固方式较为妥当。

在构件视口区的“左视图”中点选底筋右侧的三角形，然后在“俯视图”中修改底筋列数为“3”，此时3根底筋间距默认为87，不做修改，如图2.32所示。

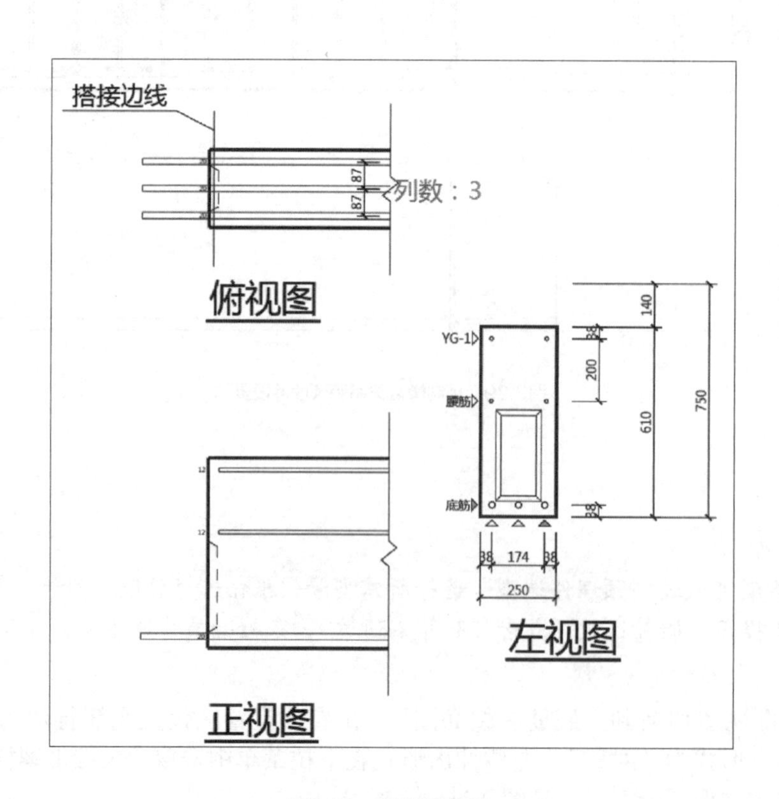

图2.32 底筋列数修改

特别提示

① 梁的钢筋（底筋、腰筋）的伸出形式也可通过点击构件视口区内任一视图中的钢筋，在构件视口区中进行选择，如图 2.33 所示。

② 梁底筋设置包括底筋规格（直径、数量、级别）、锚固形式及钢筋避让。

③ 俯视图与左视图的钢筋联动显示。

④ 设置钢筋等级时，“C”表示三级钢筋。

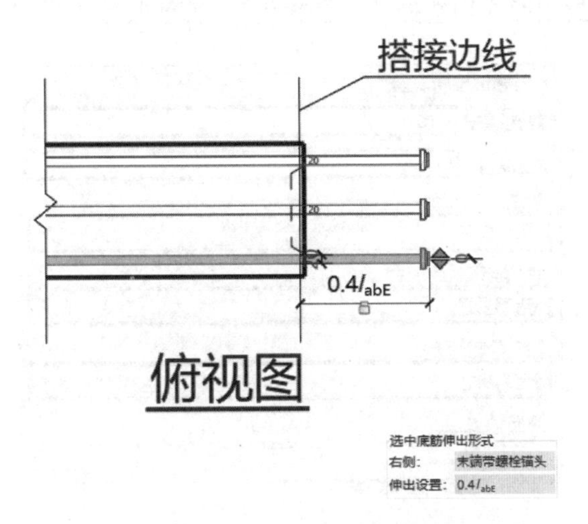

图2.33　钢筋（底筋、腰筋）的伸出形式

⑨ 腰筋设置。将视图切换到“底筋、腰筋图”，在参数设置区点选“自由高度”，腰筋行数设置为“3”，腰筋设置为“C12”；YG-1 伸出形式为“对称”，左侧伸出形式选择“末端带螺栓锚头”，伸出设置选择“自定义”；其他腰筋伸出形式为“对称”，左侧伸出形式选择“末端带螺栓锚头”，伸出设置为“自定义”，如图 2.34 所示。

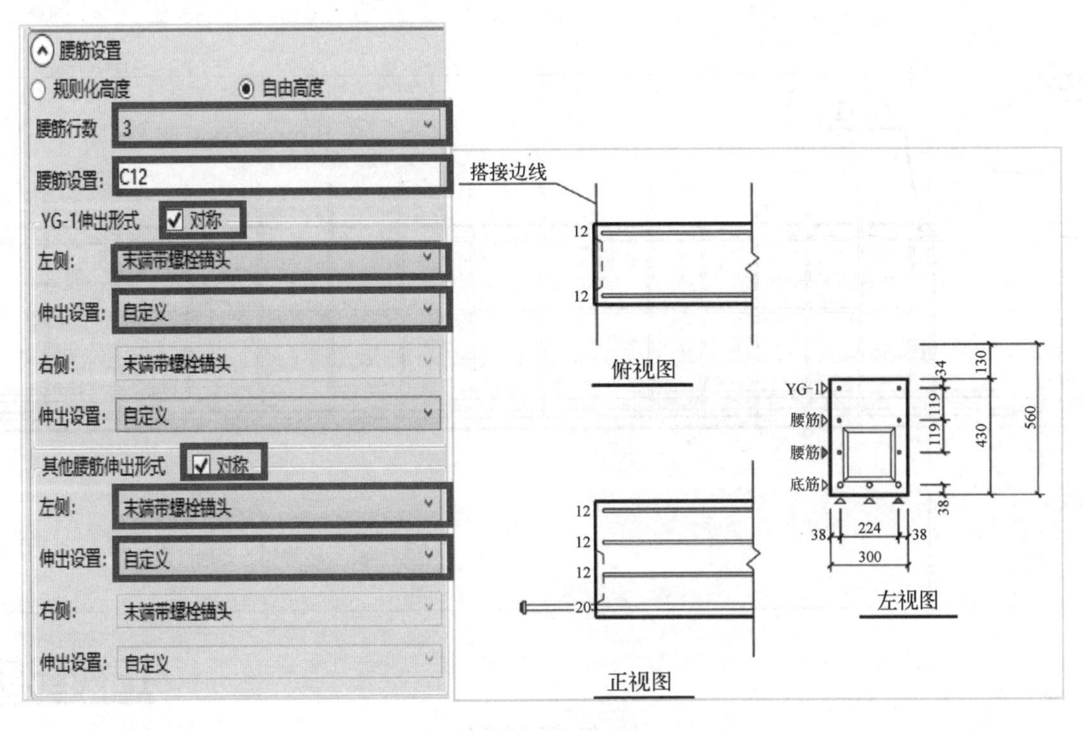

图2.34　腰筋设置

知识链接

当预制梁内的腰筋为构造腰筋时，腰筋可不伸出预制梁的端面；当预制梁内的腰筋为抗扭腰筋时，腰筋应同该梁内下部纵筋伸入支座。腰筋的间距及规格应满足《混凝土结构设计规范》（GB 50010—2010）中 9.2.13 条的要求，此外，考虑到预制梁的短暂工况下的安全性，一般情况下在预制梁顶面均附加 2⌀12 的构造腰筋，此构造腰筋可同原平法标注的梁一并考虑。

⑩ 箍筋 / 拉筋设置。在参数设置区中，箍筋设置为“C10”，拉筋设置为“C6”，箍筋加密类型选择“两边加密”，非加密区及加密区封闭形式均选择“组合封闭”，箍筋肢数选择“2”，如图 2.35 所示。

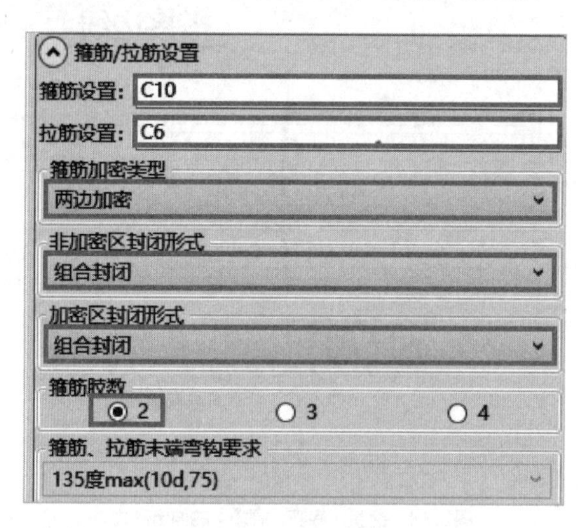

图 2.35 箍筋/拉筋设置

点选参数设置区底部的“主体视图”，在构件视口区的“正视配筋图”内非加密区输入箍筋间距为“200”；加密区间距输入“150”，加密区范围输入“1000”，如图 2.36 所示。

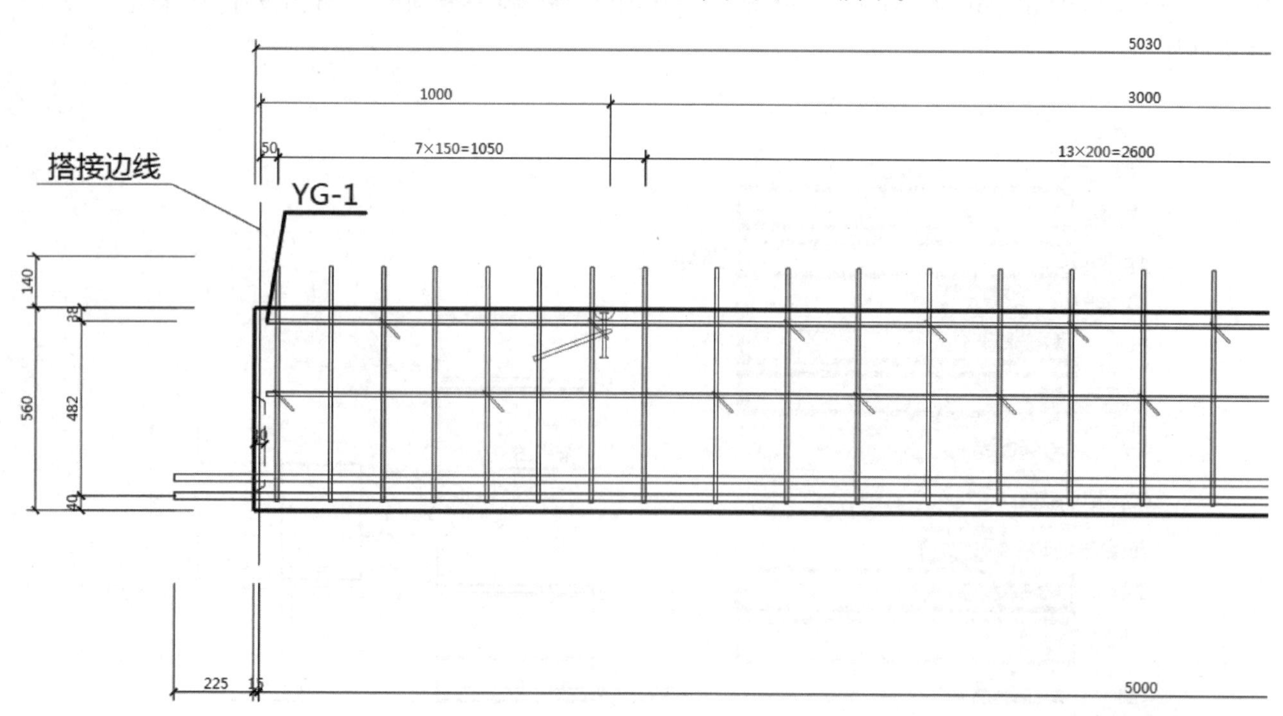

图2.36 正视配筋图

知识链接

箍筋加密区的范围与梁的抗震等级和梁的高度有关，当抗震等级为一级时，箍筋加密区的范围不应小于2倍梁高且不小于500mm；当抗震等级为二～四级时，箍筋加密区的范围不应小于1.5倍梁高且不小于500mm。本项目预制梁高（含楼板）为750mm，抗震等级为三级，箍筋加密区长度不应小于1125mm。

⑪ 键槽设置。将视图切换到“键槽”，在构件视口区的左右视图中设置键槽距梁底为“70”，键槽形式选择“非贯通键槽”，勾选“是否有上键槽”，点击“高度自定义”，修改数值“278.5”为“280”，修改前后如图2.37所示。

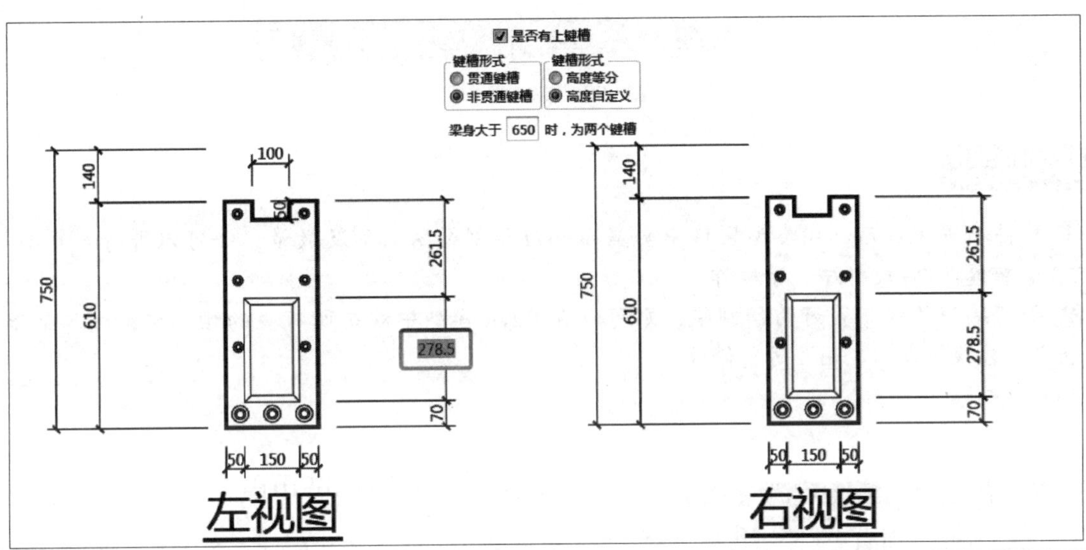

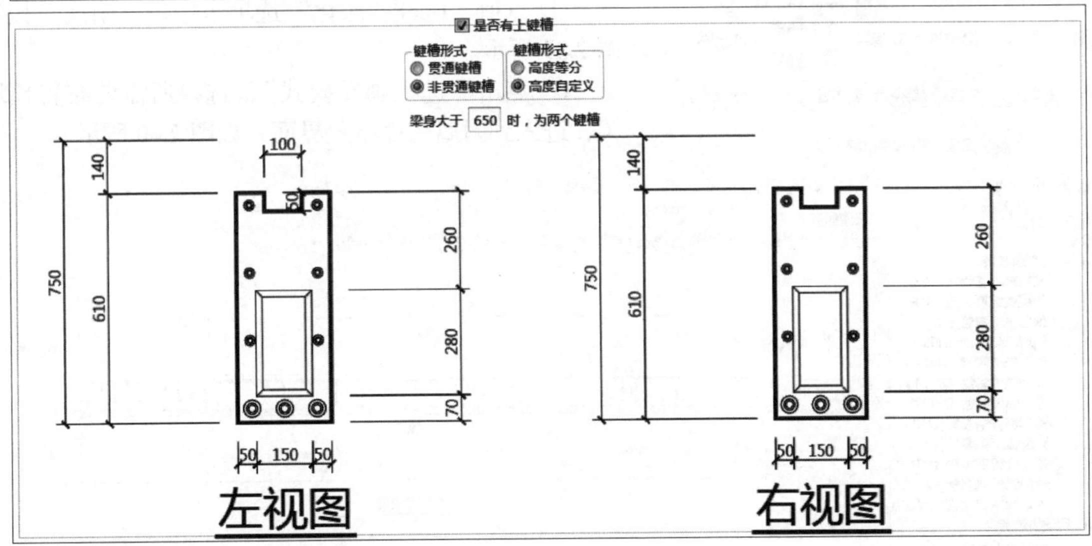

图2.37 键槽设置

特别提示

框架梁键槽设置包括键槽形式和键槽尺寸，键槽形式包括上键槽（即顶面凹口）和侧面键槽，键槽尺寸（包括键槽宽度和键槽深度）一般按软件默认值设置即可。

对于梁侧面键槽一般先点击“高度等分”，计算出理论最佳键槽高度（此时数值一般为小数），再点击“高度自定义”对计算出的数值进行取整。

知识链接

依据《装配式混凝土结构技术规程》(JGJ 1—2014)中的6.5.5条，预制梁与后浇混凝土叠合层之间的结合面应设置粗糙面；预制梁端面应设置键槽且宜设置粗糙面。依据该规程的7.3.1条，装配整体式框架结构中，当采用叠合梁时，框架梁的后浇混凝土叠合层厚度不宜小于150mm，次梁的后浇混凝土叠合层厚度不宜小于120mm；当采用凹口截面预制梁时，凹口深度不宜小于50mm，凹口边厚度不宜小于60mm。

⑫ 点击构件视口区右下角的“布置”按钮，如图2.38所示，将预制梁布置到相应的位置。

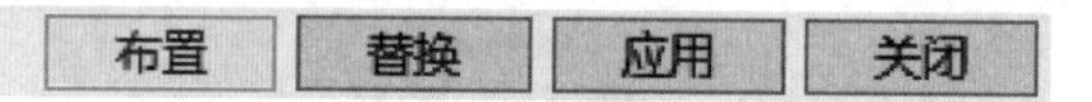

图2.38 点击布置选项

特别提示

① 构件布置完成后，梁类型区域中会显示相应预制梁的名称及数量，并可以进行“复制”“删除”“去除重复”“常规排序”等操作。

② 如需编辑已经布置好的预制梁，则可以在Revit模型中双击所布置的预制梁，进入梁布置模式，点击“替换”或“应用”进行修改。

图2.39 附属构件布置

2.2.3.2 附属构件布置

① 点取“BeePC深化”选项卡中的“附属”按钮，如图2.39所示。

② 点击“进入画布模式”，选择所需要布置预埋件的梁，进入到附属构件布置界面，如图2.40所示。

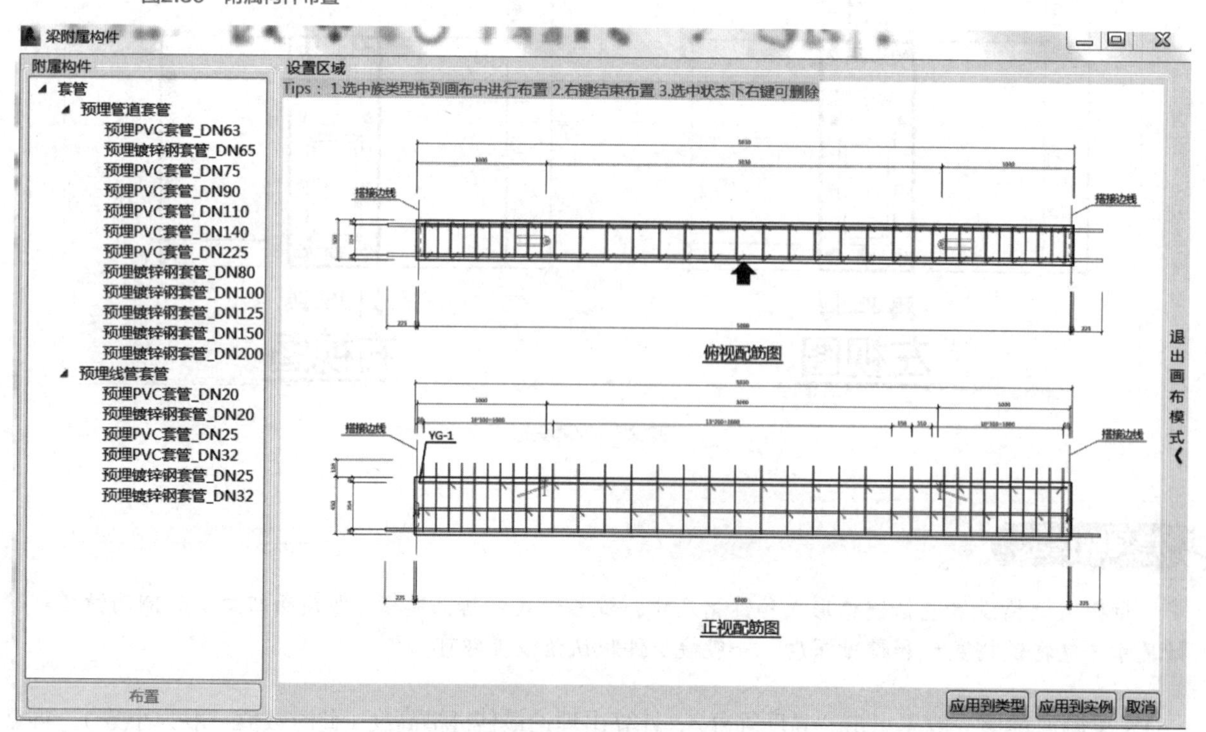

图2.40 附属构件布置界面

③ 在弹出的预制梁附加对话框内，在附属构件中选择预埋管道套管中的“预埋 PVC 套管”后，单击“布置”，将套管布置在构件视口中正视配筋图的任意位置，选中线盒，修改蓝色数值，将其放在正确的位置，如图 2.41 所示；参照预埋管道套管布置方式布置预埋线管套管，“预埋线管套管”定位如图 2.42 所示。

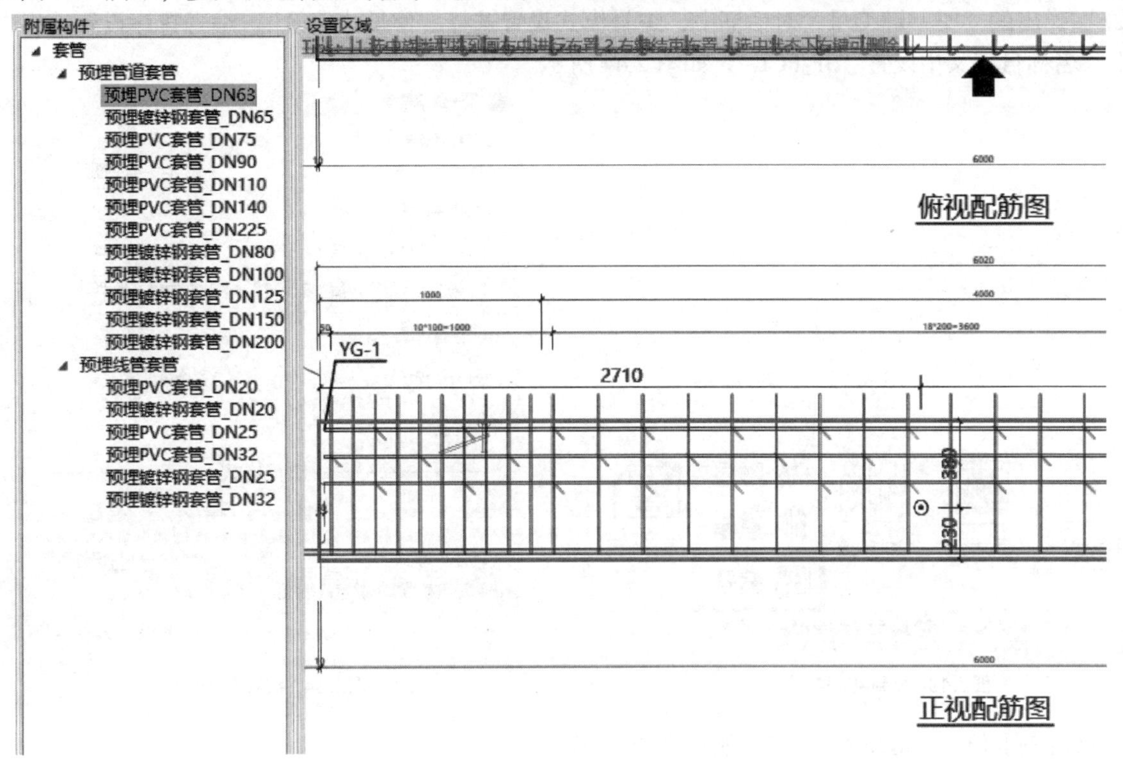

图2.41　预埋PVC套管构件视口正视配筋图

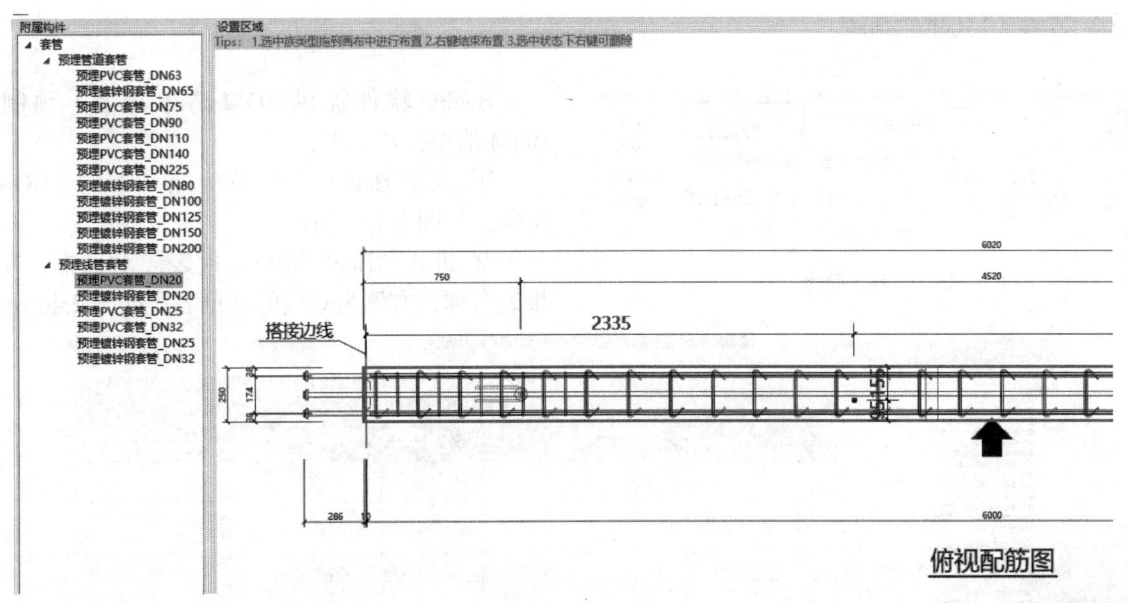

图2.42　预埋管道套管布置

二维码 2.2

④ 布置好所有预埋件后点击“应用到实例”即可。

预制梁的套管个数及套管规格主要是由水、电等专业的预留、预埋所决定。

2.2.3.3 预制梁编号

① 点取“梁布置与出图”中的“梁编号”按钮，如图 2.43 所示。

② 在弹出的“梁一键编号”对话框中，编号模式设置选择“傻瓜式编号”，编号排序设置选择先左右后上下，名称自定义中设置“3F-PCL”，如图 2.44 所示。

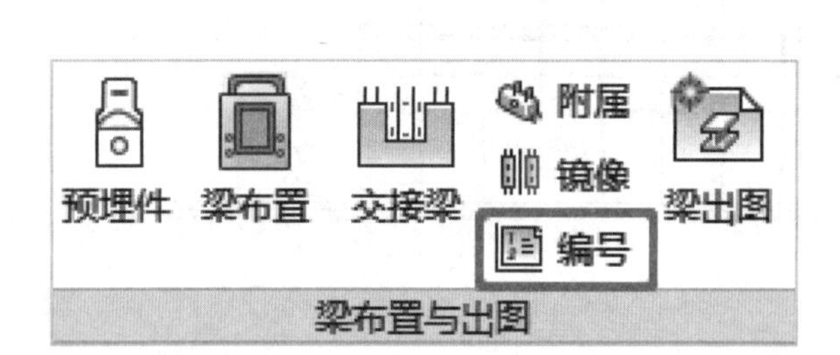

图2.43 预制梁编号

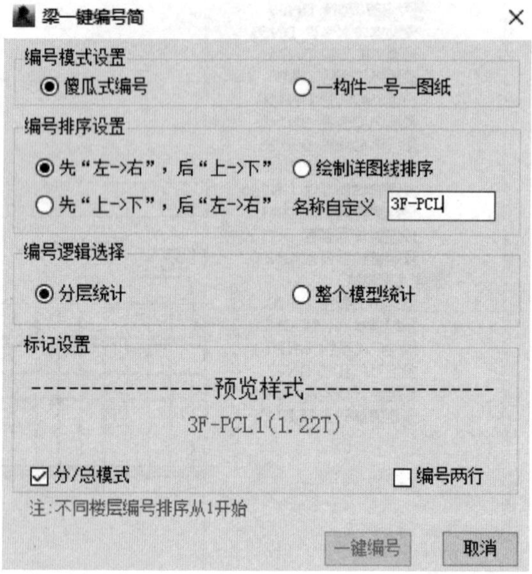

梁一键编号简
编号模式设置
傻瓜式编号　一构件一号一图纸
编号排序设置
先“左->右”，后“上->下”　绘制详图线排序
先“上->下”，后“左->右”　名称自定义 3F-PCL
编号逻辑选择
分层统计　整个模型统计
标记设置
预览样式
3F-PCL1(1.22T)
分/总模式　编号两行
注：不同楼层编号排序从1开始
一键编号　取消

图2.44 编号排序设置

③ 点击右下角“一键编号”，则预制梁编号完成。

2.2.3.4 BOM 清单

图2.45 BOM清单

BeePC 软件提供 BOM 清单功能，预制梁的 BOM 清单操作如下：

① 点取 BeePC“全局功能”下的“BOM 表”按钮，如图 2.45 所示。

② 进入“BeePC-BOM 报表”对话框，左侧为报表名称，右侧为对应的一览表，如图 2.46 所示。

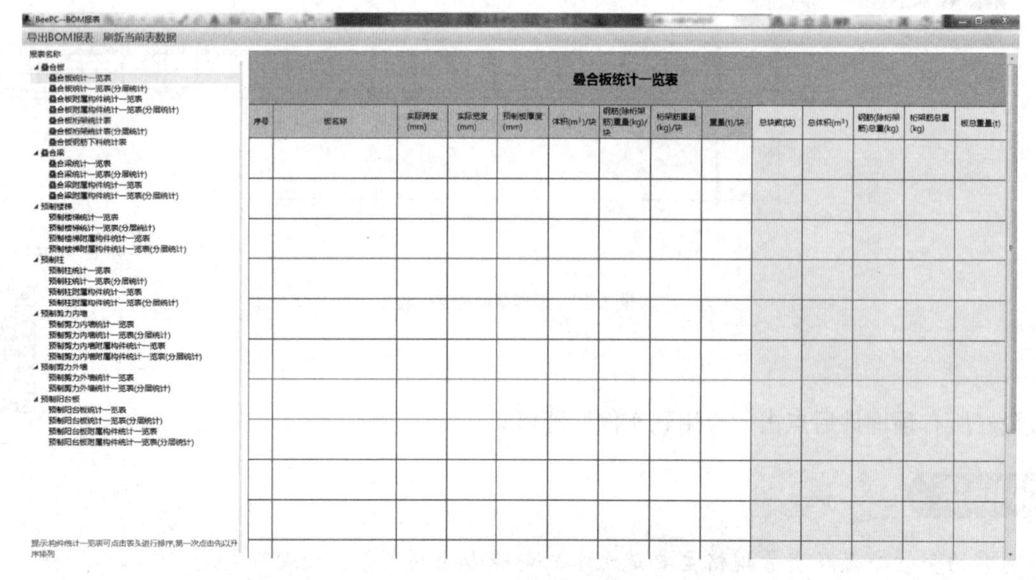

图2.46 BOM报表对话框

③ 软件内置预制梁的四类 BOM 清单，并支持将生成的 BOM 报表导出 Excel 或导出对应视图，如图 2.47 所示。

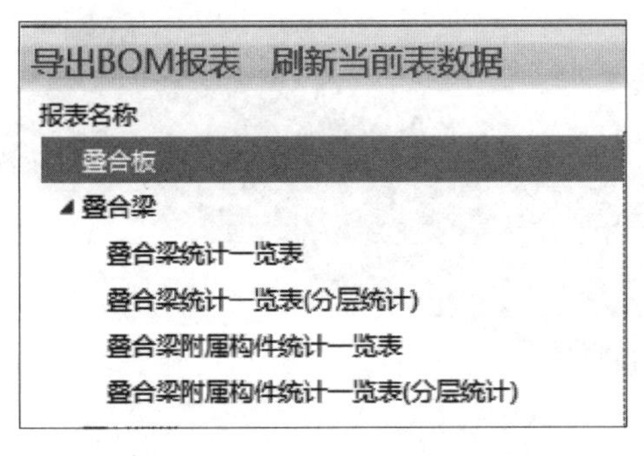

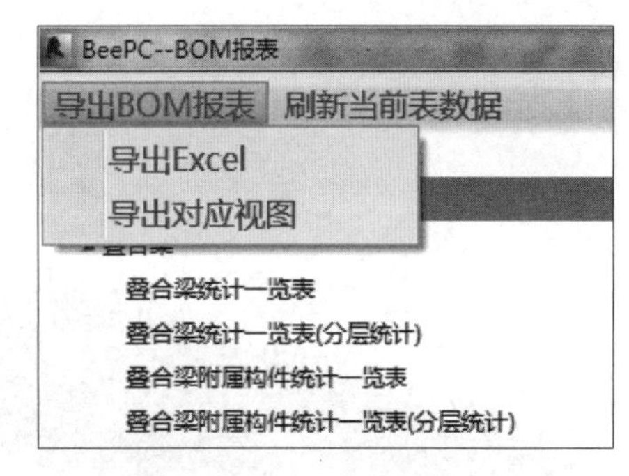

图2.47 BOM报表导出Excel或导出对应视图

特别提示

若想得到梁构件的 BOM 表数据，需要对项目执行装配式楼层设置及梁编号功能。

2.2.3.5 梁出图

① 点取“梁布置与出图”中的“梁出图”按钮，如图 2.48 所示。

② 进入“梁一键出图”对话框，对图框名称、图框尺寸、出图比例、标注文字大小、字体等内容进行点选，对出图布局、明细表等内容可以进行编辑，本工程实例选择如图 2.49 所示。

③ 勾选“直接导出合并 CAD”，跳出 dwg 图纸排布设置弹框，如图 2.50 所示，点击“保存”，则所选梁的详图均保存在指定路径的文件夹下。

图2.48 梁布置与出图

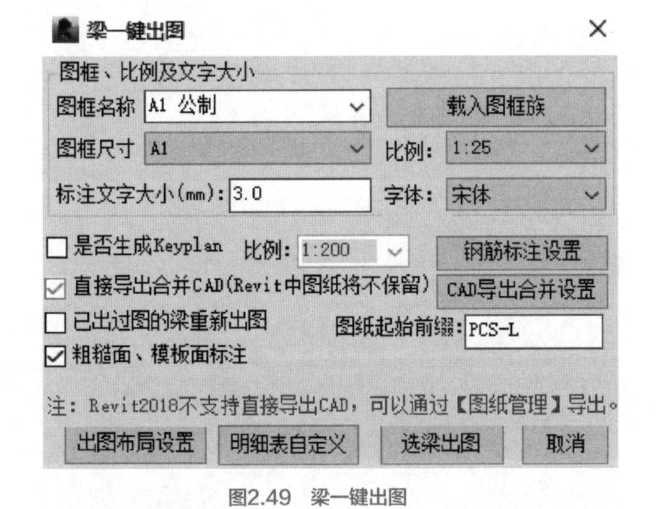

图2.49 梁一键出图

图2.50 导出合并CAD

特别提示

梁出图得到的图纸结果有两种类型，一种为导出 dwg 图纸，另一种为在 Revit 中生成图纸，读者可根据项目实际情况自行选择。本例采用的是导出 dwg 图纸。

三层预制框架梁布置完后的效果如图 2.51 所示。

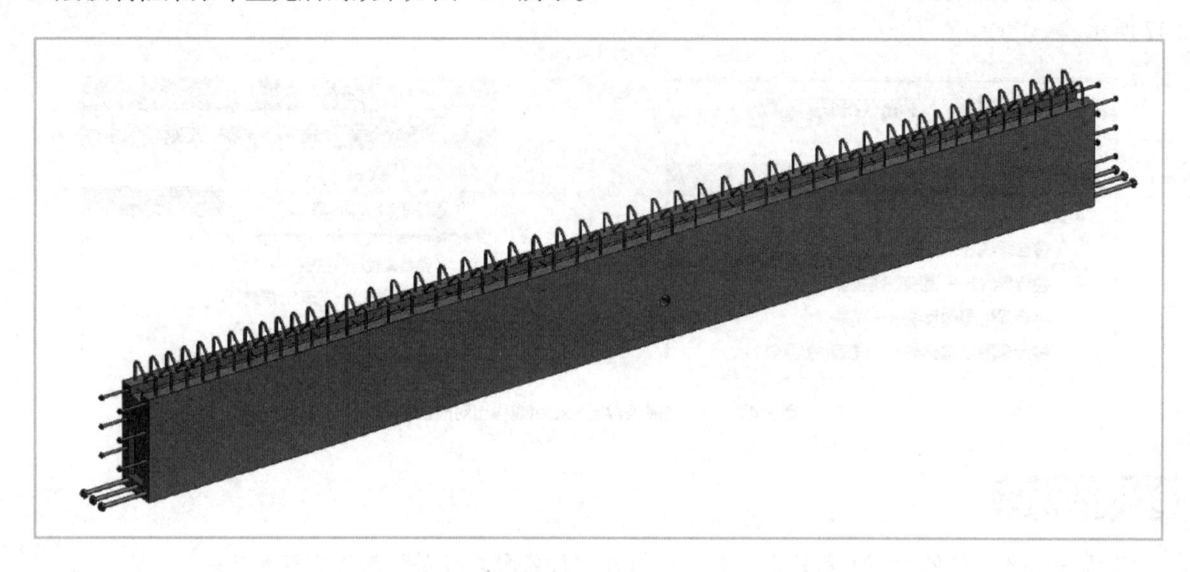

图2.51 三层预制框架梁布置效果图

能力训练题

请同学们继续完成本书附录二中图四、图二某项目二层预制构件中预制框架梁 PCB1 ～ PCB6 的深化设计。

任务3

预制钢筋混凝土板式楼梯识图与深化设计

知识目标

1. 了解钢筋混凝土楼梯的组成以及基础知识；
2. 掌握预制钢筋混凝土板式楼梯施工图中所包含的识读要点；
3. 掌握预制钢筋混凝土板式楼梯的深化设计内容。

能力目标

通过识读叠合楼梯施工图，能正确对预制钢筋混凝土板式楼梯进行深化设计。

素质目标

楼梯起到上下层交通连接的作用。通过预制楼梯深化设计的学习，培养严谨的态度。预制楼梯多属于非抗震构件，要在深化设计中充分理解非抗震的意义，特别注意下端滑动支座的特点，同时由于楼梯预埋件分类比较多，要有细致耐心、精益求精的态度。树立爱岗敬业、团结协作的品质，加强安全意识观念，为发展职业能力奠定良好的基础。

3.1 预制钢筋混凝土板式楼梯识图

3.1.1 楼梯的组成与基本构造

3.1.1.1 楼梯的组成

楼梯一般由楼梯梯段、楼梯平台、栏杆（栏板）和扶手三部分组成（图 3.1）。

① 楼梯梯段：楼梯梯段是联系两个不同标高平台的倾斜构件，是设有踏步供人们上下楼层的通道段，由若干踏步和斜梁或板组成。为了减少人们上下楼梯时的疲劳，每一楼梯梯段的踏步数量一般不应超过 18 级，同时考虑人们行走时的习惯，楼梯梯段的踏步数量也不应少于 3 级。

② 楼梯平台：楼梯平台是指连接两个楼梯梯段之间的水平构件。平台用于供楼梯转折、连通某个楼层或者供使用者在上下移动一定距离后稍事休息。根据所处的位置不同，楼梯平台分为中间平台和楼层平

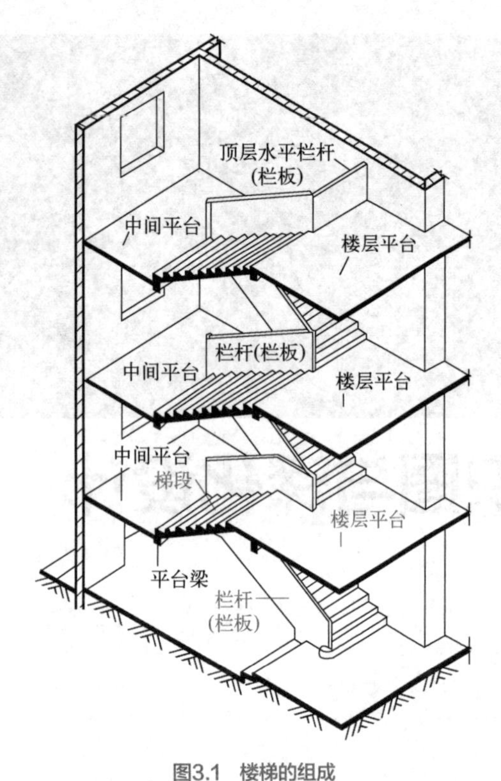

图3.1 楼梯的组成

台，位于两楼层之间的平台称为中间平台；与楼层地面标高一致的平台称为楼层平台。平台由平台梁和平台板组成。

③ 栏杆（栏板）和扶手：栏杆或栏板，设于楼梯梯段的临空边，是为保证人们在攀爬楼梯时的安全而设置的。因此，要求栏杆必须牢固可靠，并且具有足够的安全高度。栏杆或栏板的顶部供人们依扶用的连续构件，称作扶手。

3.1.1.2 钢筋混凝土楼梯的分类

① 楼梯按位置分类，可分为室内楼梯和室外楼梯两类。

② 楼梯按施工方式分类，可分为现浇式施工楼梯和预制构件施工楼梯两类。

③ 楼梯按使用性质分类，可分为主要楼梯、辅助楼梯、安全楼梯（太平梯）和防火楼梯四类。

④ 楼梯按材料分类，可分为钢楼梯、钢筋混凝土楼梯、木楼梯、钢与混凝土混合楼梯等。

⑤ 楼梯按形式分类，可分为直上楼梯、曲尺楼梯、双折楼梯（又称转弯楼梯、双跑楼梯、平行楼梯）、三折楼梯（又称三跑楼梯）、弧形楼梯、螺旋形楼梯、圆形楼梯、有中柱的盘旋形楼梯、剪刀式楼梯和交叉楼梯等，见图3.2；选用的原则是根据楼梯间的平面形状与大小、楼层高低与层数、人流多少与缓急、使用功能、造型需要、投资限额和施工条件等因素来确定。

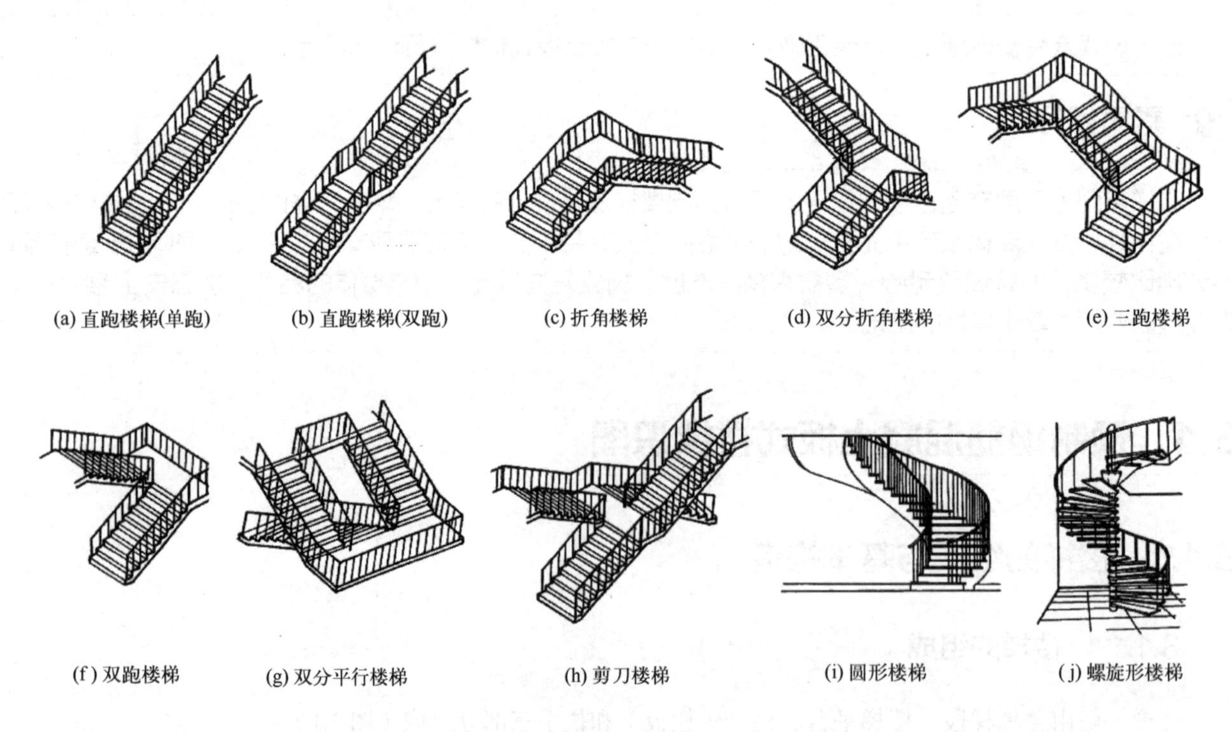

图3.2 楼梯形式示意图

预制钢筋混凝土板式楼梯是由梯段板承受该梯段的全部荷载，并将荷载传递至两端的平台梁上的现浇式钢筋混凝土楼梯。其受力简单、施工方便，可用于单跑楼梯、双跑楼梯。板式楼梯由梯段斜板、休息平台、平台梁组成。

3.1.1.3 楼梯的尺度

（1）楼梯的坡度

楼梯的坡度是指楼梯梯段的坡度。楼梯的坡度有两种表示方法：一种用斜面与水平面的夹角表示；另一种用楼梯梯段的垂直投影高度与梯段的水平投影长度之比表示。

楼梯的坡度视建筑的功能类型而定，一般情况下，人流多的公共建筑的楼梯应平缓，坡度较小，但增加了楼梯间的进深，特别适用于托幼建筑和托老建筑的楼梯；楼梯的坡度越陡，行走越吃力，但建筑进深相对较小，适用于使用人数较少的住宅楼梯；次要楼梯可更陡些。

楼梯的坡度范围一般在 23° ～ 45° 之间，正常情况下应当把楼梯坡度控制在 38°以内，一般认为 30°是楼梯的适宜坡度，其中以 26° 34′ 为理想。坡度小于 20°时，应采用坡道形式；坡度大于 45°时，则采用爬梯。

（2）楼梯踏步尺度

楼梯梯段由若干踏步组成，每个踏步又由踏面和踢面组成。踏面尺寸与人脚尺寸有关，一般踏面宽 300mm，人脚可以完全落在踏面上，行走较为舒适。当踏面宽度减少时，人行走在踏面上就有后跟悬空的感觉，行走就不便，所以，踏面的最小宽度不宜小于 240mm。踢面高度与踏面宽度尺寸有关。因为人行走时每上一步台阶就等于人迈了一步，所以踢面高度与踏面宽度之和要与人的步幅相吻合。

踏面宽度与踢面高度可用下列经验公式计算，即

$$2h+b=(600 \sim 620)\text{mm} \text{ 或 } h+b=450\text{mm}$$

式中，h 为踏步踢面高度；b 为踏板深度；（600 ～ 620）mm 表示成年人平均步距。

由试算法得到的踏步尺寸应小于最大踢面高度，大于最小踏面宽度的要求，并与常用踏步尺寸相吻合，如表 3.1 所示。

表3.1　楼梯常用踏步尺寸

名称	住宅	学校、办公楼	剧院、会堂	医院（病人用）	幼儿园
踢面高度 h/mm	150 ～ 175	140 ～ 160	120 ～ 150	150	120 ～ 150
踏面宽度 b/mm	250 ～ 300	280 ～ 340	300 ～ 350	300	250 ～ 280

当进深尺寸不足，或者踏步宽度较小时，可以采用加做踏步檐（踏口）或踢面倾斜的方法，以达到加宽楼梯踏面的目的。踏步檐凸出尺寸一般为 20 ～ 25mm（图 3.3）。

（3）栏杆（栏板）和扶手高度尺度

栏杆（栏板）是楼梯梯段的安全设施，一般设在梯段的临空边，栏杆（栏板）上面安装扶手。有时在楼梯梯段大于 1400mm 时，还要在梯段靠墙一侧设扶手。当楼梯梯段宽度超过 2200mm 时，在梯段中间还应设扶手。

扶手高度指踏面中心至扶手顶面的垂直高度。一般成人扶手高度为 900mm，托幼建筑中的儿童扶手高度取 500 ～ 600mm，在设儿童扶手的同时，还要在 900mm 处设成人扶手，如图 3.4 所示。同时，在大型

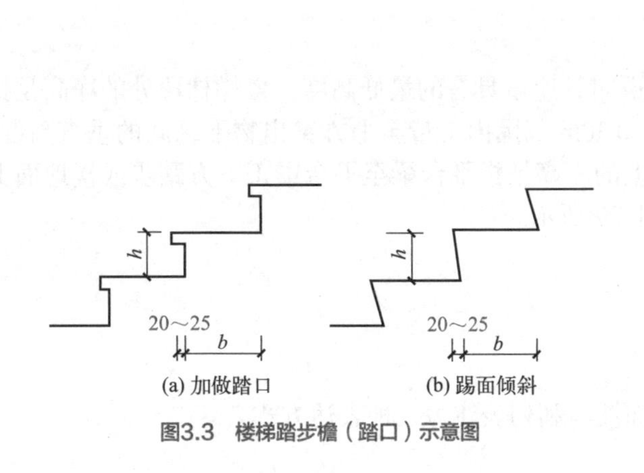

图3.3　楼梯踏步檐（踏口）示意图

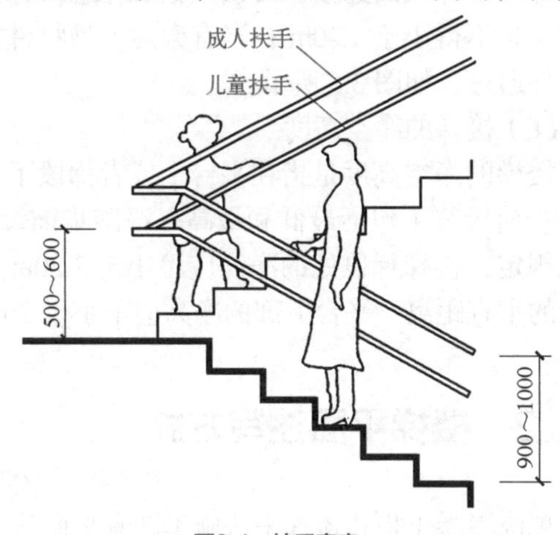

图3.4　扶手高度

商业建筑中，靠墙一侧在设成人扶手的同时，也要设儿童扶手。为了防止儿童穿过栏杆而发生危险，栏杆净距不应大于 110mm。顶层平台的水平安全栏杆扶手高度应适当加高一些，一般不宜小于 1050mm；室外楼梯扶手高度也适当提高，且不小于 1050mm。

（4）楼梯梯段的尺度

楼梯梯段的尺度包括楼梯梯段长度和梯段宽度。

① 楼梯梯段的长度（L）指每一梯段的水平投影长度，其值为 $L=(N-1)\times g$，其中 g 为踏步水平投影步宽，N 为梯段踏步数。

② 楼梯梯段宽度是指楼梯间墙面至扶手中心线或扶手中心线间的水平距离。楼梯梯段是楼梯安全疏散的主要通道，其宽度必须满足上下人流及搬运物品的需要。

梯段的宽度与人的身体宽度、摆幅和人流股数有关，与是否通过较大的家具设备有关。一般只考虑通过人流时，应根据紧急疏散时要求通过的人流股数多少确定。每股人流可考虑 550mm+（0 ～ 150）mm，即 550 ～ 700mm，这里 0 ～ 150mm 是人流在行进过程中的摆幅。一般单股人流通行时，梯段宽度不应小于 900mm，如图 3.5（a）所示；双股人流通行时为 1100 ～ 1400mm，如图 3.5（b）所示；三股人流通行时为 1650 ～ 2100mm，如图 3.5（c）所示。住宅公用楼梯梯段净宽不应小于 1100mm。六层以下建筑楼梯，梯段净宽不应小于 1000mm。

楼梯两梯段之间形成的空档称为梯井，梯井从顶层到底层贯通。考虑到安全，梯井宽度应小些，一般取 50 ～ 200mm 为宜。

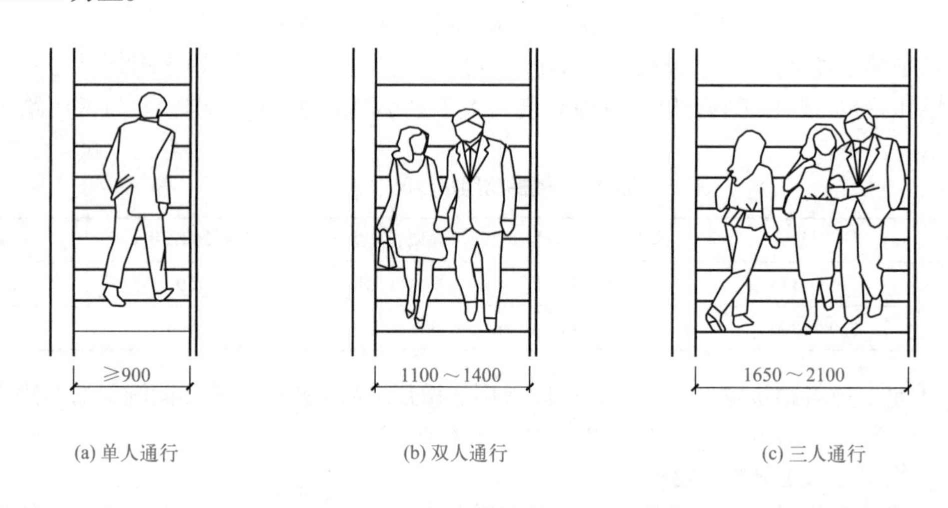

图3.5 楼梯宽度与人流股数的关系

（5）楼梯平台的宽度

平台宽度指楼梯间墙面至转角扶手中心线的水平距离，分为中间平台宽度和楼层平台宽度。楼梯平台作为梯段与梯段的连接，可供人稍加休息。梯段改变方向时，扶手转向端处的平台最小宽度不应小于梯段宽度，且不得小于 1.20m；当有搬运大型物件需要时应适当加宽，以保证疏散宽度一致，并能使家具等大型物件通过，如图 3.6 所示。

（6）楼梯的净空高度

楼梯的净空高度是指在平台上或者梯段下通行人群时，应该具有的最低高度。楼梯梯段处的净高是指自踏步前缘线（包括最低和最高一级踏步前缘线以外 0.30m 范围内）量至上方突出物下缘间的垂直高度。规范规定，楼梯梯段处的净高应不小于 2.20m。平台上的净高是指平台梁至平台梁正下方踏步或楼地面上边缘的垂直距离。平台下部的净高应不小于 2m，如图 3.7 所示。

3.1.2 楼梯平面注写方式

现浇混凝土板式楼梯平法施工图有平面注写、剖面注写和列表注写三种表达方式。

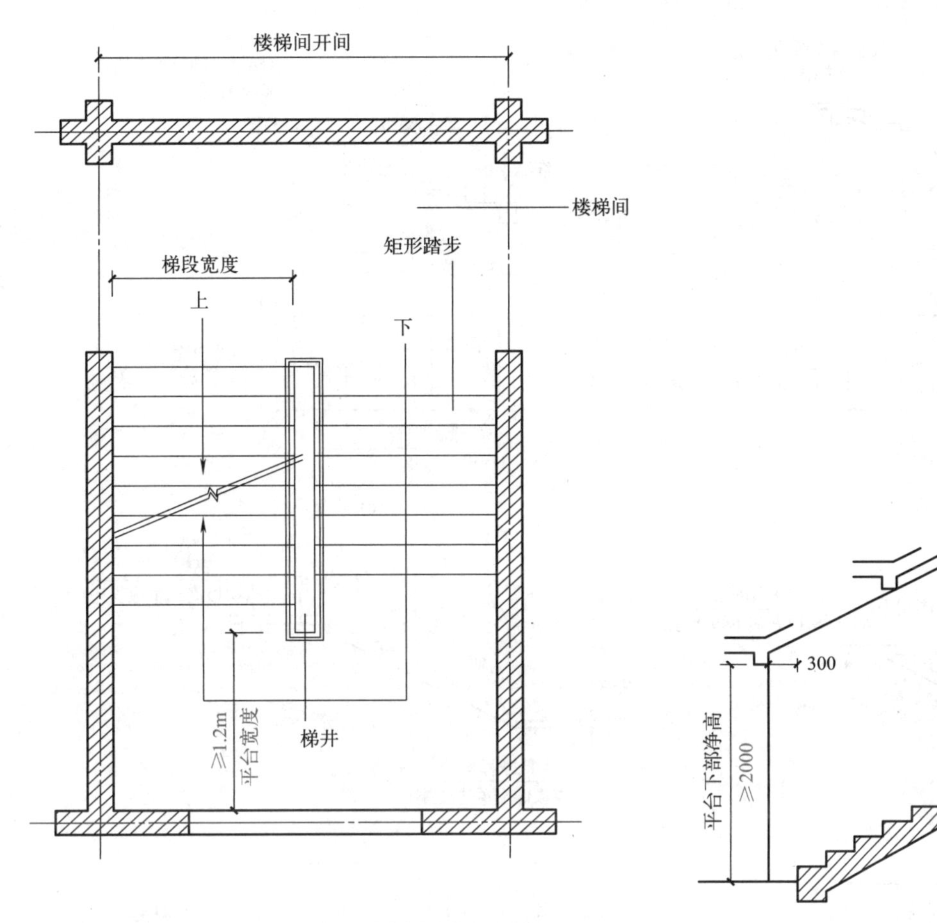

图3.6 楼梯平台的宽度示意图

图3.7 楼梯的净空高度

在这里主要讲授梯板的平法识读，与楼梯相关的平台板、梯梁、梯柱的识读请分别学习有梁板、梁和柱的平法施工图识读。

3.1.2.1 平面注写方式

楼梯平面布置图上用注写截面尺寸和配筋具体数值的方式，来表达楼梯施工图。

（1）集中标注内容

① 楼梯编号。由梯板类型代号与序号组成，如 AT× ×，如表 3.2 所示。

表3.2 梯板类型代号与序号

梯板代号	AT	BT	CT	DT	ET	FT	GT	HT	ATa	ATb	ATc	BTb	CTa	CTb	DTb
序号	××	××	××	××	××	××	××	××	××	××	××	××	××	××	××

部分梯板代号表示的截面形状与支座位置如图 3.8 所示。

② 梯板厚度。注写为 h=× ×，如 h=120 表示梯段板厚为 120mm。当为带平台的梯板且梯段板厚度与平台板厚度不同时，在梯段板厚度后面括号内以大写字母 P 打头注写平板厚度。例如，h=130（P150）：130 表示梯段板厚度，150 表示楼梯平台板厚度。

③ 踏步段总高度和踏步级数，以“/”分隔。

④ 梯板支座上部纵筋、下部纵筋，之间用“；”分隔。

⑤ 梯板分布筋，以 F 打头注写分布钢筋具体值，该项也可不注，在图纸中统一说明。

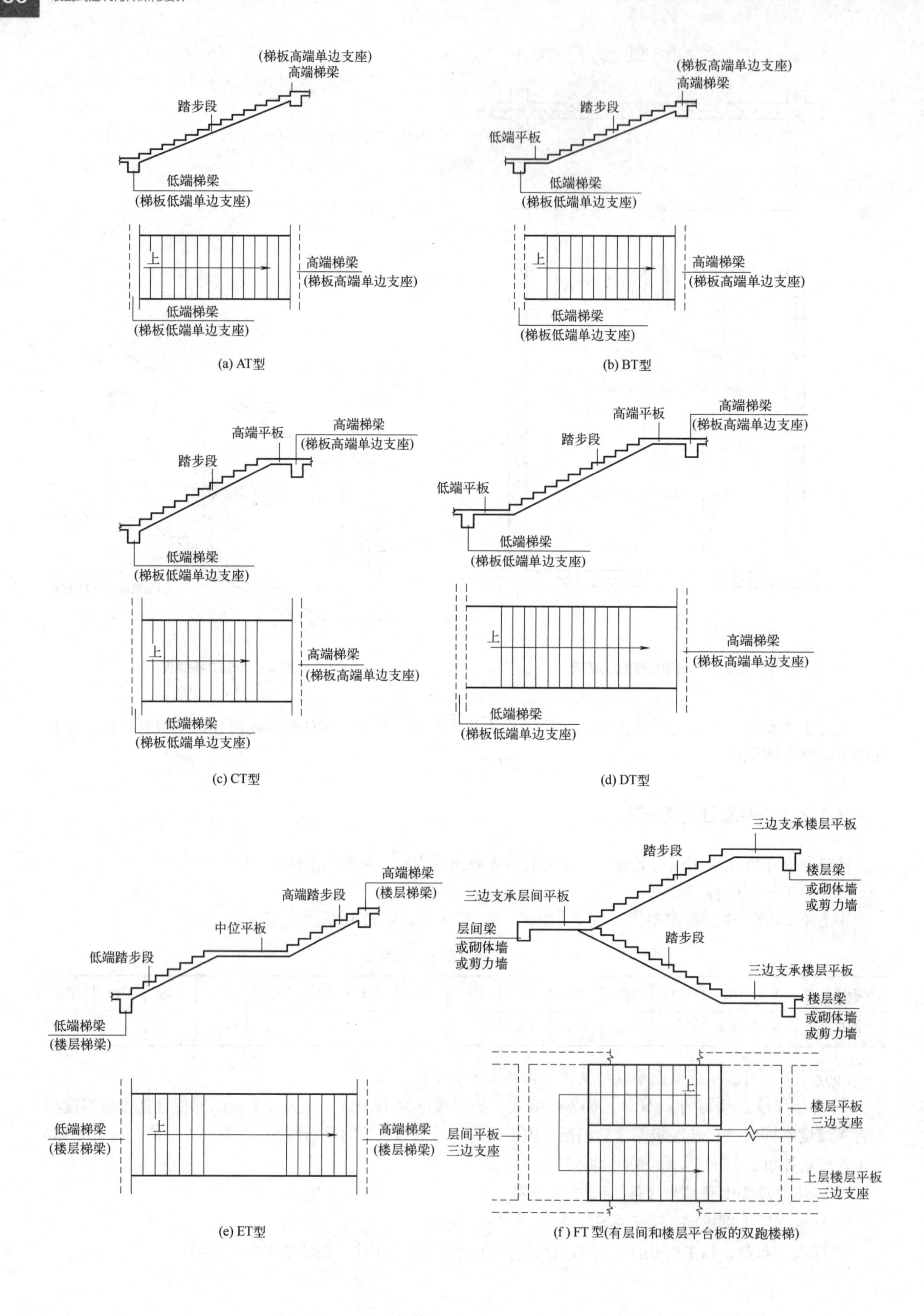
(梯板高端单边支座)
高端梯梁
踏步段
低端梯梁
(梯板低端单边支座)
上
高端梯梁
(梯板高端单边支座)
低端梯梁
(梯板低端单边支座)
(a) AT型
(梯板高端单边支座)
高端梯梁
踏步段
低端平板
低端梯梁
(梯板低端单边支座)
上
高端梯梁
(梯板高端单边支座)
低端梯梁
(梯板低端单边支座)
(b) BT型
高端平板
高端梯梁
(梯板高端单边支座)
踏步段
低端梯梁
(梯板低端单边支座)
上
高端梯梁
(梯板高端单边支座)
低端梯梁
(梯板低端单边支座)
(c) CT型
高端梯梁
高端平板
(梯板高端单边支座)
踏步段
低端平板
低端梯梁
(梯板低端单边支座)
上
高端梯梁
(梯板高端单边支座)
低端梯梁
(梯板低端单边支座)
(d) DT型
高端梯梁
(楼层梯梁)
高端踏步段
中位平板
低端踏步段
低端梯梁
(楼层梯梁)
上
低端梯梁
(楼层梯梁)
高端梯梁
(楼层梯梁)
(e) ET型
三边支承楼层平板
踏步段
楼层梁
或砌体墙
或剪力墙
三边支承层间平板
层间梁
或砌体墙
或剪力墙
踏步段
三边支承楼层平板
楼层梁
或砌体墙
或剪力墙
上
楼层平板
三边支座
层间平板
三边支座
上层楼层平板
三边支座
(f) FT 型(有层间和楼层平台板的双跑楼梯)

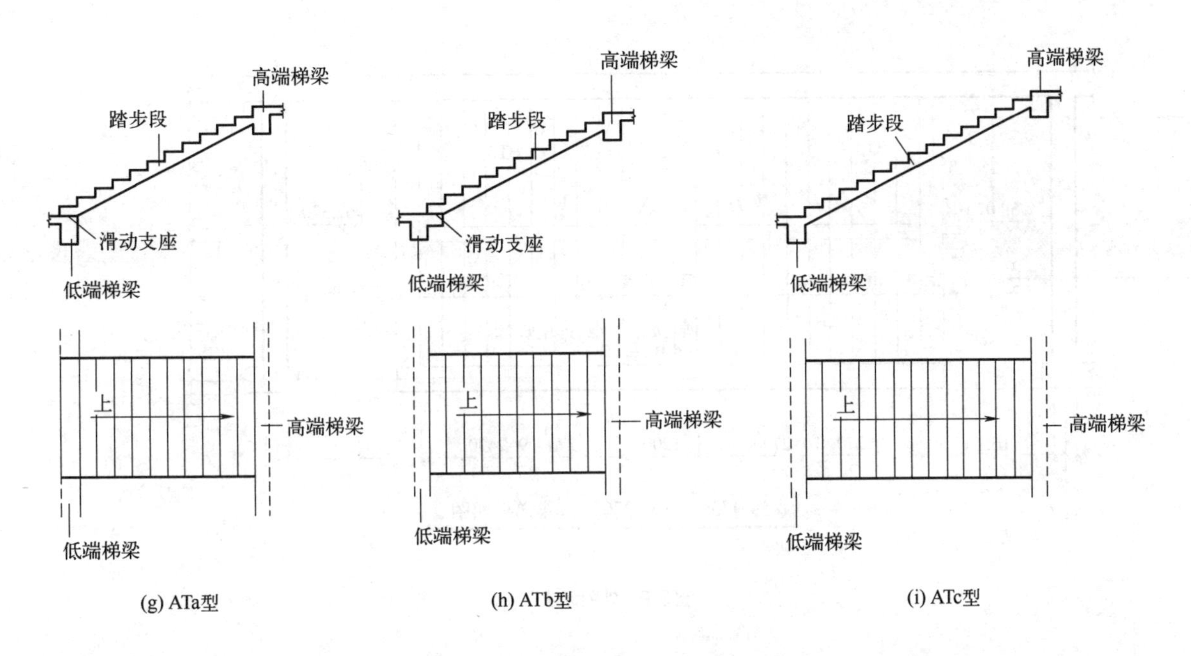

图3.8 部分梯板截面形状与支座位置示意图

（2）外围标注

内容有：楼梯间平面尺寸、楼层结构标高、层间结构标高、楼梯的上下方向、梯板的几何尺寸、平台板配筋、梯梁及梯柱配筋，如图 3.9 所示。

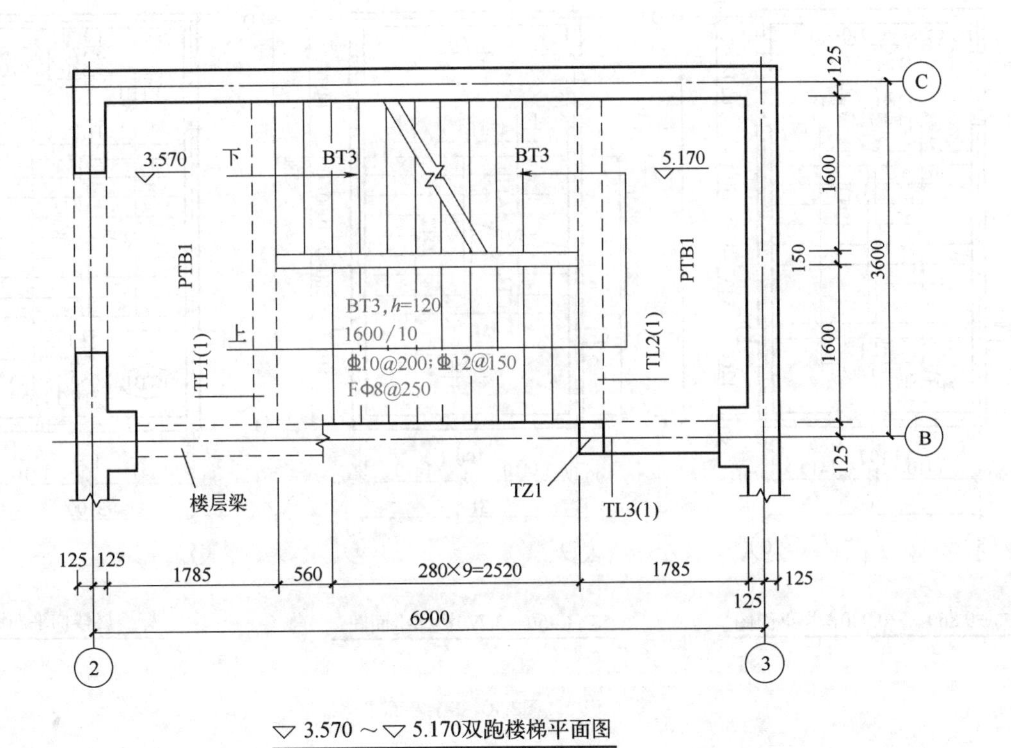

图3.9

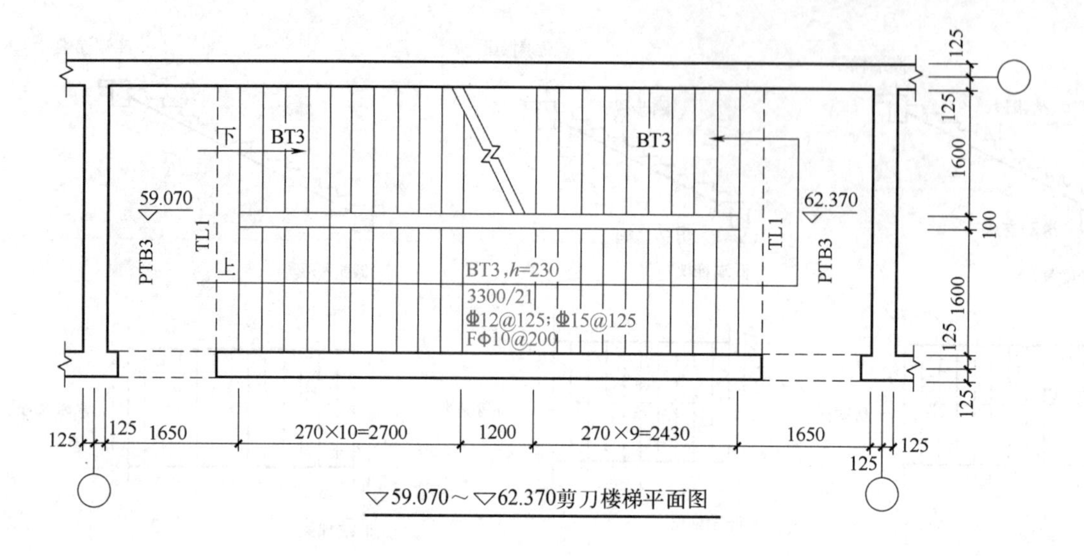

图3.9 外围标注

3.1.2.2 剖面注写方式

剖面注写方式需在楼梯平法施工图中绘制平面布置图和楼梯剖面图。

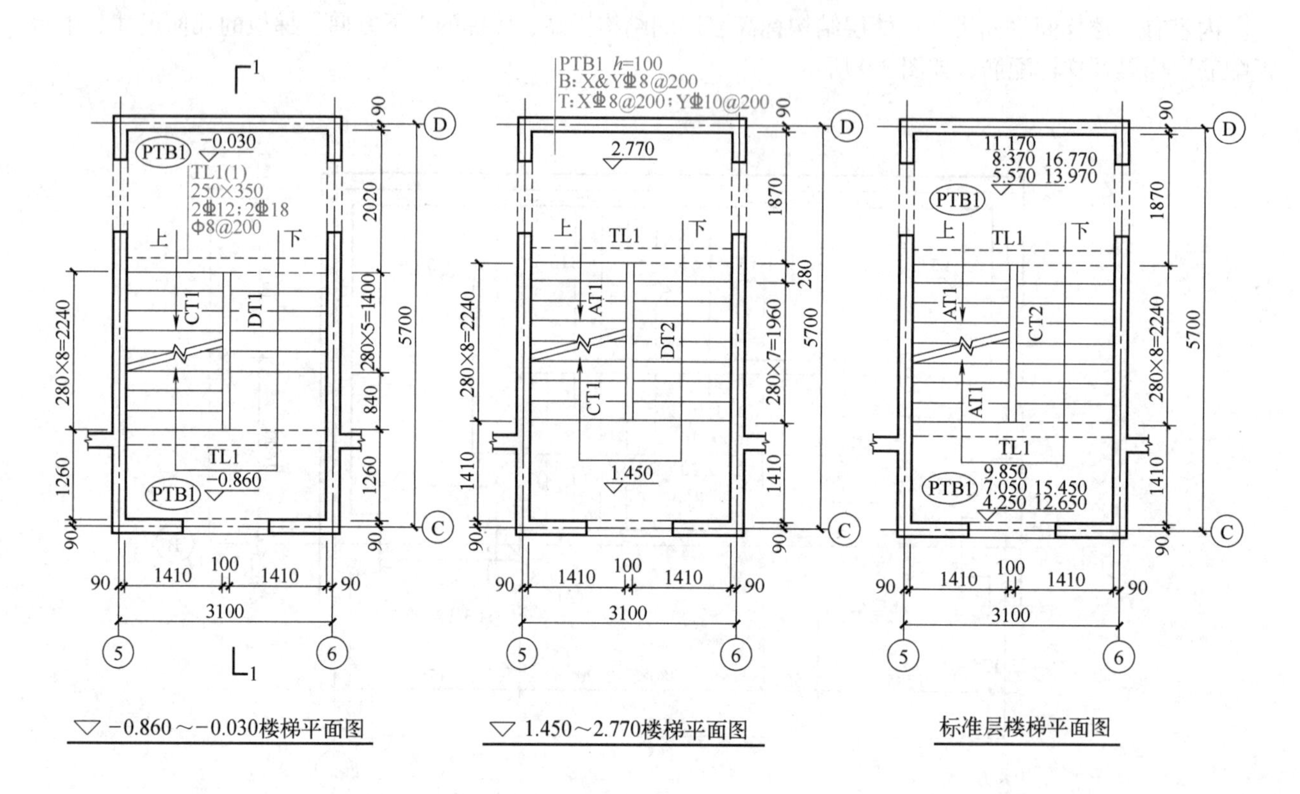

图3.10 楼梯平面图

楼梯平面布置图注写内容：楼梯间的平面尺寸、楼层结构标高、层间结构标高、楼梯的上下方向、梯板的平面几何尺寸、梯板类型及编号、平台板配筋、梯梁及梯柱配筋等（图 3.10）。

楼梯剖面图注写内容：梯板集中标注、梯梁梯柱编号、梯板水平及竖向尺寸、楼层结构标高、层间结构标高等（图 3.11）。

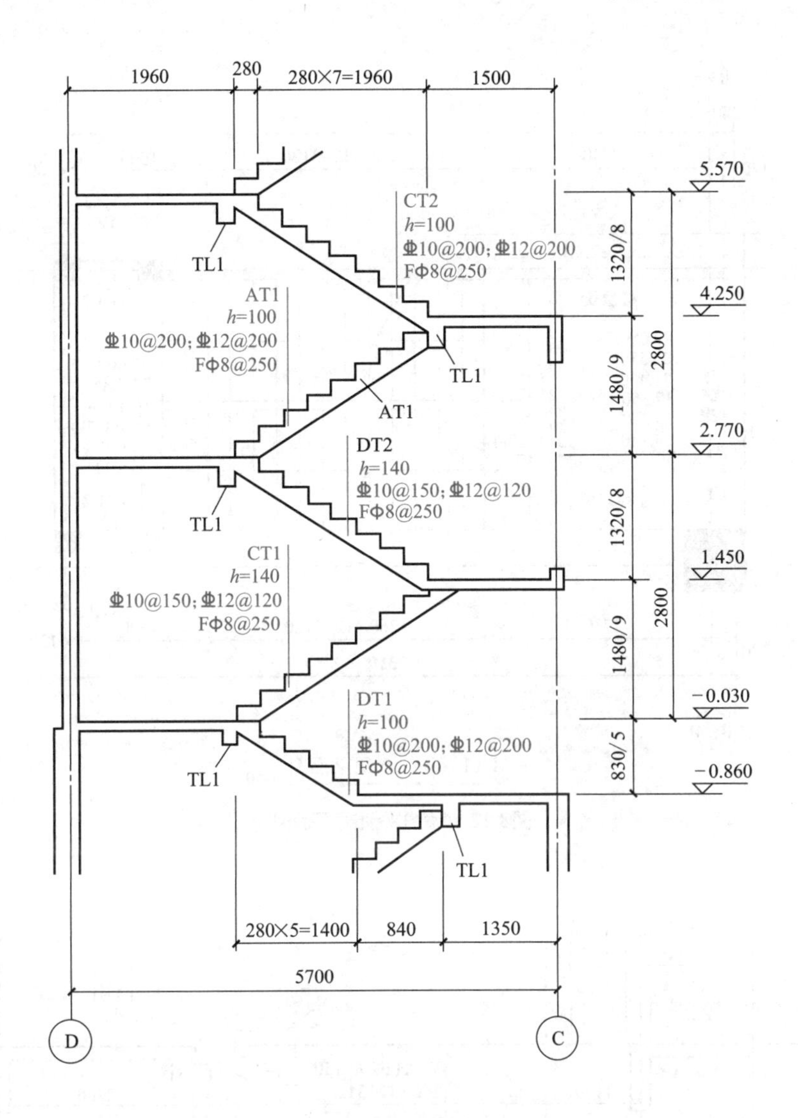

图3.11 楼梯剖面图

其中梯板集中标注内容有四项：

① 梯板编号。

② 梯板厚度。注写为 h=××。当为带平台的梯板且梯段板厚度与平台板厚度不同时，在梯段板厚度后面括号内以大写字母 P 打头注写平板厚度。

③ 梯板配筋。梯板上部纵筋、下部纵筋，之间以分号分隔。

④ 梯板分布筋。以 F 打头注写分布钢筋具体值，该项也可不注，在图纸中统一说明。

3.2 预制钢筋混凝土板式楼梯深化设计

3.2.1 引例

图 3.12 和图 3.13 为某住宅项目 1# 楼梯标准层平面图与剖面图，结构体系为装配整体式混凝土框架结构，抗震等级为三级。读者通过本节的学习，结合以往所掌握的识图知识，能够运用 BeePC 软件对图中的预制楼梯进行深化设计并出具相关加工图，从而具备正确使用 BeePC 软件进行楼梯深化图设计的基本能力。

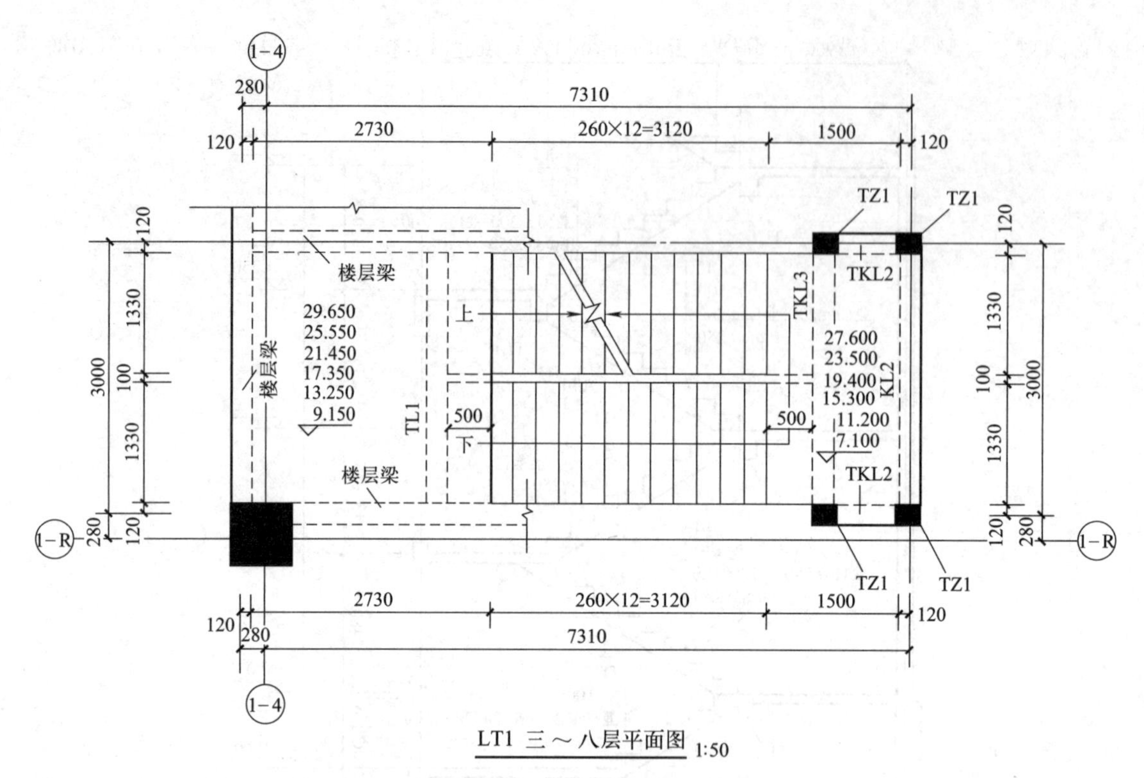

图3.12 1#楼梯标准层平面图

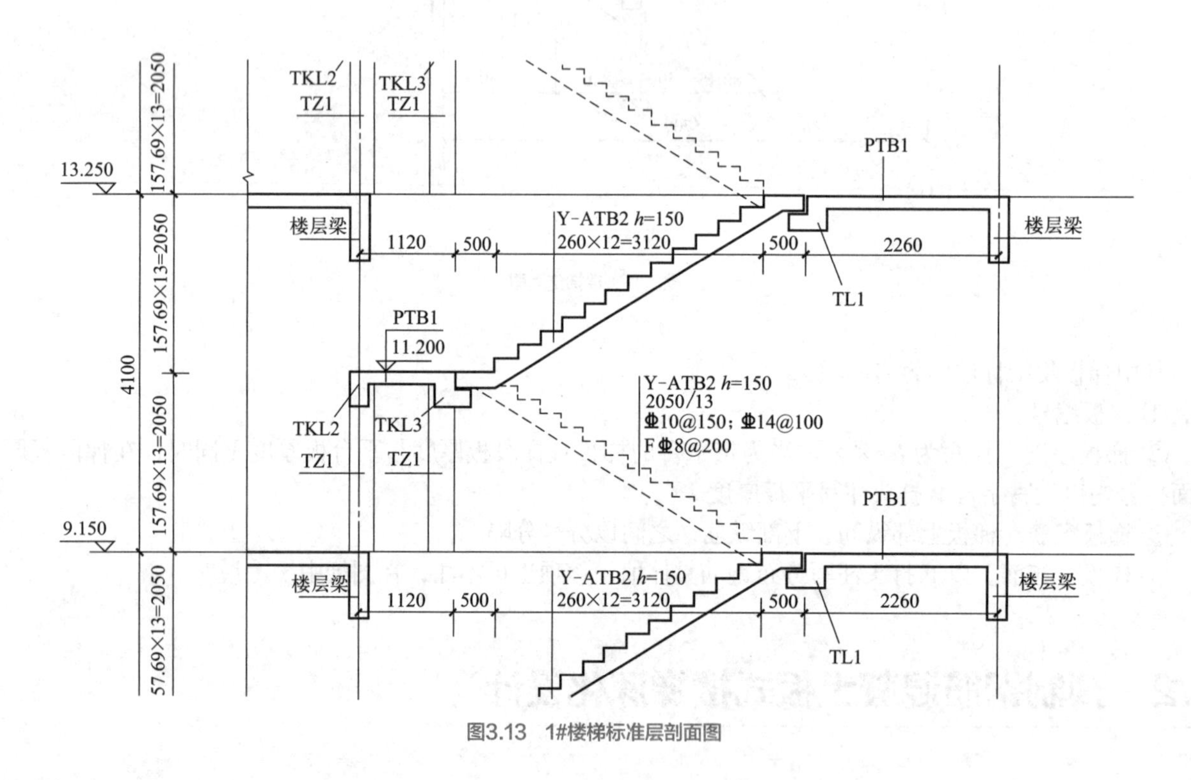

图3.13 1#楼梯标准层剖面图

3.2.2 项目分析

本项目3至8层为该项目的标准层，层高均为4.1m，采用双跑板式楼梯形式。该楼梯踏步高度为157.69mm，踏步宽度为260mm，上部纵筋配筋为Φ10@150，下部纵筋配筋为Φ14@100，分布筋为Φ8@200，楼梯净开间为2760mm，梯井宽度为100mm，楼梯栏杆埋件做法采用图集《楼梯　栏杆　栏板

（一）》（15J403-1）中的M8预埋件。楼梯高端支承为固定铰支座，低端支承为滑动铰支座，做法详见图集《装配式混凝土结构连接节点构造（楼盖和楼梯）》（15G310-1）。

3.2.3 项目实操

3.2.3.1 楼梯布置

① 点击“BeePC深化”选项卡下主体构件的“水平规则”，在“楼梯布置与出图”中点击“楼梯布置”按钮，如图3.14所示。

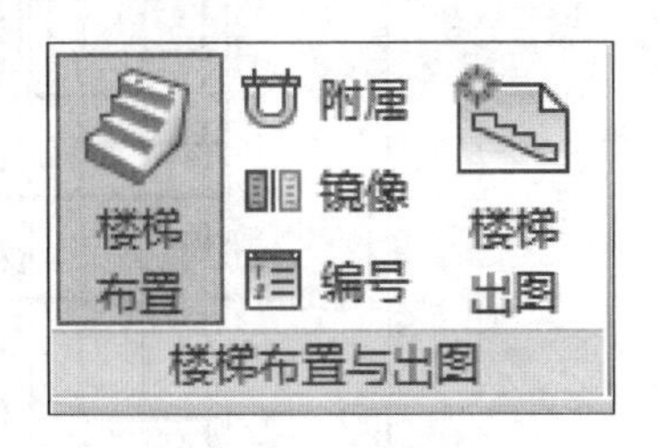

图3.14 楼梯布置

② 弹出“楼梯布置”对话框，对话框中包含三大部分，从左至右依次为楼梯类型区域、参数设置区域、构件视口区，如图3.15所示。

二维码3.1

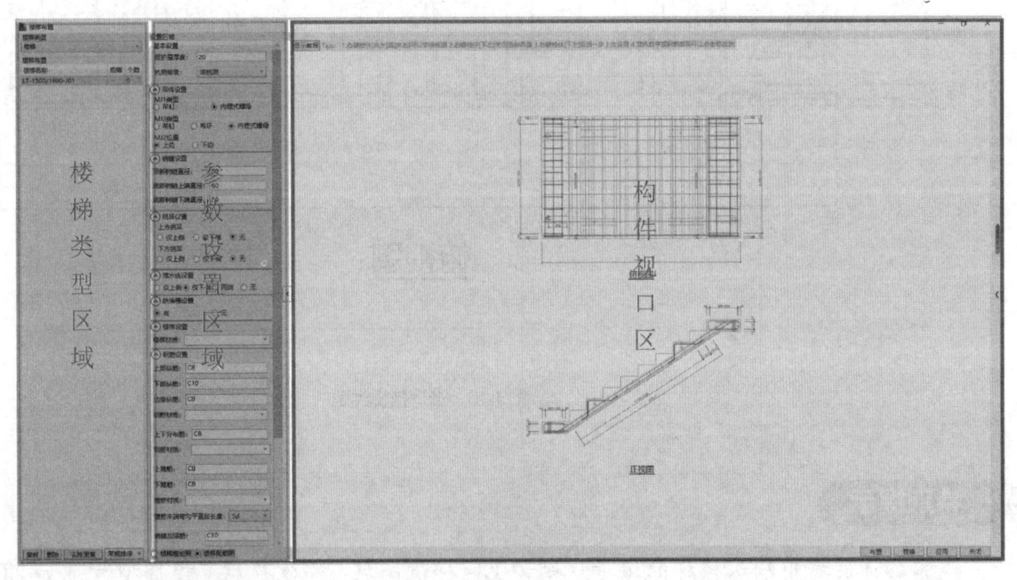

图3.15 楼梯布置对话框

③ 楼梯类型选择。根据项目情况，该项目标准层楼梯类型为双跑板式楼梯，在下拉菜单中选择“楼梯”，则参数设置区域与构件视口区将进入预制楼梯类型的设置界面，如图3.16所示。

楼梯布置
楼梯类型
楼梯
楼梯布置
楼梯名称 后缀 个数
LT-1500/1800-J01 0
设置区域
基本设置
保护层厚度：20
抗震等级：非抗震
吊件设置
MJ1类型
吊钉 内埋式螺母
MJ2类型
吊钉 吊环 内埋式螺母
MJ2位置
上边 下边

(a)

图3.16

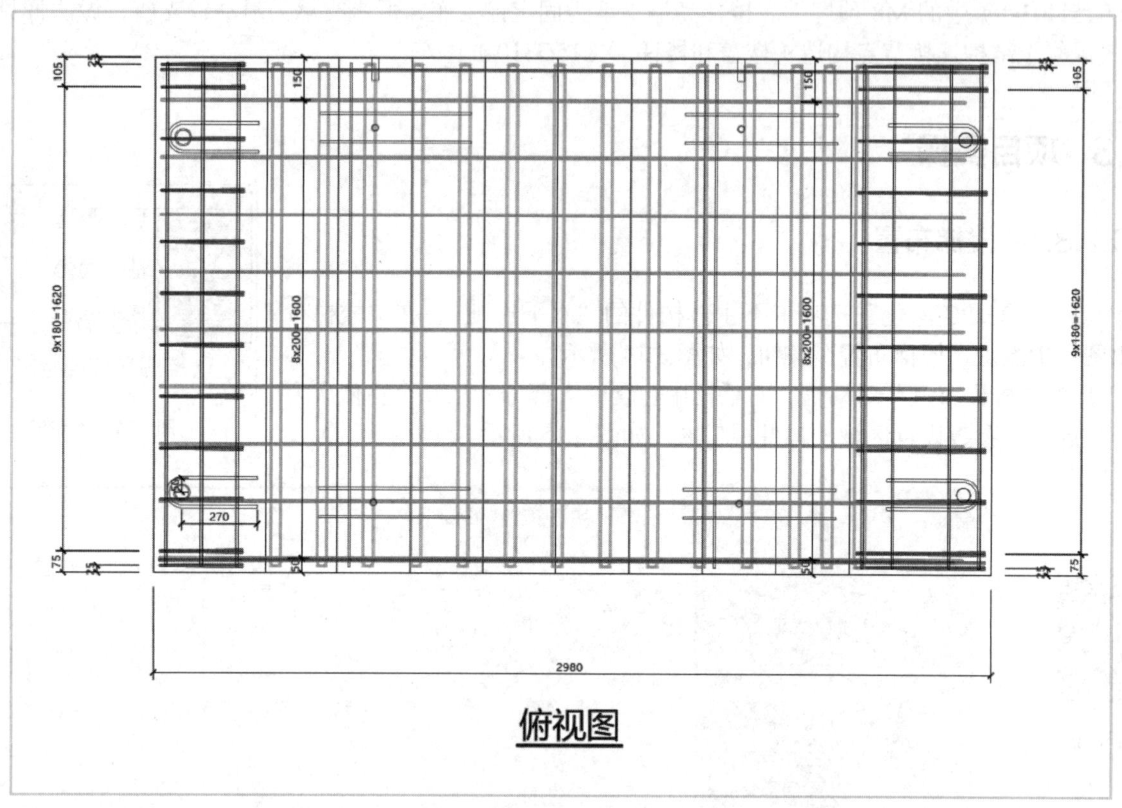

(b)

图3.16 选择楼梯类型

特别提示

楼梯名称区域中默认楼梯的编号规则为LT-梯段高度/梯段宽度-楼梯型号，如LT-1500/1800-J01表示楼梯的梯段高度为1500mm，梯段宽度为1800mm，楼梯型号为1。

④ 基本设置。根据项目信息，“保护层厚度”输入为20，在抗震等级下拉菜单中选取“非抗震”（图3.17）。

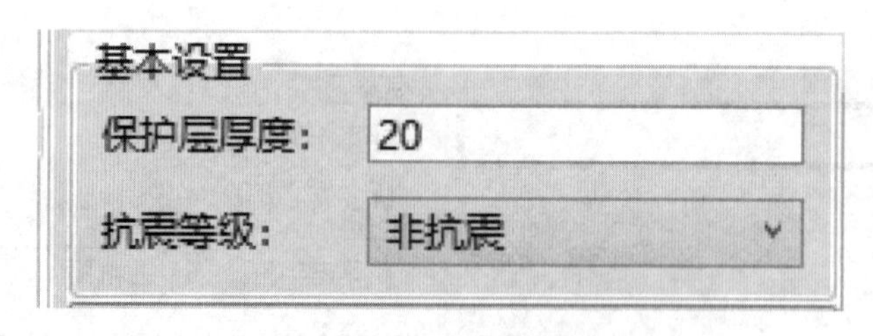

图3.17 保护层厚度与抗震等级的设置

知识链接

保护层厚度的取值应根据预制楼梯所处的环境类别进行输入，应满足《混凝土结构设计规范》（GB 50010—2010，2015年版）中的相关要求。

⑤ 楼梯外形尺寸设置。切换视口界面至楼梯模板图，进行楼梯外形尺寸设置，如图3.18所示。

◉ 楼梯模板图 ○ 楼梯配筋图

图3.18 楼梯外形尺寸设置

特别提示

楼梯参数设置主要分为楼梯模板图和楼梯配筋图。楼梯模板图中可以设置楼梯的外形尺寸，主要包括梯段宽度、梯段长度、梯段厚度、踏步高度、踏步宽度、销键定位、高低端平台宽度和高度等；楼梯配筋图中可以设置楼梯的上下部纵筋、分布钢筋、边缘纵筋、边缘箍筋、吊点加强筋、销键加强筋、边缘加强筋等。

在楼梯模板图的俯视图中设置楼梯梯段宽度为“1330”，设置高、低平台宽度均为“480”，如图3.19所示。在楼梯正视图中设置楼梯踏步数为“13”，踏步宽度为“260”，梯段高度设置为“2050”，梯段板厚度设置为“150”，高、低端平台厚度为“180”，如图3.20所示。

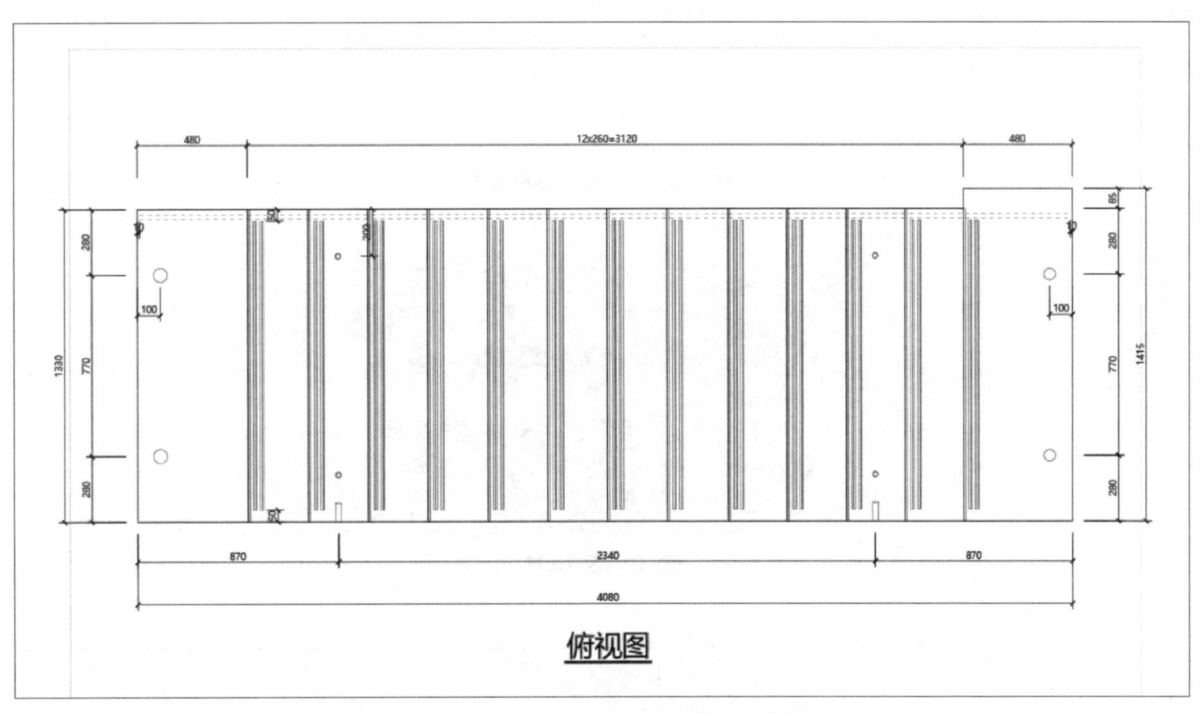

图3.19 俯视图设置楼梯参数

知识链接

梯段宽度＝楼梯开间净宽－梯井宽－施工容差，施工容差一般取20mm。

⑥ 吊件设置。根据项目信息，预制楼梯的吊装及脱模预埋件均选用内埋式螺母，如图3.21所示。

在构件视口区的俯视图中，设置MJ1内埋式螺母距楼梯上侧边为“200”，距离下侧边为“200”，设置MJ2距离楼梯边为“80”，如图3.22、图3.23所示。

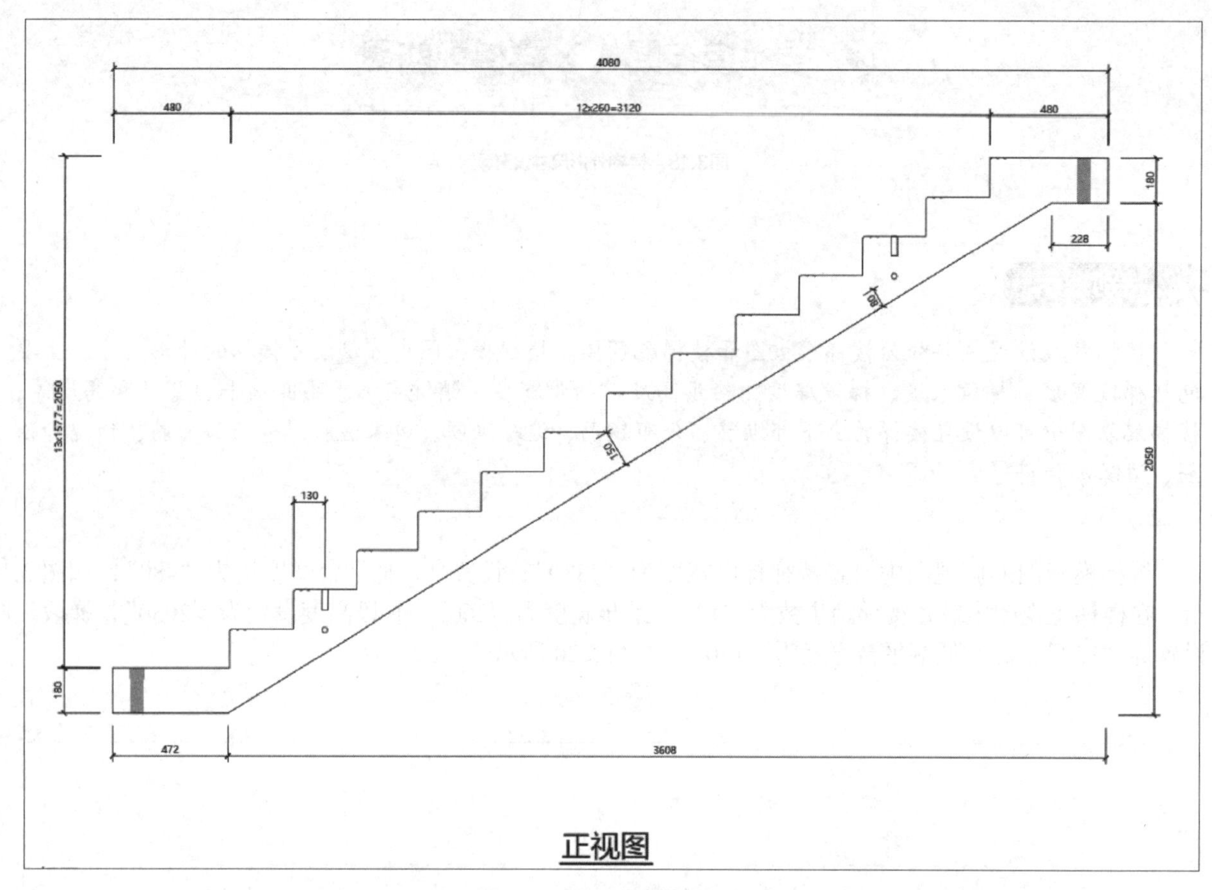

图3.20 正视图设置楼梯参数

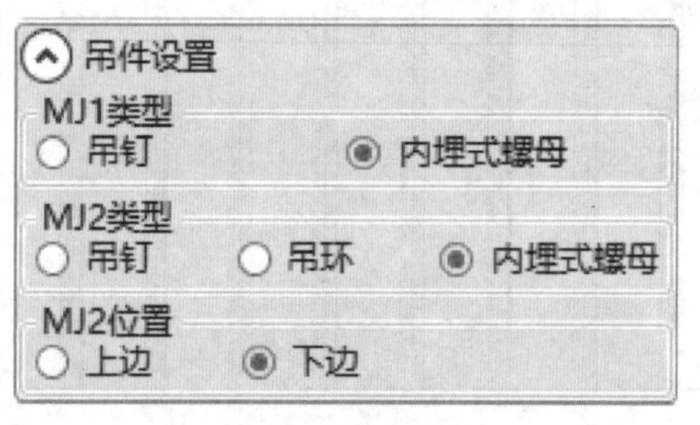

图3.21 吊件设置

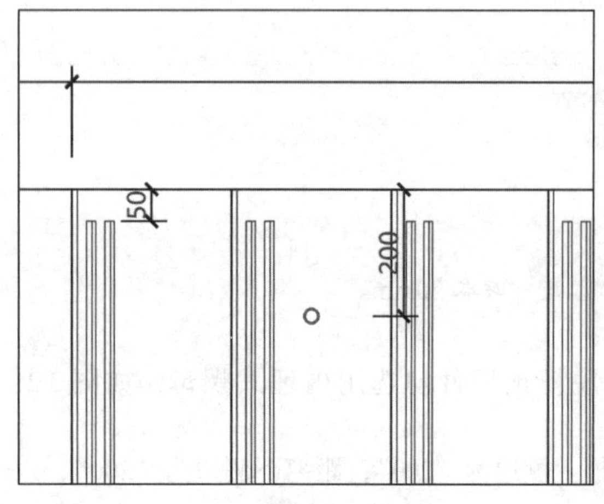

图3.22 俯视图设置吊件参数

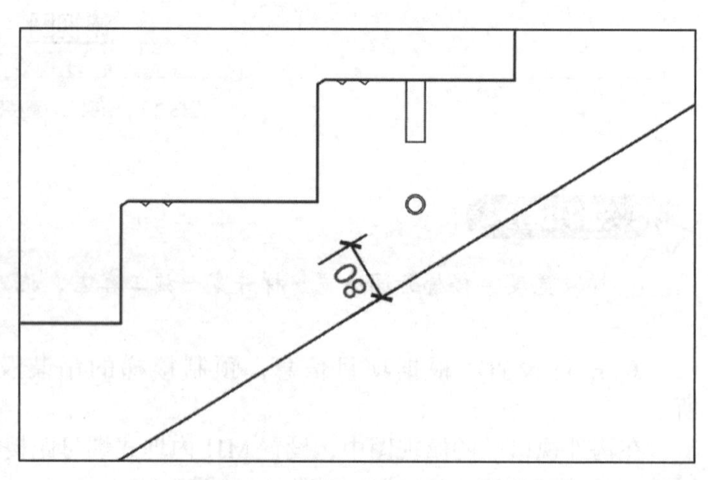

图3.23 正视图设置吊件参数

⑦ 销键设置。根据项目节点信息，设置顶部销键直径为“50”，设置底部销键上端直径为“60”，设置下端直径为“50”，在俯视图中设置销键位置距板上下侧均为“280”，如图 3.24 所示。

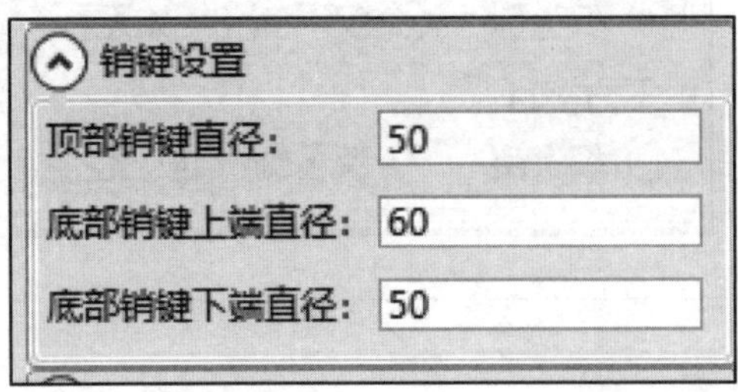

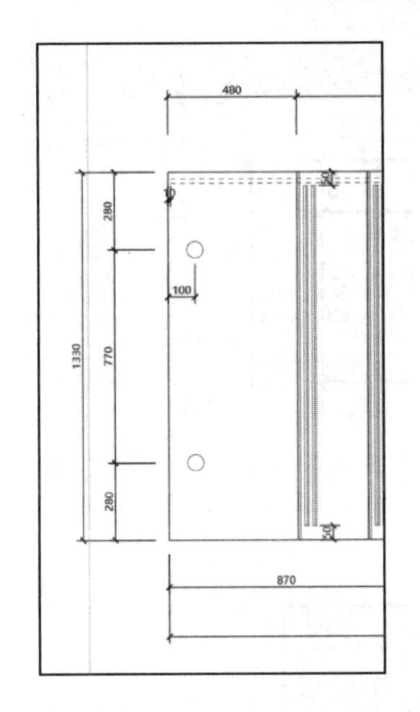

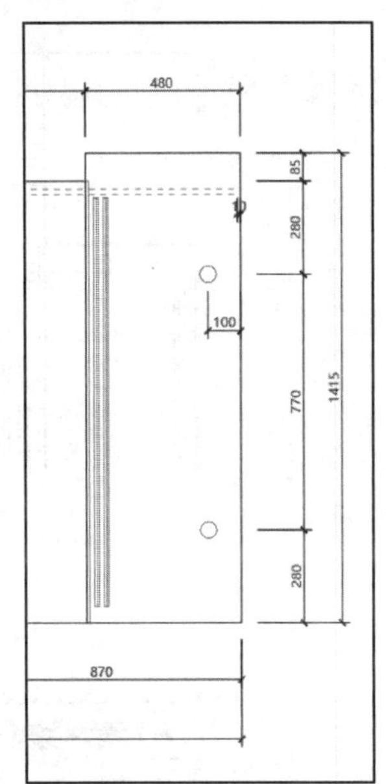

图3.24 销键设置

知识链接

依据《装配式混凝土结构技术规程》6.5.8 条，预制楼梯与支承构件之间宜采用简支连接，预制楼梯宜一端设置固定铰，另一端设置滑动铰。

⑧ 挑耳设置。根据项目情况，仅在梯段上方设置挑耳，点选“仅上侧”，不设置下方挑耳，在俯视图中设置挑耳宽度为“85”，如图 3.25 所示。

⑨ 滴水线、防滑槽设置。在滴水线设置中点选“仅上侧”，防滑槽设置点选“有”，如图 3.26 所示。

知识链接

双跑楼梯滴水线一般设置在梯井侧，剪刀梯一般不设置滴水线。

⑩ 钢筋设置。根据项目情况，设置楼梯上部纵筋为“C10”，下部纵筋为“C14”，设置边缘纵筋为“C12”。设置上下分布筋为“C8”，上箍筋与下箍筋均为“C8”，“箍筋末端弯勾平直段长度”设置为“5d”，如图 3.27 所示。

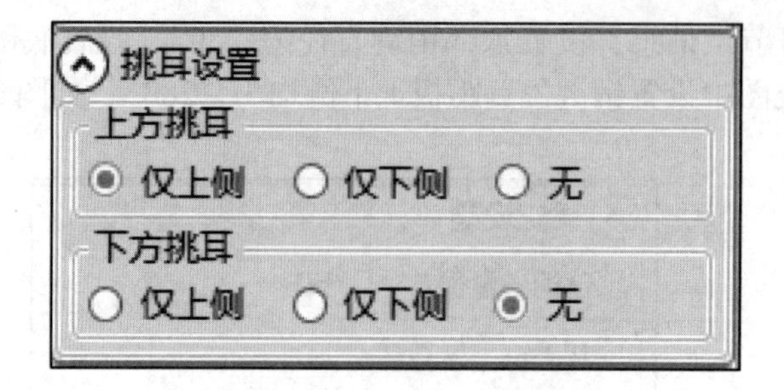

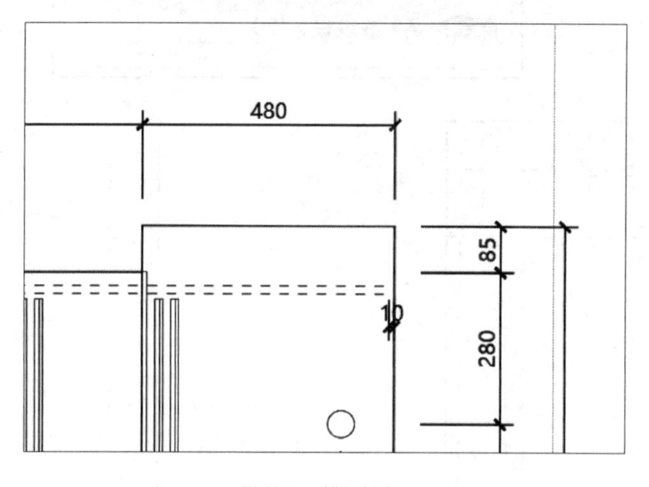

图3.25 挑耳设置

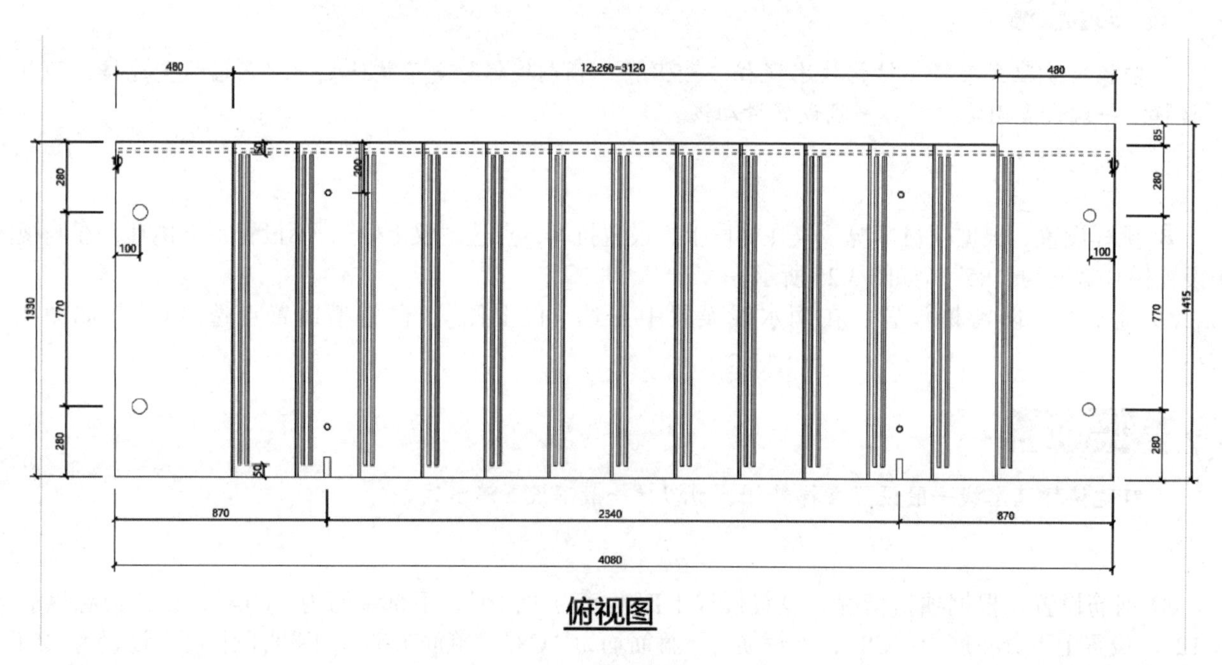

图3.26 滴水线、防滑槽设置

设置销键加强筋为“C10”，设置吊点弯折加强筋为“C8”，设置吊点水平加强筋为“C8”，设置边缘加强筋为“C14”，如图 3.28 所示。

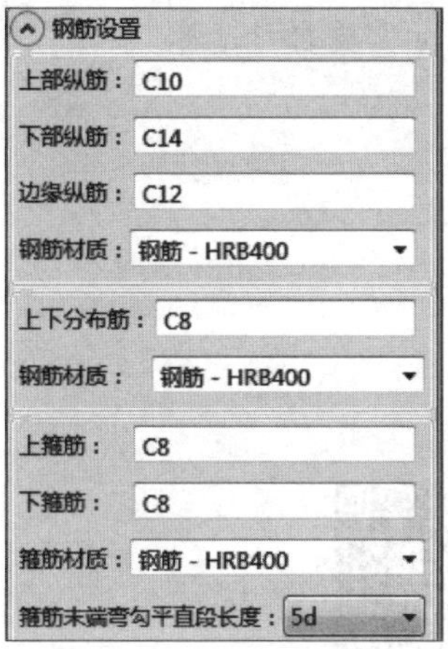

钢筋设置
上部纵筋： C10
下部纵筋： C14
边缘纵筋： C12
钢筋材质： 钢筋 - HRB400
上下分布筋： C8
钢筋材质： 钢筋 - HRB400
上箍筋： C8
下箍筋： C8
箍筋材质： 钢筋 - HRB400
箍筋末端弯勾平直段长度： 5d

图3.27 钢筋设置

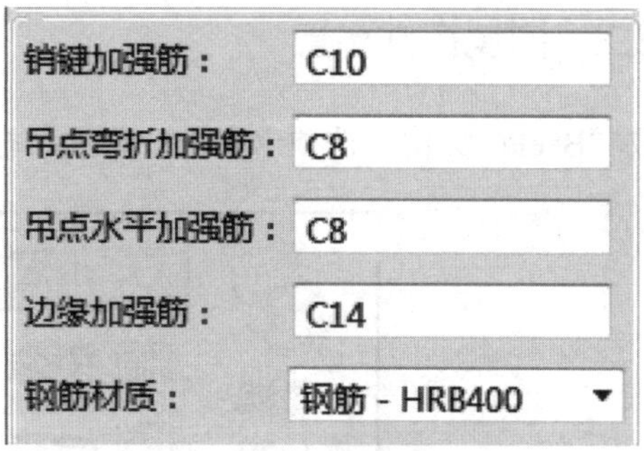

销键加强筋： C10
吊点弯折加强筋： C8
吊点水平加强筋： C8
边缘加强筋： C14
钢筋材质： 钢筋 - HRB400

图3.28 设置销键加强筋

根据项目信息，在楼梯配筋图中设置上部纵筋间距为“150”，设置下部纵筋间距为“100”，设置上部箍筋间距与下部箍筋间距均为“150”，设置销键加强筋平直段长度为“270”，如图 3.29 所示。

270
4080
俯视图

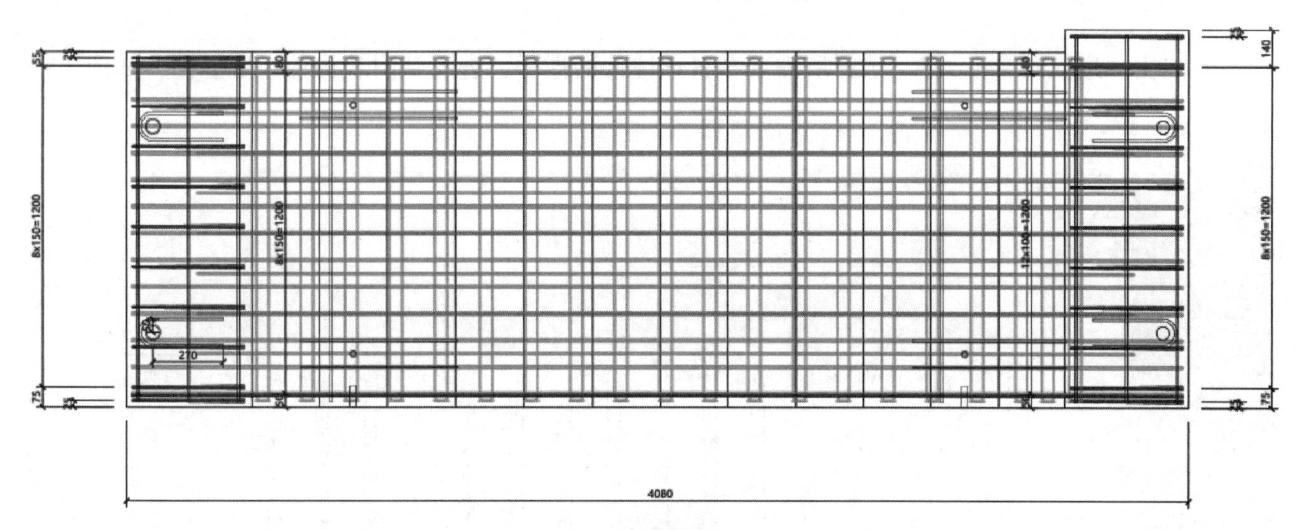

图3.29 俯视图设置纵筋

⑪ 点击构件视口区右下角的“布置”按钮，如图 3.30 所示，将预制楼梯布置到相应的位置。

布置
替换
应用
关闭

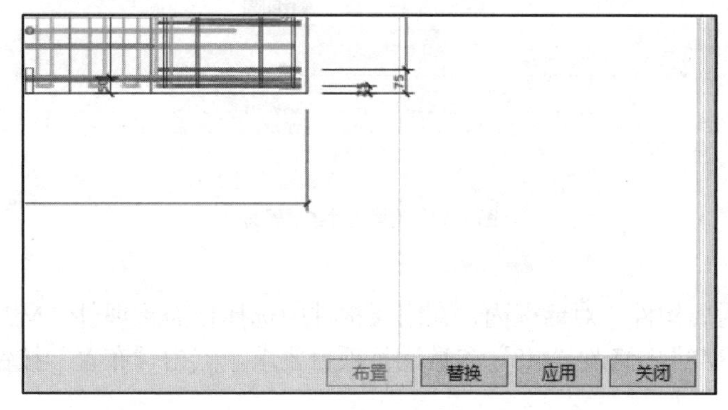

图3.30 布置楼梯到相应的位置

特别提示

钢筋显示颜色设置中，可实现钢筋颜色调整，方便快速找到相应的钢筋。在楼梯配筋图的俯视图中，可以修改边缘加强筋和上下端箍筋的起止位置，大家可根据实际需要自行选择。

3.2.3.2 附属构件布置

① 点取“BeePC 深化”选项卡中的“附属”按钮，如图 3.31 所示。

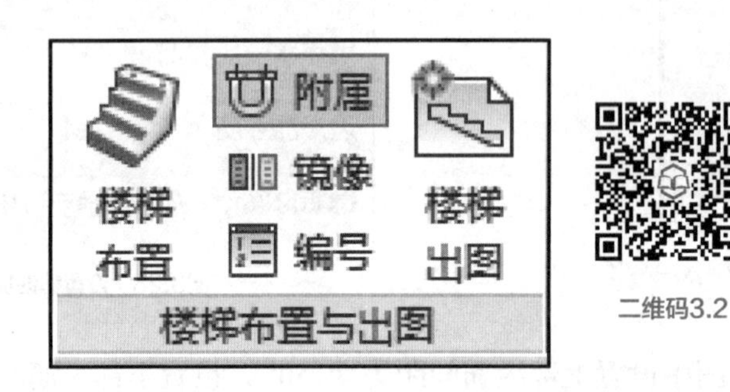

图3.31 附属构件布置

② 点击“进入画布模式”，选择所需要布置预埋件的楼梯，进入到附属构件布置界面，如图 3.32 所示。

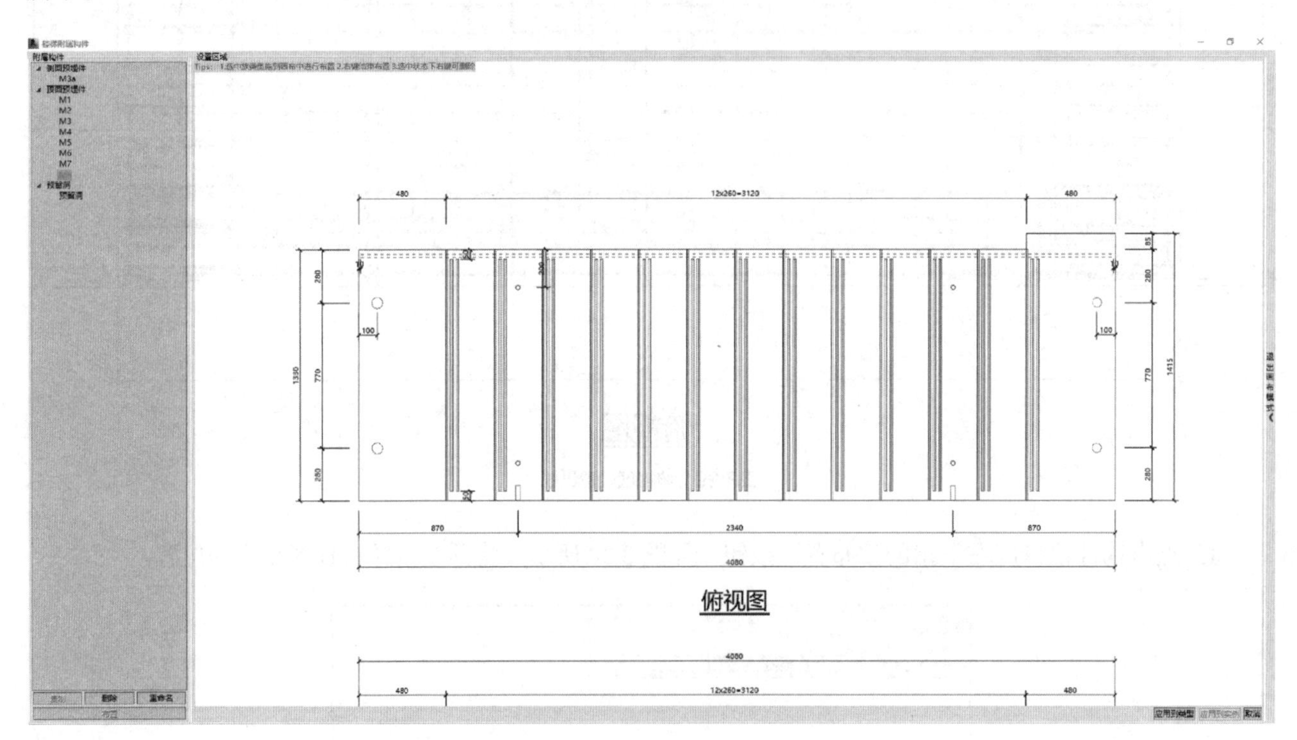

图3.32 附属构件布置界面

③ 在弹出的“楼梯附属构件”对话框内，在附属构件中选择顶面预埋件“M7”后，点击“复制”，将新复制的预埋件改名为“M8”，修改“M8”参数满足项目要求。点击“布置”按钮，在俯视图内进行预埋件布置，如图 3.33 所示。

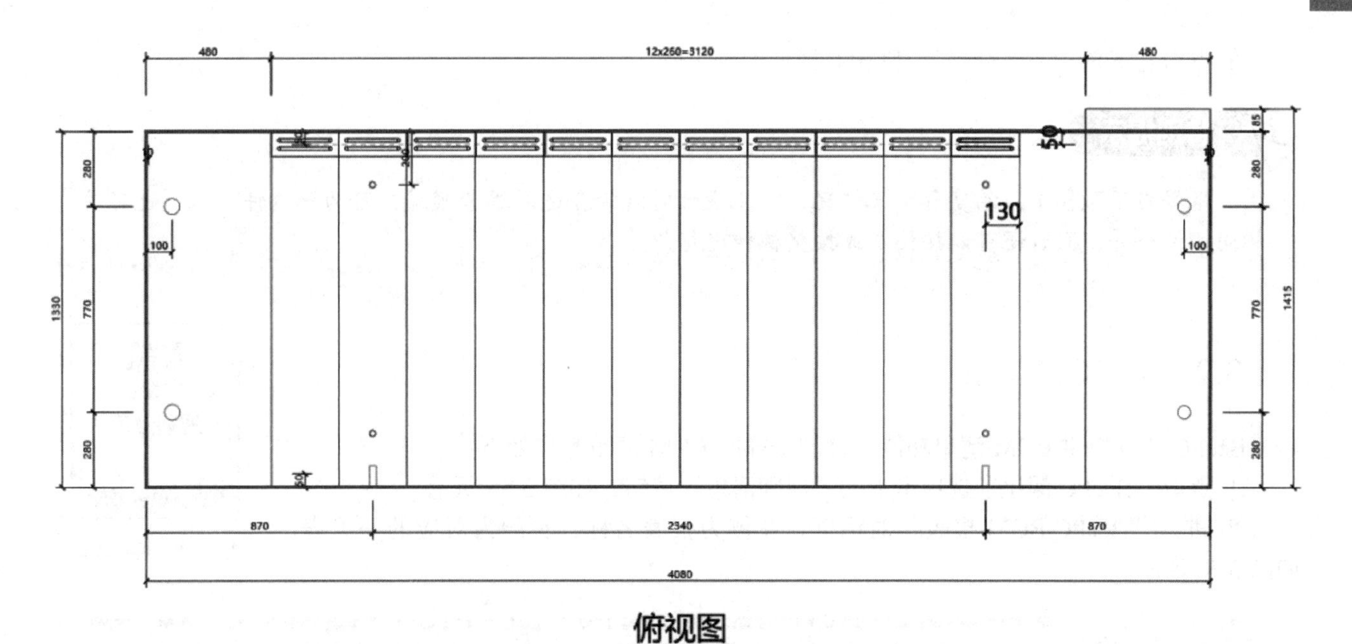

图3.33 俯视图预埋件布置

④ 布置好所有预埋件后点击“应用到实例”即可。

3.2.3.3 预制楼梯编号

① 点取“楼梯布置与出图”中的“编号”按钮，如图 3.34 所示。

图3.34 预制楼梯编号

② 在弹出的“楼梯一键编号”对话框中，编号模式设置选择“傻瓜式编号”，编号排序设置选择先左右后上下，名称自定义中设置“3F-PCLT”，如图 3.35 所示。

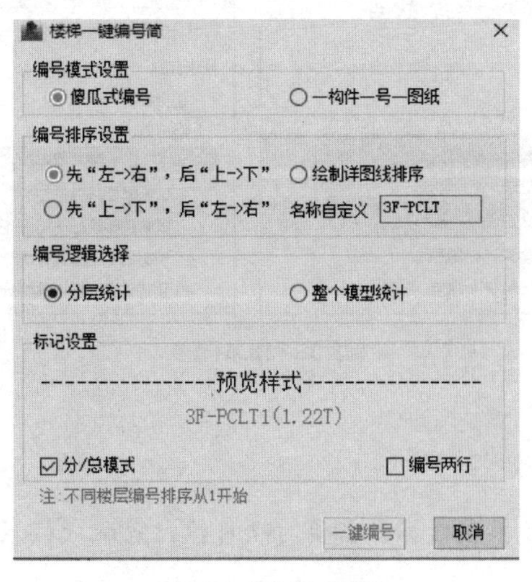

图3.35 编号排序设置

③ 点击右下角“一键编号”，则预制楼梯编号完成。

根据当下预制工厂的实际加工情况，深化设计时选择合适的编号模式，可为一构件一码，也可为相同构件合并，同时还可以按楼层或按整栋楼进行归并。

3.2.3.4 BOM 清单

BeePC 软件提供 BOM 清单功能，预制楼梯的 BOM 清单操作如下：

① 点取“BeePC 深化”选项卡下的“规则清单”按钮，如图 3.36 所示。

② 进入“BeePC-BOM 报表”对话框，左侧为报表名称，右侧为对应的一览表，如图 3.37 所示。

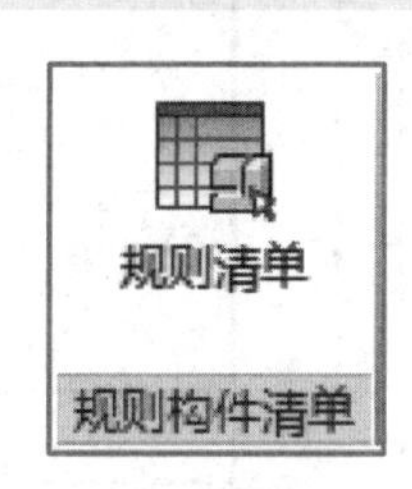

图3.36 规则清单

图3.37 BOM报表对话框

③ 软件内置预制楼梯四类 BOM 清单，并支持将生成的 BOM 报表导出 Excel 或导出对应视图，如图 3.38 所示。

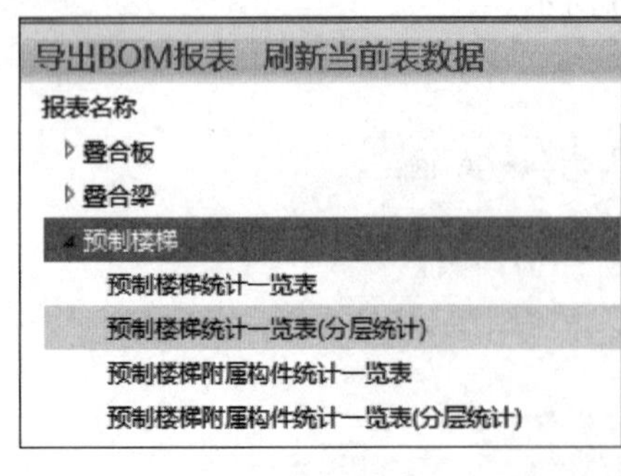

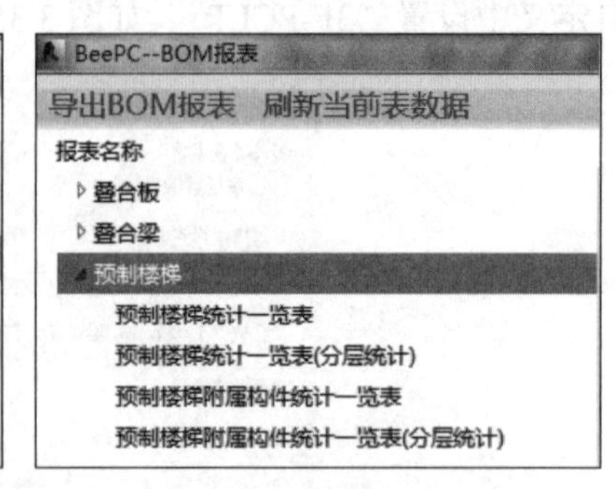

图3.38 BOM清单

若想得到楼梯构件的 BOM 报表数据，需要对项目执行装配式楼层设置及楼梯编号功能。

3.2.3.5 楼梯出图

① 点取“楼梯布置与出图”中的“楼梯出图”按钮，如图 3.39 所示。

② 进入“楼梯一键出图”对话框，对图框名称、图框尺寸、出图比例、标注文字大小、字体等内容进行点选，对出图布局、明细表等内容可以进行编辑，本工程实例选择如图 3.40 所示。

③ 勾选“直接导出合并 CAD”，跳出 dwg 图纸排布设置弹框，如图 3.41 所示，点击“保存”，则所选楼梯的详图均保存在指定路径的文件夹下。

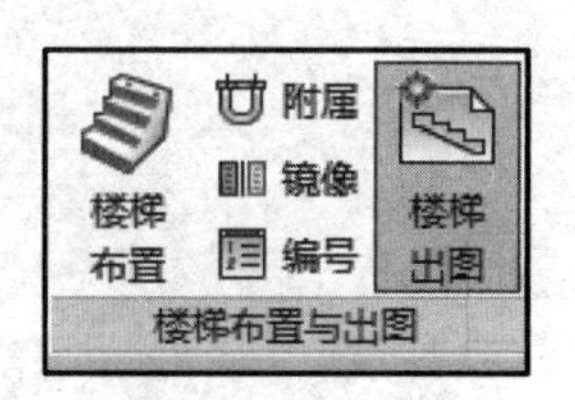

图3.39 楼梯出图

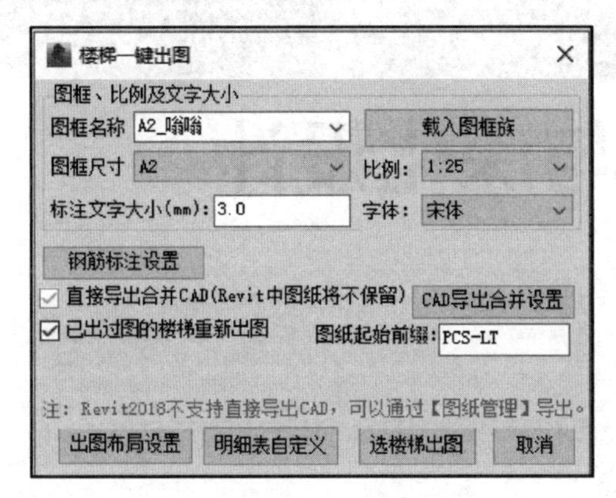

图3.40 楼梯一键出图对话框

图3.41 图纸保存到指定路径

特别提示

楼梯出图得到的图纸结果有两种类型，一种为导出 dwg 图纸，另一种为在 Revit 中生成图纸，大家可根据项目实际情况自行选择。本例采用的是导出 dwg 图纸。

标准层预制楼梯布置完后的效果如图 3.42 所示。

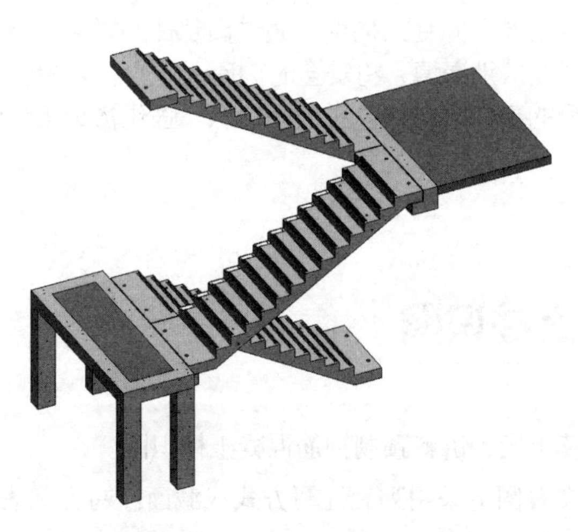

图3.42 标准层预制楼梯布置效果图

能力训练题

请同学们自行完成附录一“图四 二层预制构件平面布置图”预制楼梯的深化设计。

任务4

预制钢筋混凝土柱识图与深化设计

知识目标

1. 掌握预制钢筋混凝土柱施工图中所包含的识读要点；
2. 掌握预制钢筋混凝土柱的深化设计内容。

能力目标

通过识读预制钢筋混凝土柱施工图，能正确对预制钢筋混凝土柱进行深化设计。

素质目标

预制柱是装配式框架结构的主要竖向受力构件。通过预制柱的学习，要充分理解“等同现浇”与“等效受力”的意义，在设计节点时要特别谨慎，将安全时刻谨记于心。要始终贯彻“强节点弱构件”的思维。培养严谨的工作态度，树立强烈的责任心与社会主义使命感。强化各个工种的团队合作意识，形成良好的学习习惯。

4.1 预制钢筋混凝土柱识图

本任务从柱平法施工图识读出发，讲解预制钢筋混凝土柱识图。

柱平法施工图是在柱平面布置图上采用列表注写方式或截面注写方式表达柱构件的截面形状、几何尺寸、配筋等设计内容，并用表格或其他方式注明包括地下和地上各层的结构层楼（地）面标高、结构层高及相应的结构层号。

4.1.1 列表注写方式

列表注写方式——在柱平面布置图上，分别在不同编号的柱中各选择一个或几个截面，标注柱的几何参数代号；另在柱表中注写柱号、柱段起止标高、几何尺寸与配筋具体数值；同时配以各种柱截面形状及其箍筋类型图来表达柱平法施工图（图 4.1）。

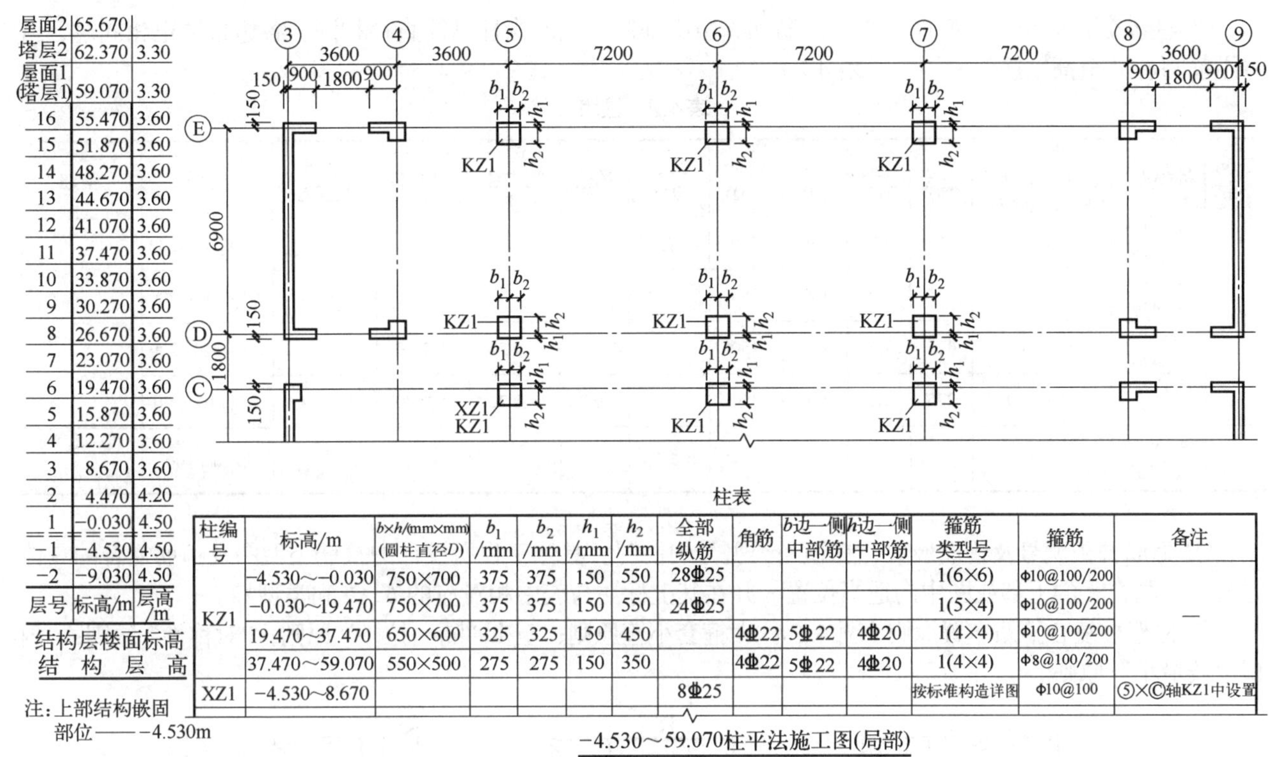

层号	标高/m	层高/m
屋面2	65.670	
塔层2	62.370	3.30
屋面1(塔层1)	59.070	3.30
16	55.470	3.60
15	51.870	3.60
14	48.270	3.60
13	44.670	3.60
12	41.070	3.60
11	37.470	3.60
10	33.870	3.60
9	30.270	3.60
8	26.670	3.60
7	23.070	3.60
6	19.470	3.60
5	15.870	3.60
4	12.270	3.60
3	8.670	3.60
2	4.470	4.20
1	-0.030	4.50
-1	-4.530	4.50
-2	-9.030	4.50

柱表

柱编号	标高/m	$b\times h$/(mm×mm)(圆柱直径D)	b_1/mm	b_2/mm	h_1/mm	h_2/mm	全部纵筋	角筋	b边一侧中部筋	h边一侧中部筋	箍筋类型号	箍筋	备注
KZ1	-4.530～-0.030	750×700	375	375	150	550	28Φ25				1(6×6)	Φ10@100/200	—
	-0.030～19.470	750×700	375	375	150	550	24Φ25				1(5×4)	Φ10@100/200	
	19.470～37.470	650×600	325	325	150	450		4Φ22	5Φ22	4Φ20	1(4×4)	Φ10@100/200	
	37.470～59.070	550×500	275	275	150	350		4Φ22	5Φ22	4Φ20	1(4×4)	Φ8@100/200	
XZ1	-4.530～8.670						8Φ25				按标准构造详图	Φ10@100	⑤×Ⓒ轴KZ1中设置

注：1.如采用非对称配筋，需在柱表中增加相应栏目分别表示各边的中部筋。
2.箍筋对纵筋至少隔一拉一。
3.本页示例表示地下一层(-1层)、首层(1层)柱端箍筋加密区长度范围及纵筋连接位置均按嵌固部位要求设置。
4.层高表中，竖向粗线表示本页柱的起止标高为-4.530m～59.070m，所在层为-1～16层。

图4.1 柱平法施工图列表注写方式示例

（1）结构层楼面标高、结构层高及相应结构层号

此项内容可以用表格或其他方法注明，用来表达所有柱沿高度方向的数据，方便设计和施工人员查找、修改。注写各段柱的起止标高，自柱根部往上以变截面位置或截面未变但配筋改变处为界分段注写。框架柱和转换柱的根部标高是指基础顶面标高；芯柱的根部标高是指根据结构实际需要而定的起始位置标高；梁上柱的根部标高是指梁顶面标高；剪力墙上柱的根部标高为墙顶面标高。

（2）柱平面布置图

柱平法施工图标注，每根柱均标注和轴线的相互关系（X 向和 Y 向），对于矩形柱截面尺寸 $b\times h$，其与轴线的关系分别为 b_1、b_2 和 h_1、h_2 的具体数值。其中 $b=b_1+b_2$，$h=h_1+h_2$。对于圆形柱由“D”加圆柱直径数值表示，圆柱截面与轴线的关系也用 b_1、b_2 和 h_1、h_2 表示，其中 $D=b_1+b_2=h_1+h_2$。

（3）柱表

① 柱编号：由柱类型代号（如 KZ、XZ、LZ、QZ……）和序号（如 1、2、3……）组成（表 4.1）。

表4.1 柱编号以及特征

柱类型	代号	序号	特 征
框架柱	KZ	××	柱根部嵌固在基础或地下结构上，并与框架梁刚性连接构成框架结构，此外，个别部位柱根部支承在框架梁上或支承在剪力墙顶部
转换柱	ZHZ	××	柱根部嵌固在基础或地下结构上，并与框支梁刚性连接构成框支结构。框支结构以上转换为剪力墙结构
芯柱	XZ	××	设置在框架柱、框支柱、剪力墙柱、核心部位的暗柱

② 各段柱的起止标高：自柱根部往上，以变截面位置或截面未变但配筋改变处为界分段注写。柱截面尺寸 $b\times h$ 及与轴线关系的几何参数代号 b_1、b_2 和 h_1、h_2 的具体数值，须对应各段柱分别注写。其中 $b=b_1+b_2$，$h=h_1+h_2$。

③ 柱纵筋：分角筋、截面 b 边中部筋和 h 边中部筋三项。当柱纵筋直径相同，各边根数也相同时，可将纵筋写在“全部纵筋”一栏中（表 4.2）。

表4.2　柱表

柱编号	标高 /m	$b\times h$/（mm×mm）（圆柱直径 D）	b_1/mm	b_2/mm	h_1/mm	h_2/mm	全部纵筋	角筋	b 边一侧中部筋	h 边一侧中部筋	箍筋类型号	箍筋	备注
KZ1	−4.530 ～ −0.030	750×700	375	375	150	550	28 Φ 25				1(6×6)	φ10@100/200	—
	−0.030 ～ 19.470	750×700	375	375	150	550	24 Φ 25				1(5×4)	φ10@100/200	
	19.470 ～ 37.470	650×600	325	325	150	450		4 Φ 22	5 Φ 22	4 Φ 20	1(4×4)	φ10@100/200	
	37.470 ～ 59.070	550×500	275	275	150	350		4 Φ 22	5 Φ 22	4 Φ 20	1(4×4)	φ8@100/200	
XZ1	−4.530 ～ 8.670						8 Φ 25				按标准构造详图	φ10@100	⑤×Ⓒ轴 KZ1 中设置

④ 箍筋种类型号及箍筋肢数，在箍筋类型号内注写。具体工程所设计的箍筋类型图及箍筋复合的具体方式，须画在表的上部或图中的适当位置，并在其上标注与表中相对应的 b、h 和类型号。

⑤ 框架柱复合箍筋布置原则（图 4.2）：大箍套小箍原则；至少“隔一拉一”原则；“对称性”原则；“内箍短肢最小”原则。

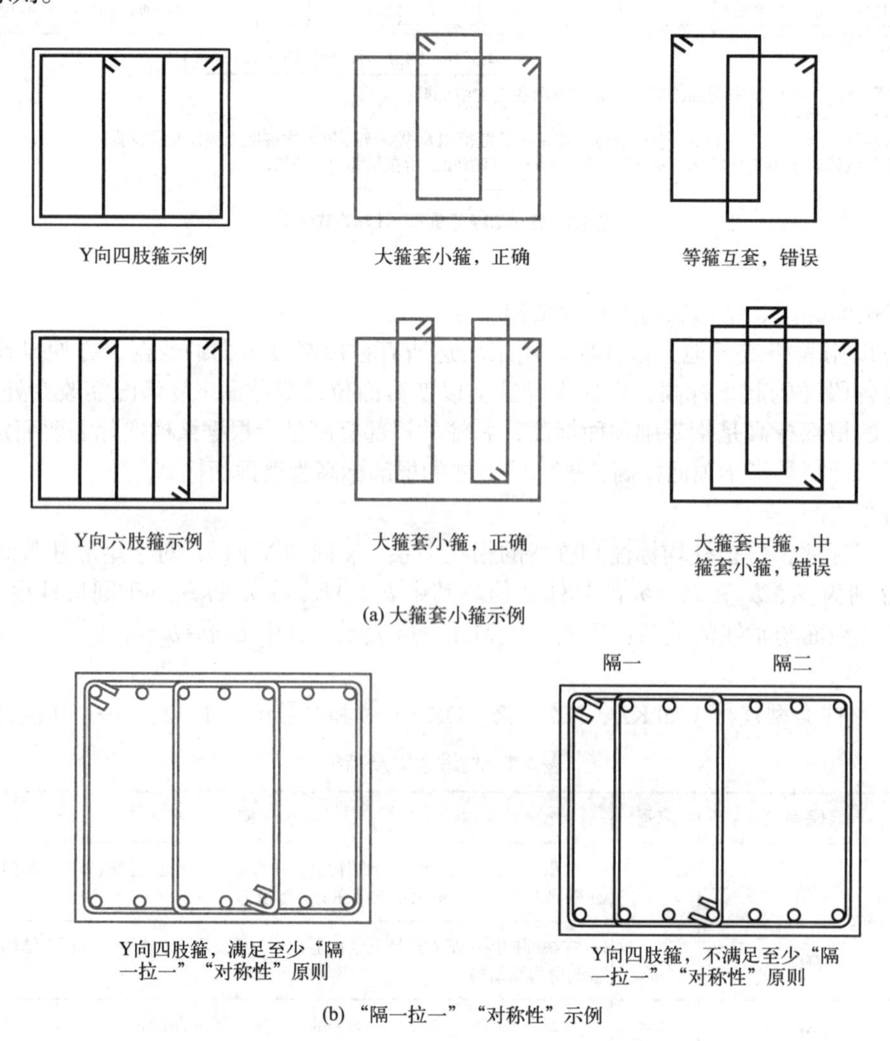

Y向四肢箍示例　大箍套小箍，正确　等箍互套，错误

Y向六肢箍示例　大箍套小箍，正确　大箍套中箍，中箍套小箍，错误

(a) 大箍套小箍示例

Y向四肢箍，满足至少“隔一拉一”“对称性”原则　Y向四肢箍，不满足至少“隔一拉一”“对称性”原则

(b) “隔一拉一”“对称性”示例

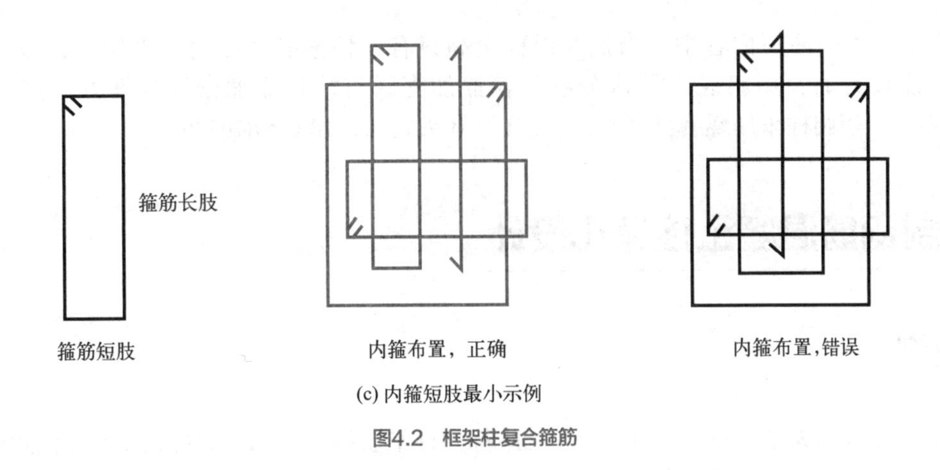

(c) 内箍短肢最小示例

图4.2 框架柱复合箍筋

⑥ 混凝土柱箍筋：包括钢筋级别、直径与间距。当为抗震设计时，用斜线“ / ”区分柱端箍筋加密区与柱身非加密区长度范围内箍筋的不同间距。

例如：Φ8@100/200，表示箍筋为HPB300级钢筋，直径为8mm，加密区间距为100mm，非加密区间距为200mm。

4.1.2 截面注写方式

截面注写方式——在分层绘制的柱平面布置图的柱截面上，分别在同一编号的柱中选择一个截面，以直接注写截面尺寸和配筋具体数值的方式，来表达柱平法施工图。

首先对所有柱截面进行编号，从相同编号的柱中选择一个截面，按另一种比例在原位放大绘制柱截面配筋值。以截面注写方式绘制的柱平法施工图图纸数量一般与标准层数相同。但对不同标准层的不同截面和配筋，也可根据具体情况在同一柱平面布置图上用加括号“( )”的方式来区分和表达不同标准层的注写数值。

① 柱编号：由柱类型代号和序号组成。

② 截面尺寸：矩形截面注写为 $b \times h$，以 D 打头注写圆柱截面直径。

③ 纵向钢筋：纵筋为同一直径时，均注写全部纵筋。矩形截面的角筋与中部筋直径不同时，按“角筋 +b 边中部筋 +h 边中部筋”的形式注写，也可在直接引注中仅注写角筋，然后在截面配筋图上原位注写中部筋；采用对称配筋时，可仅注写一侧中部筋。

④ 箍筋：注写内容包括钢筋级别、直径与间距。在箍筋前加“L”表示螺旋箍；箍筋的肢数及复合方式在柱截面配筋图上表示。当为抗震设计时，用“/”区分箍筋加密区与非加密区的箍筋间距，箍筋沿柱全高为一种间距时，则不使用“/”。

矩形截面的柱箍筋可定为类型1，而用 $m \times n$ 表示两向箍筋肢数的多种不同组合，其中 m 为 b 边宽度上的肢数，n 为 h 边宽度上的肢数（图4.3）。

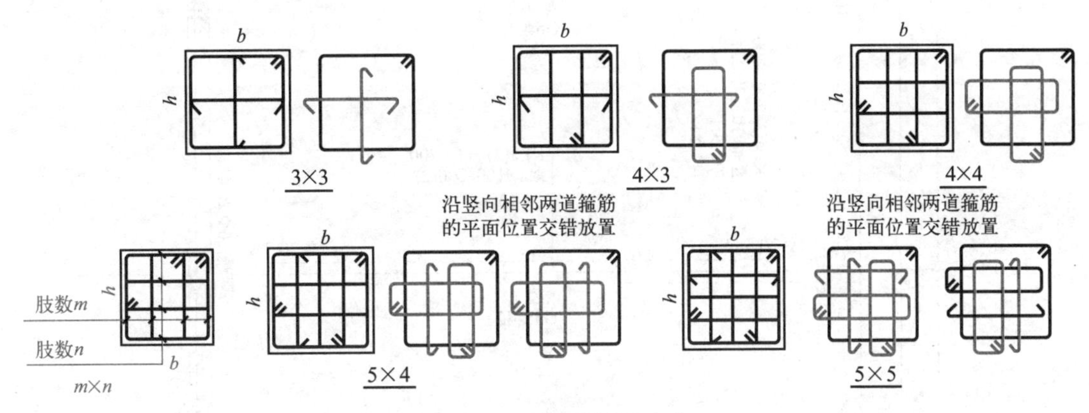

图4.3 框架柱箍筋的复合方式

柱平法施工图集中注写内容中，当箍筋沿柱全高只有一种箍筋间距时，采用如ϕ 8@200、ϕ 8@100表示；当为抗震设计时，用斜线“/”区分柱端箍筋加密区与柱身非加密区箍筋的不同间距，采用如ϕ 8@100/200 表示；当圆柱采用螺旋箍筋时，以“L”开头表示，如 Lϕ 8@200。

4.2 预制钢筋混凝土柱深化设计

4.2.1 引例

图 4.4 和图 4.5 分别为某项目 -0.030 ～ 8.070m 标高柱平法施工图和 4.470m 标高梁平法施工图的部分

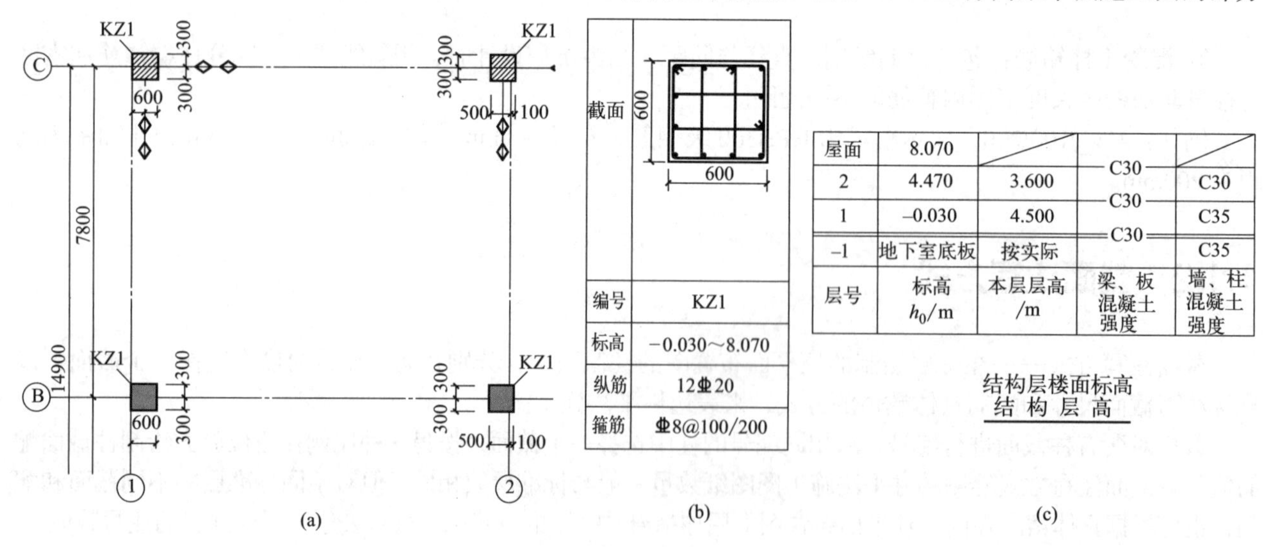

图4.4 -0.030～8.070m标高柱平法施工图

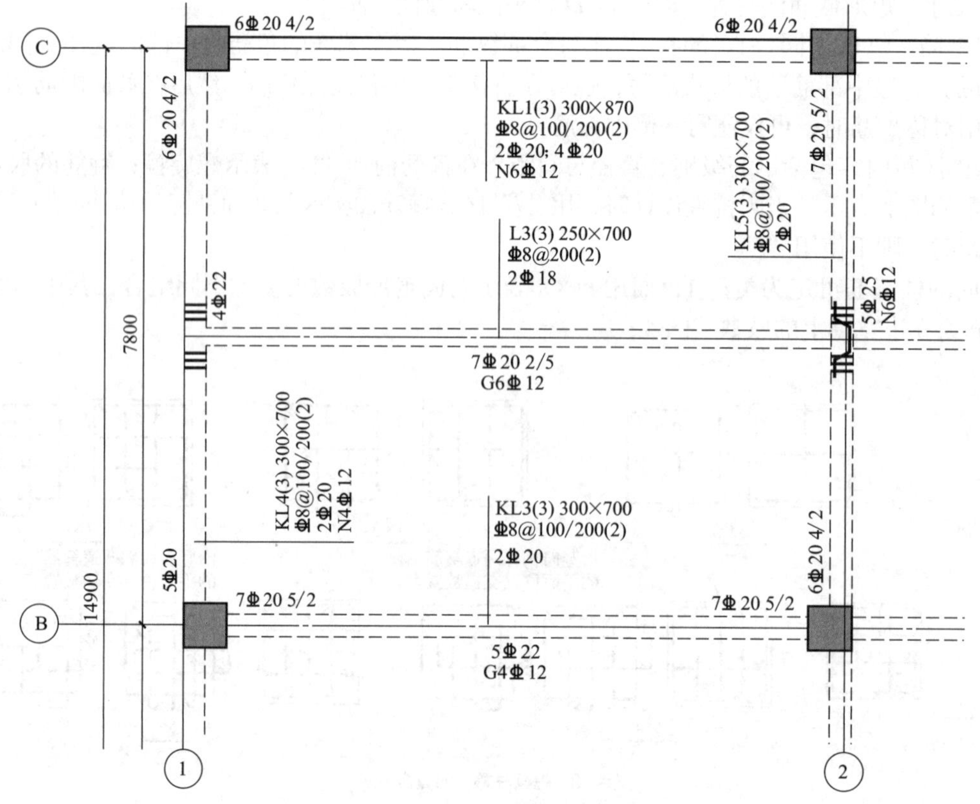

图4.5 4.470m标高梁平法施工图

截图。读者通过本节的学习，结合以往所掌握的识图知识，能够运用BeePC软件对图中的预制柱进行深化设计并出具相关加工图，从而具备正确使用BeePC软件进行预制钢筋混凝土柱深化图设计的基本能力。

4.2.2 项目分析

结构体系为装配整体式混凝土框架结构，结构抗震等级为三级。需对①轴交Ⓒ轴处的KZ1（-0.030～4.470）预制柱进行深化设计，预制柱截面尺寸为600mm×600mm，预制柱纵筋连接方式采用半灌浆套筒的连接形式。

4.2.3 项目实操

4.2.3.1 柱布置

① 点击“BeePC深化”选项卡下的主体构件的“竖向规则”，在“柱布置与出图”中点击“柱布置”按钮，如图4.6所示。

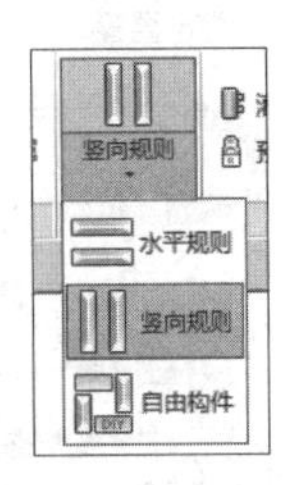

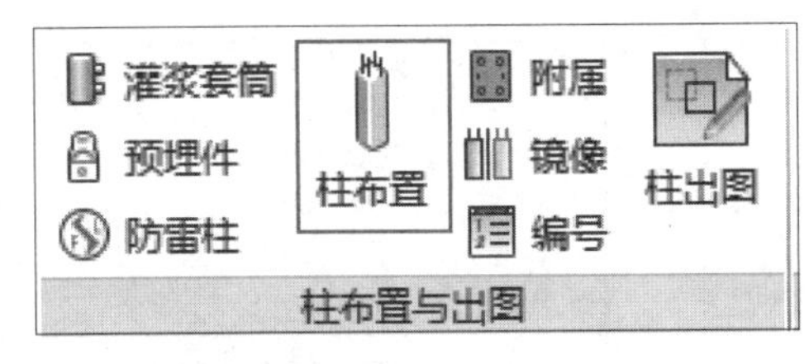

图4.6 柱布置

特别提示

在进行预制柱布置前应先点击“灌浆套筒”及“预埋件”，加载灌浆套筒及预埋件规格，方便在后续选择时能够快速地匹配型号，如图4.7所示。

二维码4.1

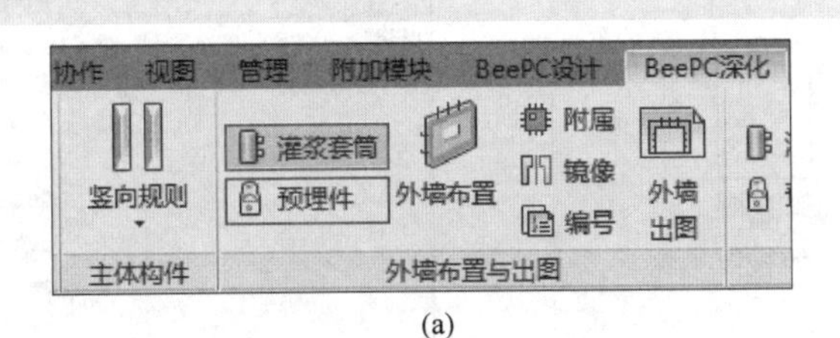

(a)

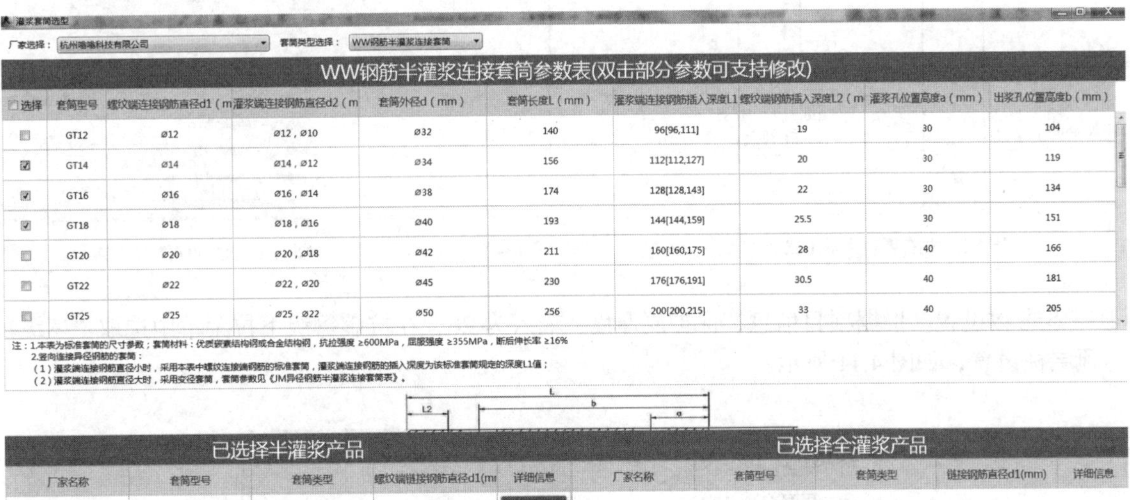

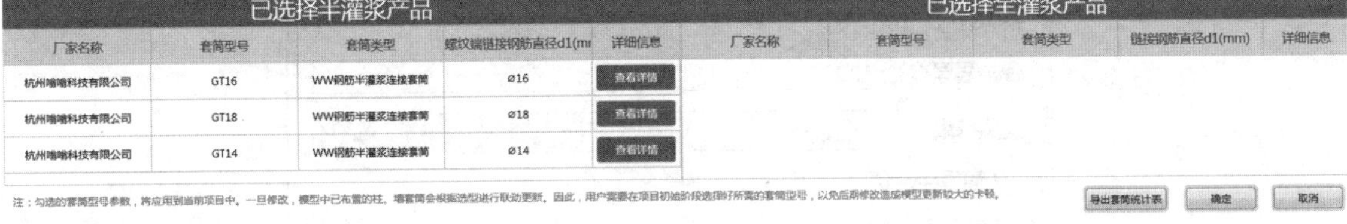

(b)

图4.7 灌浆套筒设置

② 弹出“柱布置”对话框，对话框中包含三大部分，从左至右依次为柱名称区域、参数设置区域以及构件视口区（图 4.8、图 4.9）。

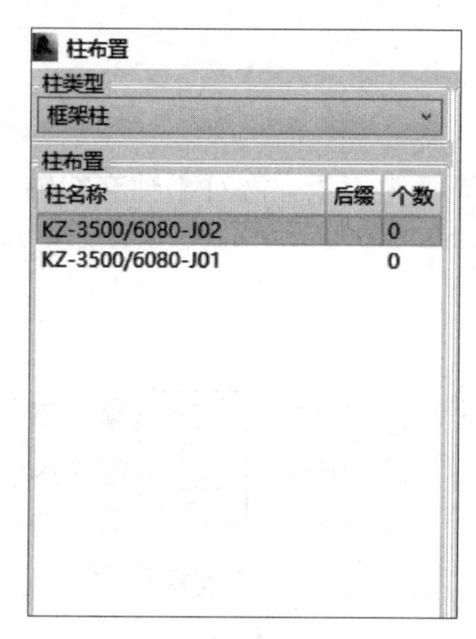

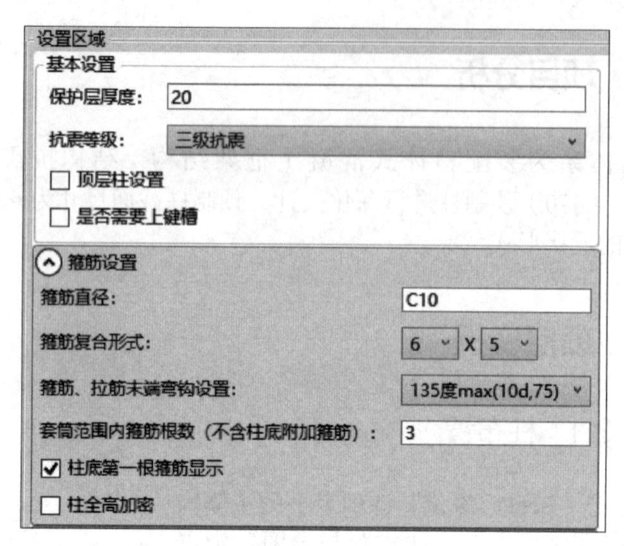

图4.8 柱布置对话框（一）

③ 预制柱类型选择。根据项目情况，KZ1 类型为框架柱，故在柱类型区域中选取“框架柱”选项，则参数设置区域与构件视口区将跳换成框架柱类型的界面，如图 4.10 所示。

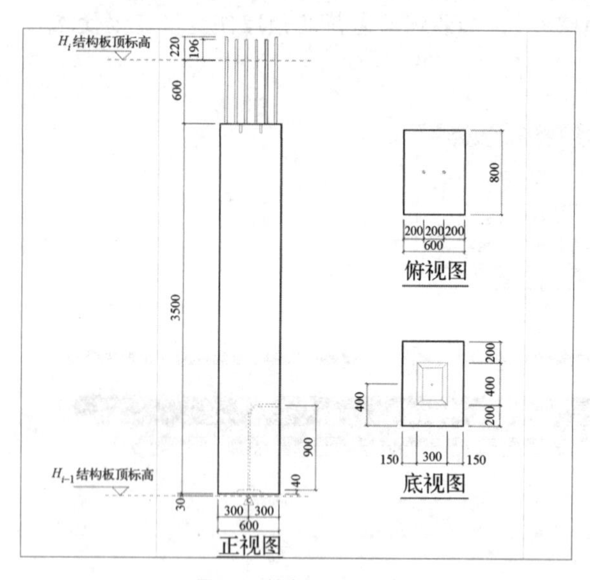

图4.9 柱布置对话框（二）

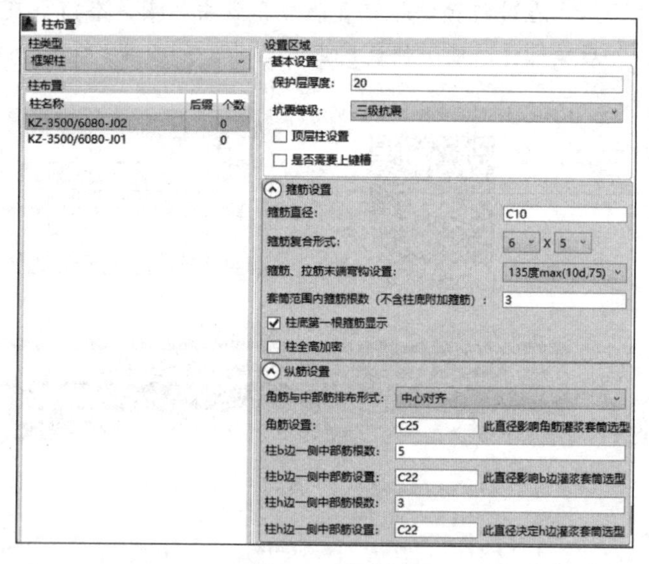

图4.10 预制柱类型选择

④ 基本参数设置。根据项目信息，“保护层厚度”输入为 20，在抗震等级下拉菜单中选取“三级抗震”，不勾选顶层柱设置，如图 4.11 所示。

设置区域
基本设置
保护层厚度: 20
抗震等级: 三级抗震
☐ 顶层柱设置
☐ 是否需要上键槽

图4.11 基本参数设置

知识链接

保护层厚度的取值应根据预制柱所处的环境类别进行输入，应满足《混凝土结构设计规范》(GB 50010—2010，2015 年版）中的相关要求。

特别提示

当预制柱为顶层框架柱时，勾选“顶层柱设置”，画布中柱钢筋的上端会生成锚固板，同时自定义钢筋伸出 H_i 层标高的尺寸。

⑤ 编辑预制柱外形尺寸。根据项目信息，在构件视口区修改预制构件外形尺寸参数（图 4.12）。

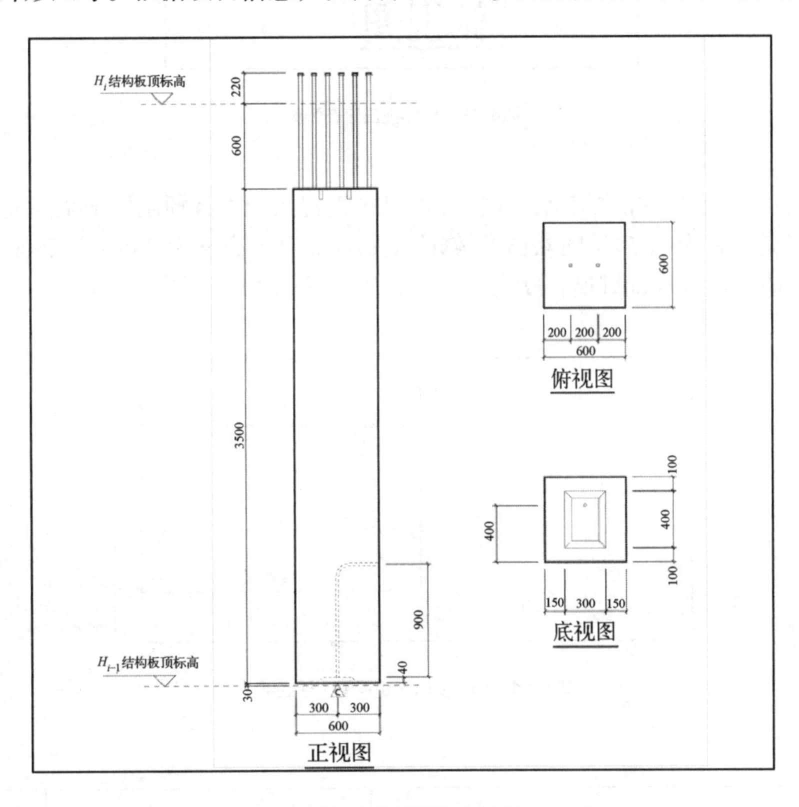

图4.12 编辑预制柱外形尺寸

特别提示

构件视口区蓝色数字均为可修改项，主要包括以下内容。

① 预制柱截面尺寸；

② 预制柱高度；

③ 柱顶钢筋伸出长度；

④ 柱底键槽宽度；

⑤ 预制柱坐浆厚度；

⑥ 排气孔高度。

根据项目预制柱截面信息，在构件视口区俯视图中修改预制柱截面 b 边值为“600”，修改 h 边值为“600”（图 4.13）。

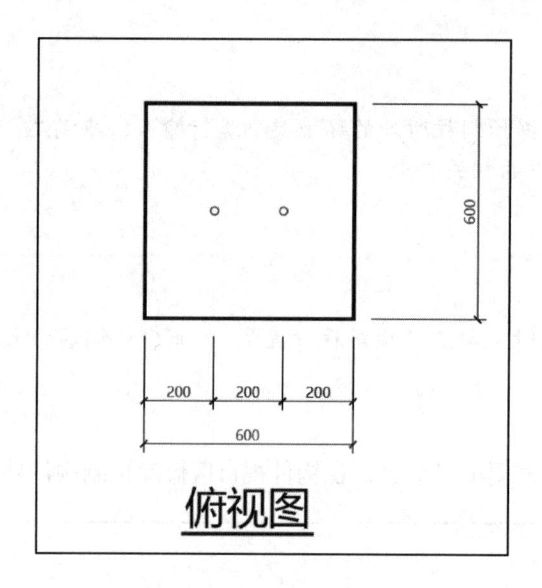

图4.13 构件视口区俯视图

根据项目层高信息与梁平法标注信息，在构件视口区正视图中设置预制柱坐浆高度为“20”（图 4.14）。修改预制柱上方搁置梁梁高为“870”（图 4.15）。修改预制柱混凝土高度为“3610”（4500−20−870）（图 4.16）。在预制柱底视图中修改预制柱底部键槽长度为“300”，宽度为“300”（图 4.17）。

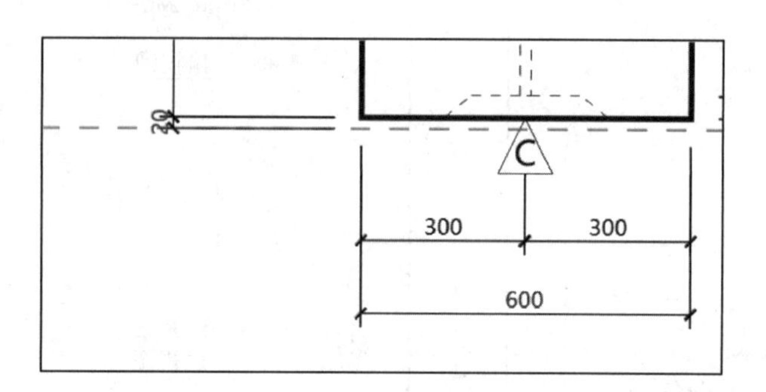

图4.14 构件视口区正视图（柱底部）

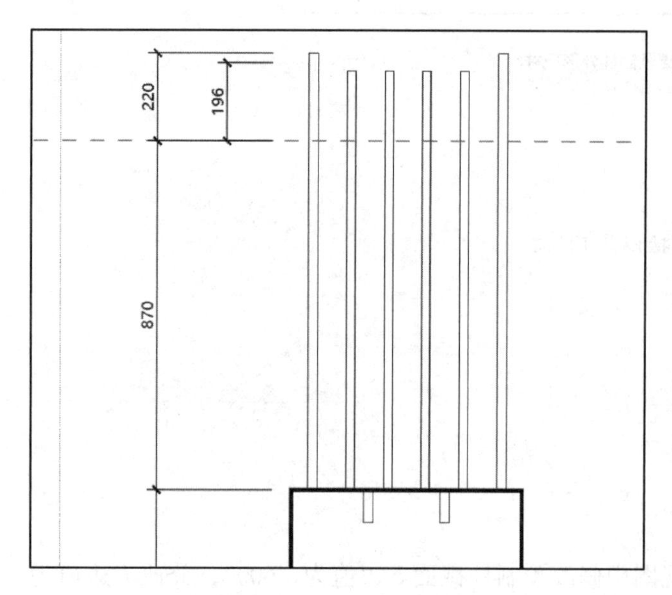

图4.15 构件视口区正视图（柱上部）

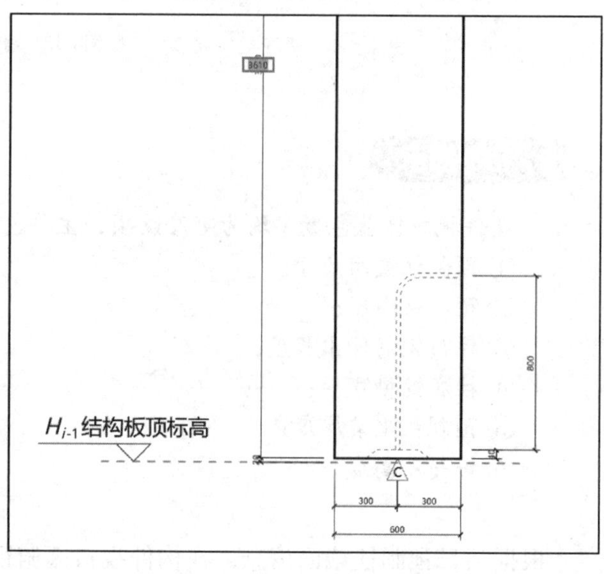

图4.16 构件视口区正视图（柱侧面）

特别提示

预制柱高度＝楼层层高－坐浆高度－梁高。

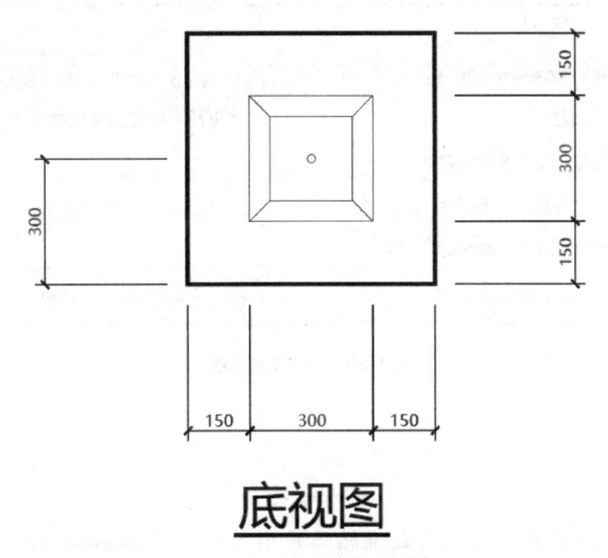

图4.17 构件视口区底视图

⑥ 箍筋设置。根据项目预制柱截面信息，切换至柱配筋图，对照构件视口区纵筋图进行箍筋信息设置。输入箍筋直径“C8”，输入箍筋复合形式“4×4”，下拉选取“箍筋、拉筋末端弯钩设置”为“135度max（10d，75）”，“套筒范围内箍筋根数”设置为“2”，勾选“柱底第一根箍筋显示”（图4.18）。

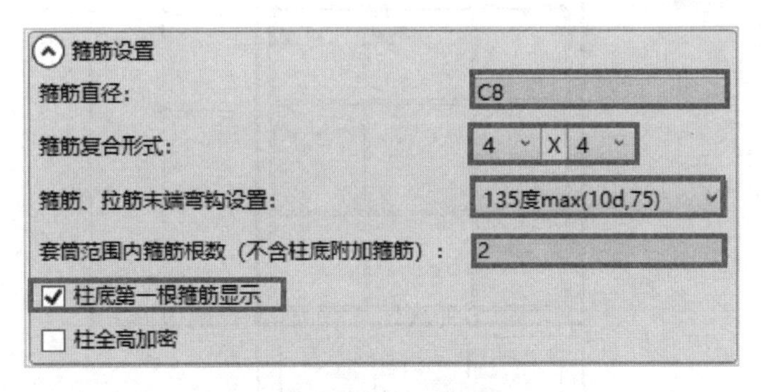

图4.18 箍筋设置界面

知识链接

抗震设计时框架柱箍筋应为封闭式，其末端应做成135°弯钩且弯钩末端平直段长度不应小于10倍的箍筋直径，且不应小于75mm。

特别提示

参数设置区下方可进行预制柱各画布视图切换（图4.19）。

图4.19 参数设置区下方底部切换选项

⑦ 纵筋设置。根据项目预制柱截面信息，预制柱纵向钢筋均为“C20”，故在角筋设置栏、柱 b 边一侧中部筋设置栏、柱 h 边一侧中部筋设置栏中均输入“C20”。在柱 b 边一侧中部筋根数一栏和柱 h 边一侧中部筋根数一栏中输入“2”，如图 4.20 所示。

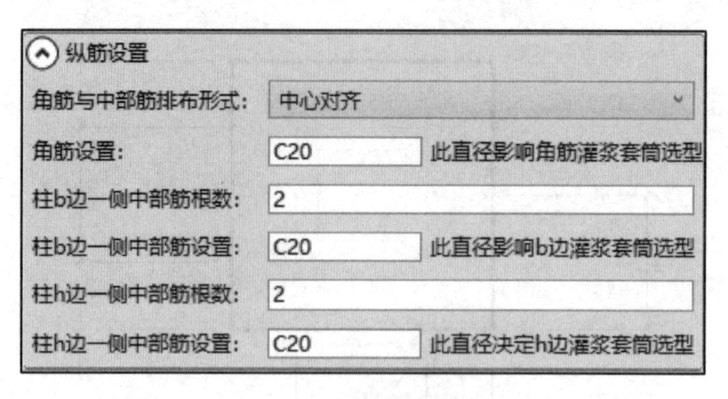

图4.20 纵筋设置界面

在软件纵筋图（图 4.21）中可通过点击橙色三角形改变柱子箍筋位置。

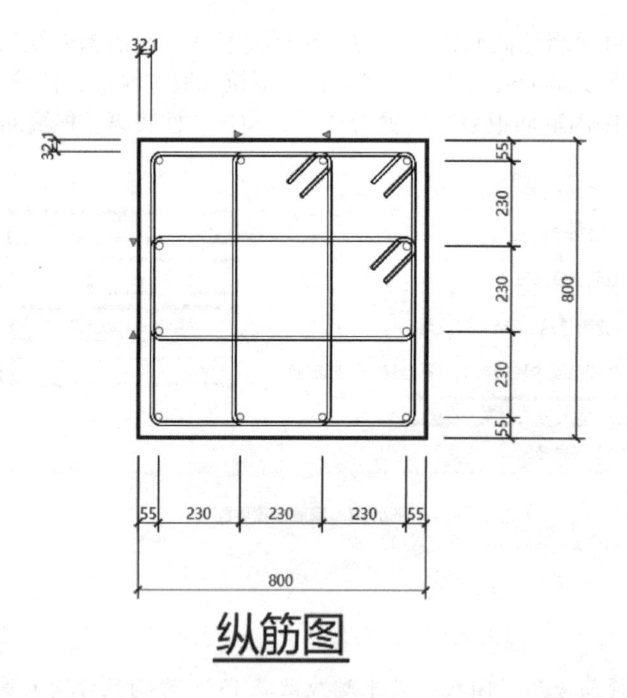

图4.21 纵筋截面图

根据项目箍筋信息，设置套筒范围内箍筋间距以及柱子加密区间距，设置柱子第一根箍筋距底为“50”，设置套筒上端第一道箍筋距离套筒顶部为“50”，套筒内其余箍筋均匀布置且间距不大于 100mm，如图 4.22 所示。设置箍筋加密区间距为“100”，非加密区间距为“200”，如图 4.22、图 4.23 所示。

⑧ 套筒设置。根据项目信息，预制柱纵筋连接方式采用半灌浆套筒的形式，故参数设置区中套筒类型下拉菜单中选择“半灌浆”，角筋套筒选型一栏中规格代号与上层柱套筒规格代号均选择“【GT20】”，同理 b 边与 h 边套筒选型栏中规格代号与上层柱套筒规格代号均选择“【GT20】”，如图 4.24 所示。

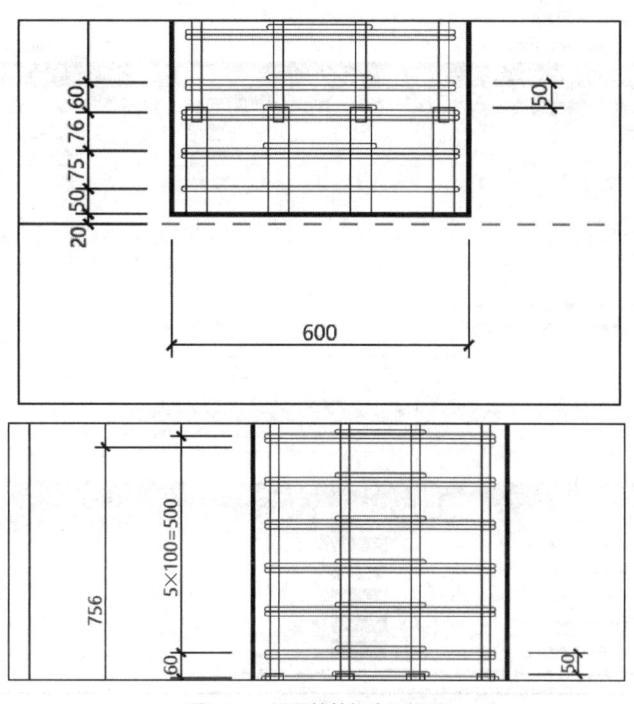

图4.22 设置箍筋加密区间距

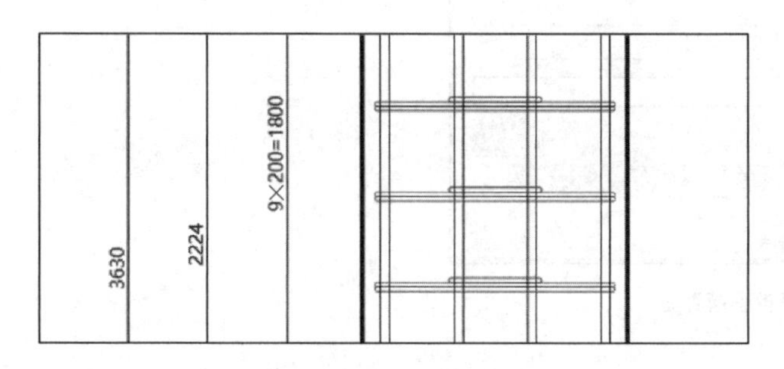

图4.23 设置非加密区间距

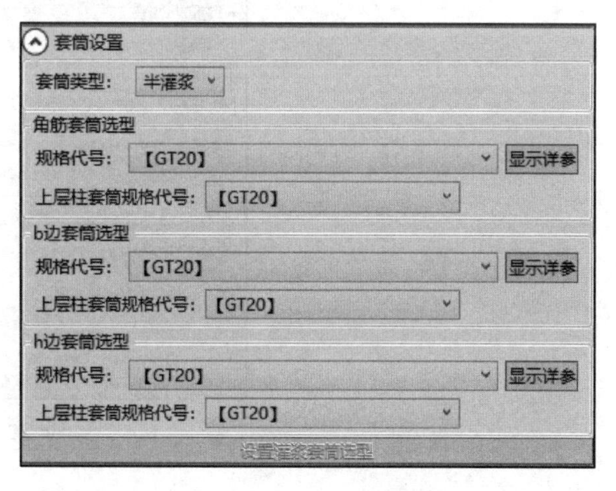

图4.24 灌浆套筒设置界面

特别提示

软件会根据预制纵筋设置自动匹配相应规格灌浆套筒。若套筒选型下拉菜单中不显示相应规格型号套筒，可通过点击“设置灌浆套筒选型”加载（图 4.25）相应规格套筒。

⑨ 预埋件设置。根据项目信息，本项目预制柱的吊装采用的预埋件选用内埋式螺母（型号 WWC20 × 67），吊装工况调整系数取 1.2，因此在预埋件设置中选择“内埋式螺母”，吊件布局选择“横向”。内埋式螺母选型选择“【WWC 型内埋式螺母】/【WWC20 × 67】”，设置吊装工况调整系数为“1.2”（图 4.26）。

软件支持预制构件预埋件承载力的简要核算（图 4.27）。

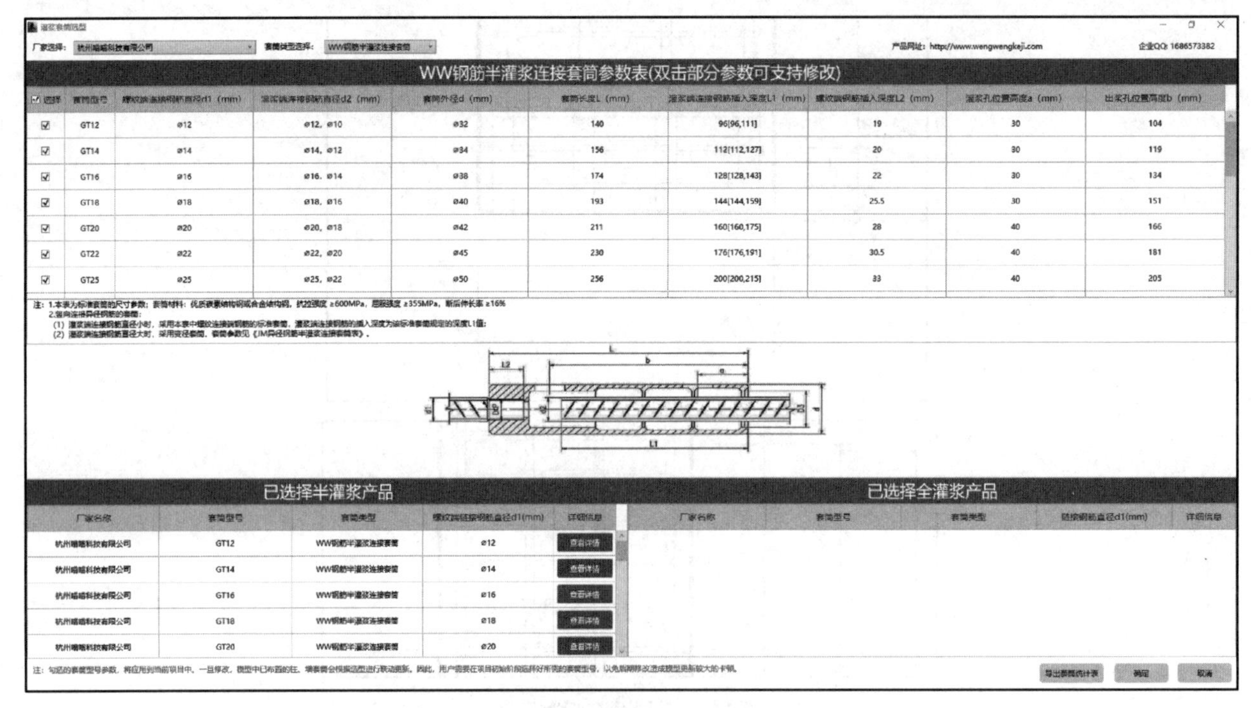

图4.25 灌浆套筒选型界面

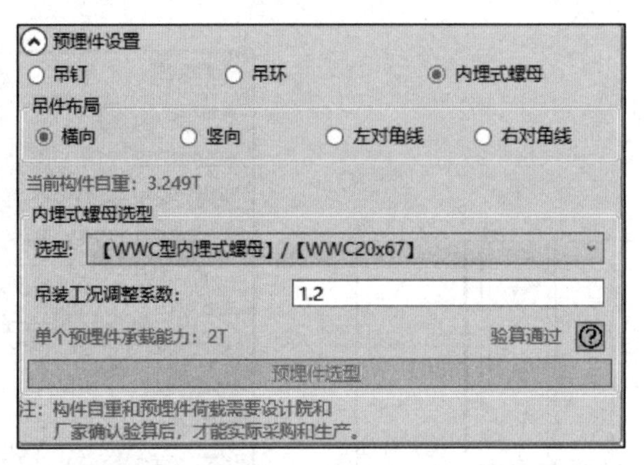

图4.26 预埋件设置界面

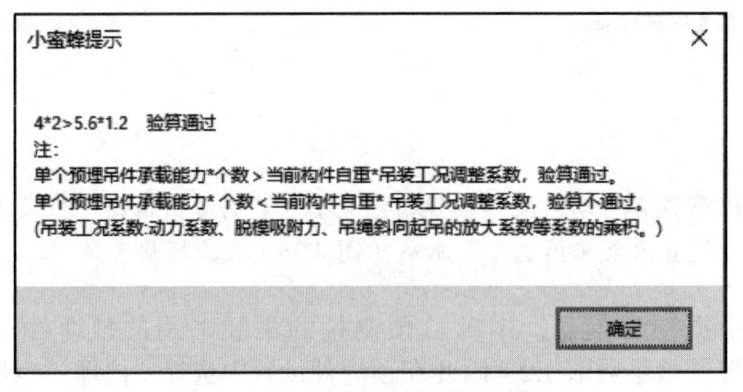

图4.27 预埋件承载力核算提示界面

特别提示

若套筒选型下拉菜单中不显示相应规格型号预埋螺母，可通过点击“预埋件选型”加载（图 4.28）相应规格套筒。

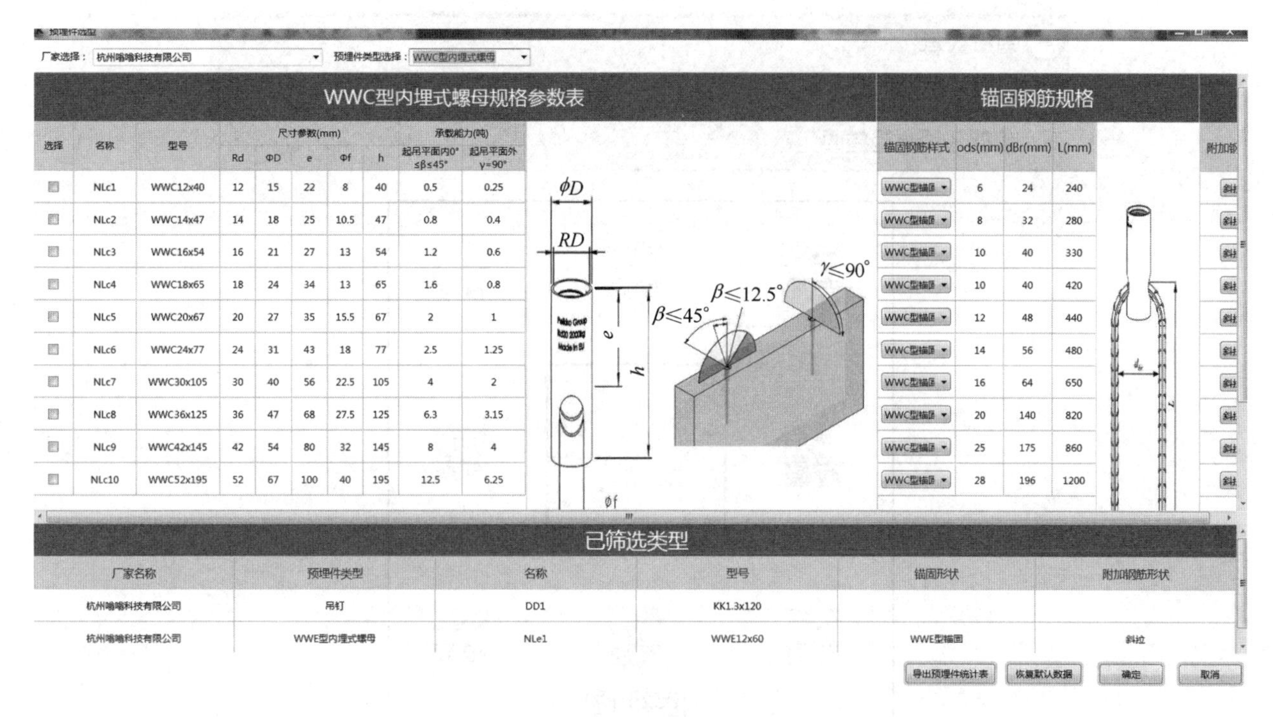

厂家选择：杭州嗨嗨科技有限公司　预埋件类型选择：WWC型内埋式螺母

WWC型内埋式螺母规格参数表

选择	名称	型号	尺寸参数(mm) Rd	ΦD	e	Φf	h	承载能力(吨) 起吊平面内0°≤β≤45°	起吊平面外γ=90°	锚固钢筋样式	ds(mm)	dBr(mm)	L(mm)
☐	NLc1	WWC12x40	12	15	22	8	40	0.5	0.25	WWC型锚固	6	24	240
☐	NLc2	WWC14x47	14	18	25	10.5	47	0.8	0.4	WWC型锚固	8	32	280
☐	NLc3	WWC16x54	16	21	27	13	54	1.2	0.6	WWC型锚固	10	40	330
☐	NLc4	WWC18x65	18	24	34	13	65	1.6	0.8	WWC型锚固	10	40	420
☐	NLc5	WWC20x67	20	27	35	15.5	67	2	1	WWC型锚固	12	48	440
☐	NLc6	WWC24x77	24	31	43	18	77	2.5	1.25	WWC型锚固	14	56	480
☐	NLc7	WWC30x105	30	40	56	22.5	105	4	2	WWC型锚固	16	64	650
☐	NLc8	WWC36x125	36	47	68	27.5	125	6.3	3.15	WWC型锚固	20	140	820
☐	NLc9	WWC42x145	42	54	80	32	145	8	4	WWC型锚固	25	175	860
☐	NLc10	WWC52x195	52	67	100	40	195	12.5	6.25	WWC型锚固	28	196	1200

已筛选类型

厂家名称	预埋件类型	名称	型号	锚固形状	附加钢筋形状
杭州嗨嗨科技有限公司	吊钉	DD1	KK1.3x120		
杭州嗨嗨科技有限公司	WWE型内埋式螺母	NLe1	WWE12x60	WWE型锚固	斜拉

图4.28　内埋螺母参数选型界面

⑩ 材质设置。根据项目原材料信息可设置预制构件材质，预制构件混凝土采用“C30”，钢筋采用“HRB400”（图 4.29）。

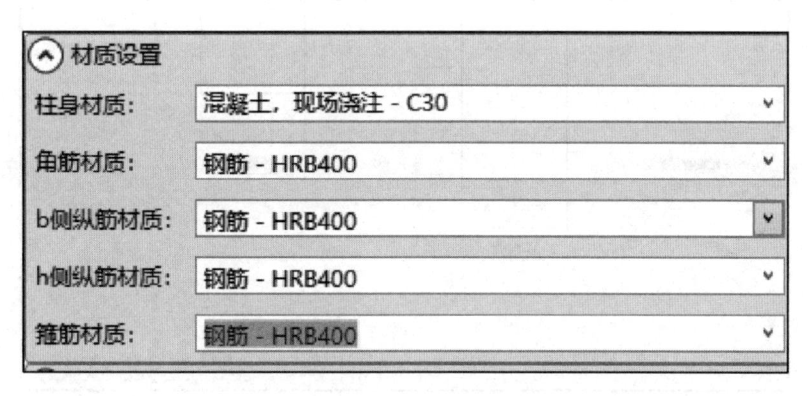

图4.29　材质设置界面

此处软件材质设置仅影响 Revit 渲染效果，不影响材质强度及其他力学性能。

⑪ 其他设置。根据项目预制构件平面布置图，排气孔以及出浆孔布局设置在室内一侧。勾选“底部是否有粗糙面”（图 4.30）。

出浆口布局设置在室内一侧主要为满足现场施工工作面要求。

⑫ 点击构件视口区右下角的“布置”按钮，如图 4.31 所示，将预制柱布置到相应的位置。

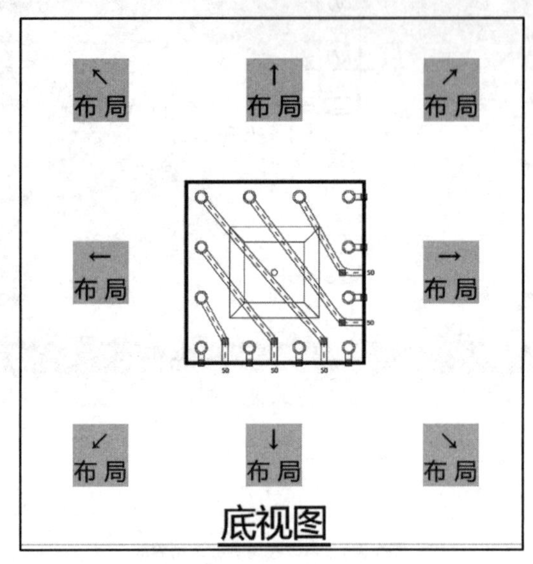

图4.30 排气孔开口方向设置（底视图）

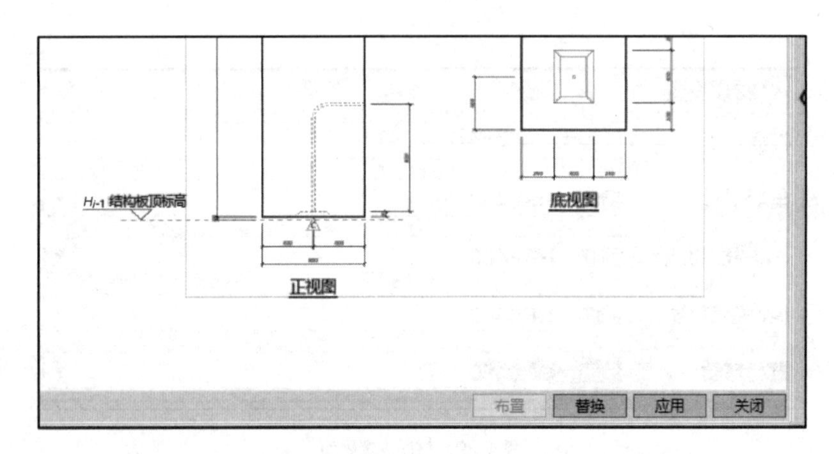

图4.31 布置选项（界面右下角）

特别提示

① 构件布置完成后，柱类型区域中会显示相应预制柱的名称及数量，并可以进行“复制”“删除”“去除重复”“常规排序”等操作。

② 如需编辑已经布置好的预制柱，则可以在Revit模型中双击所布置的预制柱，进入预制布置模式，点击“替换”或“应用”进行修改。

4.2.3.2 附属构件布置

① 点取“BeePC深化”选项卡中的“附属”按钮，如图4.32所示。

二维码4.2

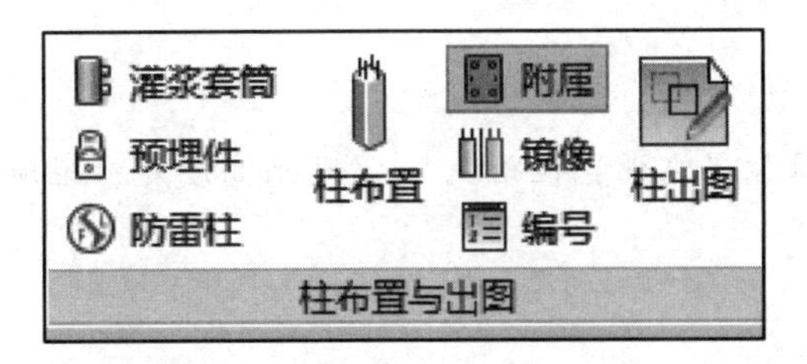

图4.32　柱布置与出图菜单栏

② 点击“进入画布模式”，选择所需要布置预埋件的预制柱，进入到附属构件布置界面，如图 4.33 所示。

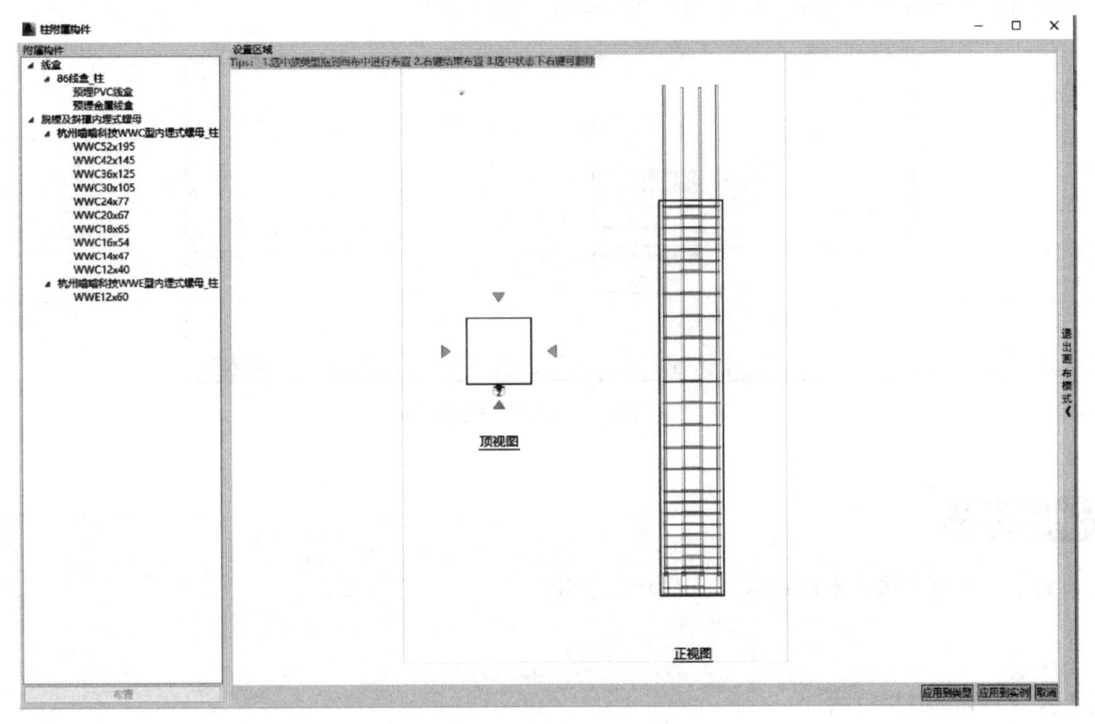

图4.33　附属构件布置界面

③ 在弹出的预制柱对话框内，在附属构件中选择脱模及斜支撑内埋式螺母“WWC16 × 54”后，单击“布置”，可将内埋式螺母布置在正视图中的任意位置。选中内埋式螺母，根据项目信息修改蓝色数值，将其放在正确的位置（图 4.34）。

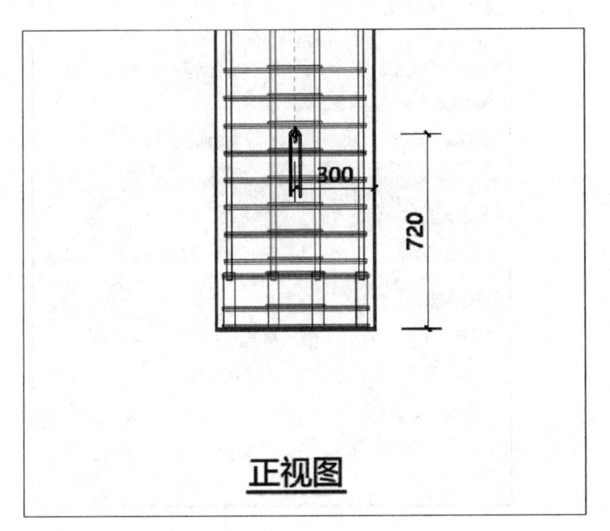

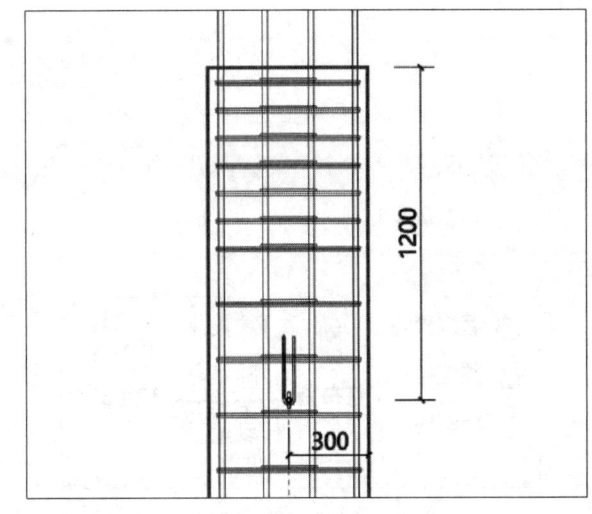

图4.34　内埋式螺母布置界面（正视图）

预制柱斜支撑内埋式螺母位置需设置在距底 $^{1}/_{5}$ 混凝土高度处、距顶 $^{1}/_{3}$ 混凝土高度处，同时在室内区域相邻两侧布置。

特别提示

通过点击顶视图中的三角形可实现预制柱的立面切换。

④ 布置好所有预埋件后点击“应用到实例”即可（图 4.35）。

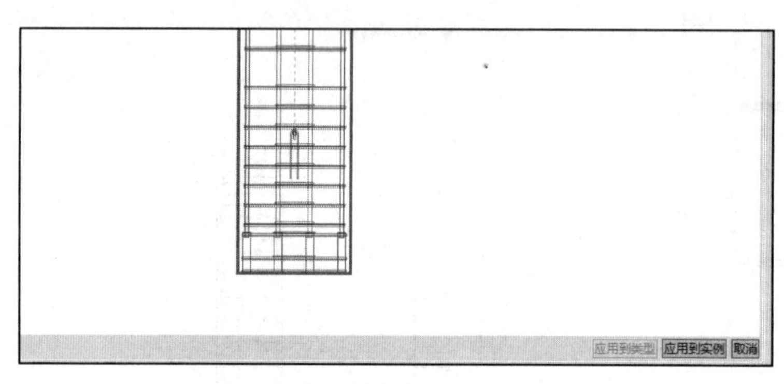

图4.35 应用到实例选项（界面右下角）

知识链接

预制柱中预埋件主要包括线盒以及内埋式螺母。

4.2.3.3 预制柱编号

① 点取“柱布置与出图”中的“编号”按钮，如图 4.36 所示。

② 在弹出的“柱 - 键编号”对话框中，编号模式设置选择“傻瓜式编号”，编号排序设置选择先左右后上下，名称自定义中设置“2F-PCZ”，如图 4.37 所示。

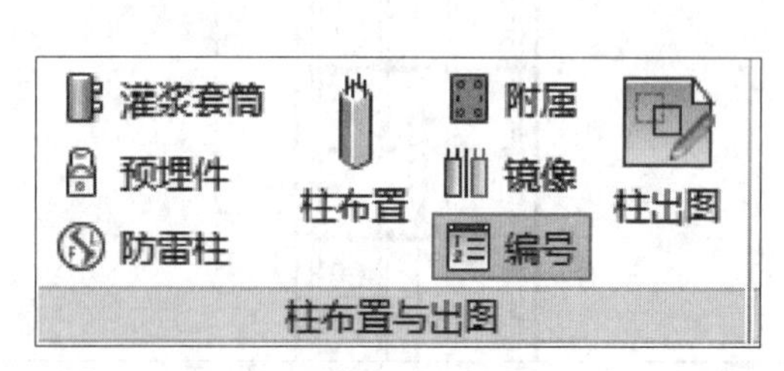

图4.36 预制柱编号选项按钮

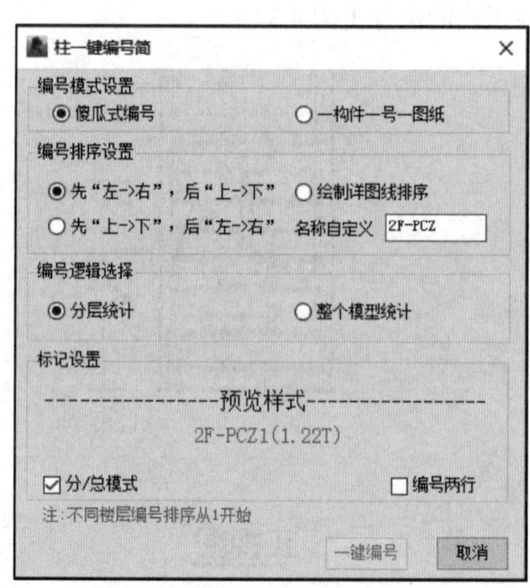

图4.37 预制柱编号界面

③点击右下角“一键编号”，则预制柱编号完成。

4.2.3.4 BOM 清单

BeePC 软件提供 BOM 清单功能，预制柱的 BOM 清单操作如下：

①点取“BeePC 深化”选项卡下的“规则清单”按钮，如图 4.38 所示。

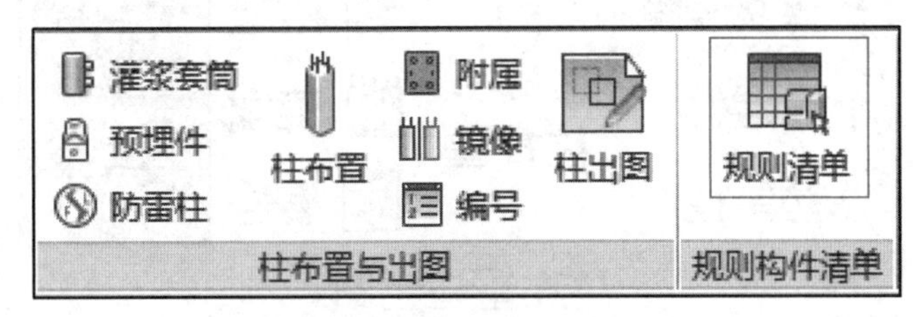

图4.38 规则清单选项按钮

②进入“BeePC-BOM 报表”对话框，左侧为报表名称，右侧为对应的一览表，如图 4.39 所示。

BeePC--BOM报表

导出BOM报表 刷新当前表数据

报表名称
- 叠合板
  - 叠合板统计一览表
  - 叠合板统计一览表(分层统计)
  - 叠合板附属构件统计一览表
  - 叠合板附属构件统计一览表(分层统计)
  - 叠合板桁架统计表
  - 叠合板桁架统计表(分层统计)
  - 叠合板钢筋下料统计表
- 叠合梁
  - 叠合梁统计一览表
  - 叠合梁统计一览表(分层统计)
  - 叠合梁附属构件统计一览表
  - 叠合梁附属构件统计一览表(分层统计)
- 预制楼梯
  - 预制楼梯统计一览表
  - 预制楼梯统计一览表(分层统计)
  - 预制楼梯附属构件统计一览表
  - 预制楼梯附属构件统计一览表(分层统计)
- 预制柱
  - 预制柱统计一览表
  - 预制柱统计一览表(分层统计)
  - 预制柱附属构件统计一览表
  - 预制柱附属构件统计一览表(分层统计)
- 预制剪力内墙
  - 预制剪力内墙统计一览表
  - 预制剪力内墙统计一览表(分层统计)
  - 预制剪力内墙附属构件统计一览表
  - 预制剪力内墙附属构件统计一览表(分层统计)
- 预制剪力外墙
  - 预制剪力外墙统计一览表
  - 预制剪力外墙统计一览表(分层统计)
- 预制阳台板
  - 预制阳台板统计一览表
  - 预制阳台板统计一览表(分层统计)
  - 预制阳台板附属构件统计一览表
  - 预制阳台板附属构件统计一览表(分层统计)

提示构件统计一览表可点击表头进行排序,第一次点击先以升序排列

预制柱统计一览表

序号	柱编号	柱名称	柱宽B(mm)	柱高H(mm)	柱实际高(mm)	体积(m3)/根	钢筋重量(kg)/根	重量(t)/根	总根数(根)	总体积(m3)	钢筋总量(kg)	柱总量(t)	含钢量：kg/m3(不含损耗)	含钢量：kg/m3(含3%损耗)
1	KZ-3610/6060-J01		600	600	3610	1.297	190.97	3.242	1	1.297	190.97	3.242	147.240	151.657
	合计								1	1.297	190.97	3.242	147.240	151.657

说明：
1、当柱的尺寸及配筋、出筋参数和其他周布中的参数相同时，柱的编号相同。
2、同一编号的柱，其预埋线盒、灌浆套筒可能不同，会有不同的F标识区分。

图4.39 BOM报表界面

③软件内置预制柱的四类 BOM 清单，并支持将生成的 BOM 报表导出 Excel 或导出对应视图，如图 4.40 所示。

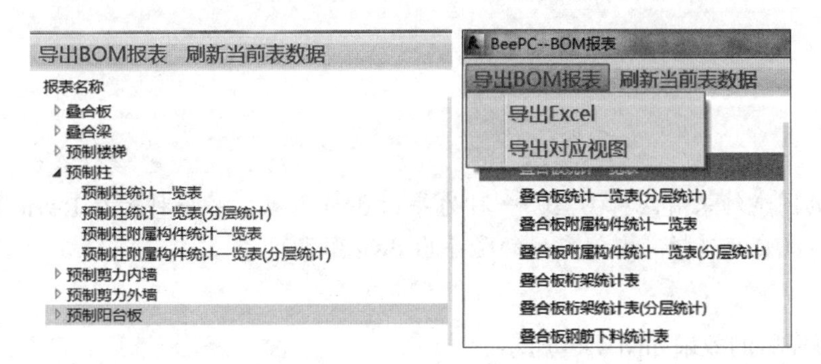

图4.40 BOM报表选项界面

4.2.3.5 柱出图

① 点取“柱布置与出图”中的“柱出图”按钮，如图 4.41 所示。

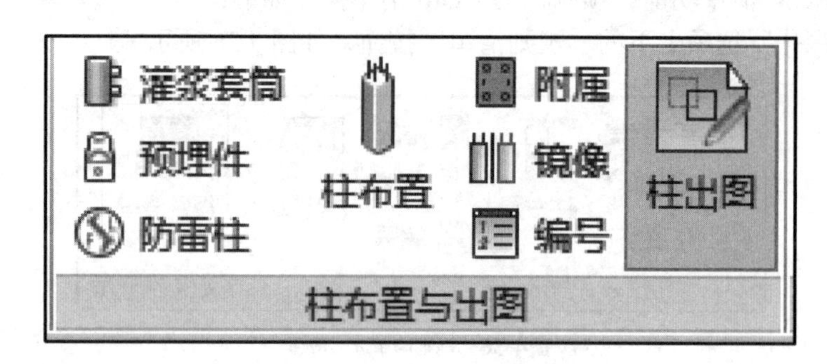

图4.41 柱布置与出图选项按钮

② 进入“柱一键出图”对话框，对图框名称、图框尺寸、出图比例、标注文字大小、字体等内容进行点选，对出图布局、明细表等内容可以进行编辑，本工程实例选择如图 4.42 所示。

③ 勾选“直接导出合并 CAD”，跳出 dwg 图纸排布设置弹框，如图 4.43 所示，点击“保存”，则所选预制柱的详图均保存在指定路径的文件夹下。

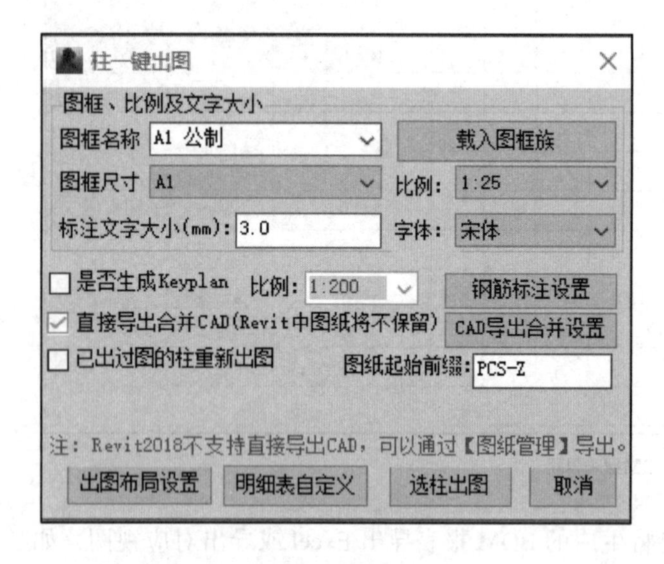

图4.42 柱一键出图对话框

图4.43 图纸排布设置弹框

特别提示

柱出图得到的图纸结果有两种类型，一种为导出 dwg 图纸，另一种为在 Revit 中生成图纸，大家可根据项目实际情况自行选择。本例采用的是导出 dwg 图纸。

二层预制柱布置完后的效果如图 4.44 所示。

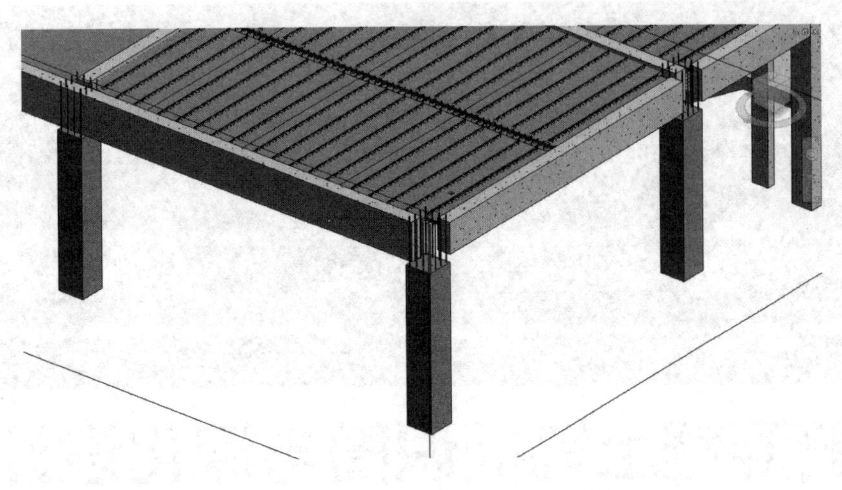

图4.44 预制柱布置效果图

能力训练题

请同学们自行完成本书附录二中图四、图一某项目二层预制构件中标准层预制柱的深化设计。

任务5

预制钢筋混凝土墙板识图与深化设计

知识目标

1. 了解钢筋混凝土剪力墙的组成以及基础知识；
2. 掌握预制钢筋混凝土墙板施工图中所包含的识读要点；
3. 掌握预制钢筋混凝土墙板的深化设计内容。

能力目标

通过识读预制墙施工图，能正确对预制钢筋混凝土内外墙板进行深化设计。

素质目标

装配式剪力墙结构中，预制墙板主要起到传递竖向荷载的作用。通过对剪力墙任务的学习，要理解外墙板的深化设计范围，理解为何首层以及转化层不做竖向预制墙体，理解预制墙体对预制率的影响。学会辩证的思维，充分考虑多方面因素，不要故步自封、照本宣科。此外，还要强化安全意识，树立爱岗敬业的优秀品质，培养严谨的工作态度，形成良好的学习以及日后工作的习惯，具备强烈的责任心与使命感。

5.1　预制钢筋混凝土墙板识图

本任务从建筑施工图的识读出发，讲解预制混凝土墙板识图。

剪力墙是指主要承受侧向力或地震作用，并保持结构整体稳定的承重墙。它在《高层建筑混凝土结构技术规程》（JGJ 3—2010）、《混凝土结构设计规范》（GB 50010—2010）（2015 年版）和平法图集中被称为“剪力墙”，在《建筑抗震设计规范》（附条文说明）（GB 50011—2010）（2016 年版）和《建筑物抗震构造详图（多层和高层钢筋混凝土房屋）》（20G329-1）中被称为“抗震墙”。

5.1.1 列表注写方式

5.1.1.1 剪力墙编号

将剪力墙按剪力墙柱、剪力墙身、剪力墙梁（简称墙柱、墙身、墙梁）三类构件分别编号。

（1）墙柱编号

墙柱编号由墙柱类型代号和序号组成，表达形式应符合表 5.1 的规定。

表5.1 墙柱编号

墙柱类型	代 号	序 号
约束边缘构件	YBZ	××
构造边缘构件	GBZ	××
非边缘暗柱	AZ	××
扶壁柱	FBZ	××

（2）墙身编号

墙身编号由墙身代号、序号以及墙身所配置的水平与竖向分布钢筋的排数组成，其中排数注写在括号内，表达形式一般为 Q××（×× 排）。当墙身所设置的水平与竖向分布钢筋的排数为 2 时可不注。对于分布钢筋网的排数，规定：当剪力墙厚度不大于 400mm 时，应配置双排；当剪力墙厚度大于 400mm 但不大于 700mm 时，宜配置三排；当剪力墙厚度大于 700mm 时，宜配置四排。各排水平分布钢筋和竖向分布钢筋的直径与间距宜保持一致。当剪力墙配置的分布钢筋多于两排时，剪力墙拉筋两端应同时钩住外排水平纵筋和竖向纵筋，还应与剪力墙内排水平纵筋和竖向纵筋绑扎在一起。

（3）墙梁编号

墙梁编号由墙梁类型代号和序号组成，表达形式应符合表 5.2 的规定。

表5.2 墙梁编号

墙梁类型	代 号	序 号
连梁	LL	××
连梁（跨高比不小于 5）	LLk	××
连梁（对角暗撑配筋）	LL（JC）	××
连梁（交叉斜筋配筋）	LL（JX）	××
连梁（集中对角斜筋配筋）	LL（DX）	××
暗梁	AL	××
边框梁	BKL	××

5.1.1.2 剪力墙柱列表注写方式

剪力墙柱列表表达规定如下：

① 注写墙柱编号，绘制墙柱的截面配筋图，标注墙柱的几何尺寸。

② 注写各段墙柱的起止标高，自墙柱根部往上以变截面位置或者截面未变但配筋改变处为界分段注写。

③ 注写各段墙柱的纵向钢筋和箍筋，注写值应与在表中绘制的截面配筋图对应一致。

5.1.1.3 剪力墙身列表注写方式

剪力墙身列表表达规定如下：

① 注写墙身编号（含水平与竖向分布钢筋的排数）。

② 注写各段墙身起止标高，自墙身根部往上以变截面位置或截面未变但配筋改变处为界分段注写。墙身根部标高一般指基础顶面标高。

③ 注写水平分布筋、竖向分布筋和拉结筋的具体数值。注写数值为一排水平分布钢筋和竖向分布钢筋的规格与间距。

④ 拉结筋应注明布置方式为“矩形”或“梅花”，用于剪力墙分布钢筋的拉结，如图 5.1 所示。

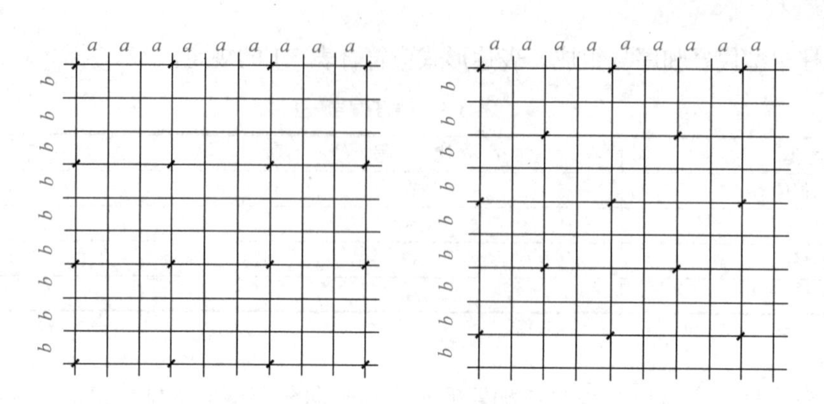

图5.1　拉结筋设置示意图

5.1.1.4　剪力墙梁列表注写方式

对于在剪力墙梁表中表达的内容，规定如下。

① 注写墙梁编号。

② 注写墙梁所在楼层号。

③ 注写墙梁顶面标高高差，指相对于墙梁所在结构层楼面标高的高差值。高于者为正值，低于者为负值，当无高差时不注。

④ 注写墙梁截面尺寸 $b \times h$，上部纵筋、下部纵筋和箍筋的具体数值。

⑤ 当连梁设有对角暗撑时［代号为 LL（JC）××］，注写暗撑的截面尺寸（箍筋外皮尺寸）；注写一根暗撑的全部纵筋，并标注 ×2 表明有两根暗撑相互交叉；注写暗撑箍筋的具体数值。

⑥ 当连梁设有交叉斜筋时［代号为 LL（JX）××］，注写连梁一侧对角斜筋的配筋值，并标注 ×2 表明对称设置；注写对角斜筋在连梁端部设置的拉筋根数、强度级别及直径，并标注 ×4 表示四个角都设置；注写连梁一侧折线筋配筋值，并标注 ×2 表明对称设置。

⑦ 当连梁设有集中对角斜筋时［代号为 LL（DX）××］，注写一条对角线上的对角斜筋，并标注 ×2 表明对称设置。

⑧ 跨高比不小于 5 的连梁，按框架梁设计时（代号为 LLk××），采用平面注写方式，注写规则同框架梁，可采用适当比例单独绘制，也可与剪力墙平法施工图合并绘制。

剪力墙平法施工图列表注写方式示例如图 5.2 所示。

5.1.2　截面注写方式

截面注写方式是在分标准层绘制的剪力墙平面布置图上，以直接在墙柱、墙身、墙梁上注写截面尺寸和配筋具体数值的方式来表达剪力墙平法施工图，如图 5.3 所示。

剪力墙平面布置图可选用适当比例原位放大绘制，其中，绘制墙柱配筋截面图时，对所有墙柱、墙身、墙梁应分别按规则进行编号，并分别在相同编号的墙柱、墙身、墙梁中选择一根墙柱、一道墙身、一根墙梁进行注写。

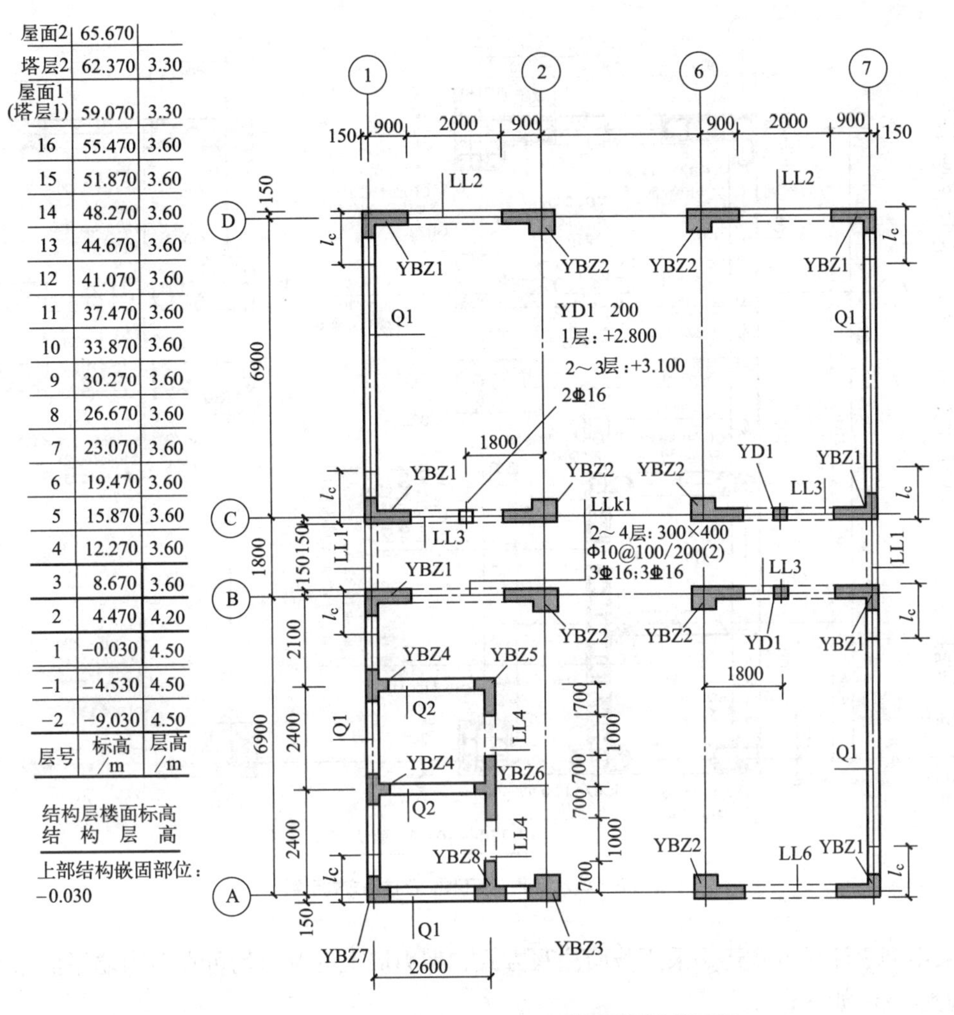

屋面2	65.670	
塔层2	62.370	3.30
屋面1(塔层1)	59.070	3.30
16	55.470	3.60
15	51.870	3.60
14	48.270	3.60
13	44.670	3.60
12	41.070	3.60
11	37.470	3.60
10	33.870	3.60
9	30.270	3.60
8	26.670	3.60
7	23.070	3.60
6	19.470	3.60
5	15.870	3.60
4	12.270	3.60
3	8.670	3.60
2	4.470	4.20
1	−0.030	4.50
−1	−4.530	4.50
−2	−9.030	4.50
层号	标高/m	层高/m

结构层楼面标高
结构层高
上部结构嵌固部位：−0.030

−0.030～12.270剪力墙平法施工图

(a)

剪力墙柱表

截面	1050 300 300 300	1200 300 600 600	900 300 600 600	300 250 300 300 300
编号	YBZ1	YBZ2	YBZ3	YBZ4
标高	−0.030～12.270	−0.030～12.270	−0.030～12.270	−0.030～12.270
纵筋	24Φ20	22Φ20	18Φ22	20Φ20
箍筋	Φ10@100	Φ10@100	Φ10@100	Φ10@100
截面	550 250 825 250	250 300 250 1400	300 600 300 600	
编号	YBZ5	YBZ6	YBZ7	
标高	−0.030～12.270	−0.030～12.270	−0.030～12.270	
纵筋	20Φ20	28Φ20	16Φ20	
箍筋	Φ10@100	Φ10@100	Φ10@100	

屋面2	65.670	
塔层2	62.370	3.30
屋面1(塔层1)	59.070	3.30
16	55.470	3.60
15	51.870	3.60
14	48.270	3.60
13	44.670	3.60
12	41.070	3.60
11	37.470	3.60
10	33.870	3.60
9	30.270	3.60
8	26.670	3.60
7	23.070	3.60
6	19.470	3.60
5	15.870	3.60
4	12.270	3.60
3	8.670	3.60
2	4.470	4.20
1	−0.030	4.50
−1	−4.530	4.50
−2	−9.030	4.50
层号	标高/m	层高/m

结构层楼面标高
结构层高
上部结构嵌固部位：−0.030

−0.030～12.270剪力墙平法施工图(部分剪力墙柱表)

(b)

图5.2 剪力墙平法施工图列表注写方式示例

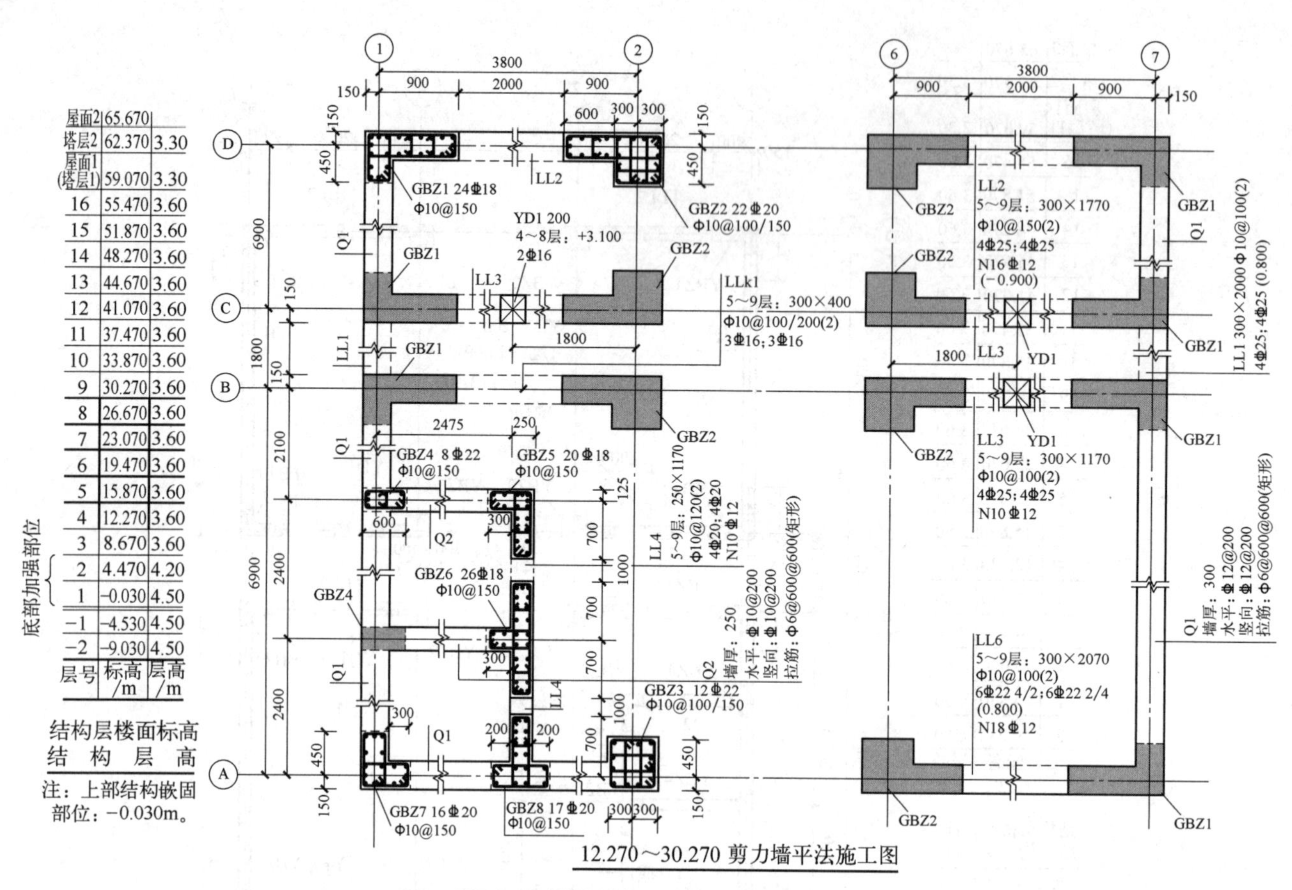

图5.3 剪力墙平法施工图截面注写方式示例

无论是采用列表注写方式还是采用截面注写方式，剪力墙上的洞口均可在剪力墙平面布置图上原位表达。洞口的表示方法如下。

① 在剪力墙平面布置图上绘制洞口示意，并标注洞口中心的平面定位尺寸。

② 在洞口中心位置引注：洞口编号、洞口几何尺寸、洞口中心相对标高、洞口每边的补强钢筋这四项内容。

5.1.3 剪力墙受力特点以及构造

剪力墙主要承受水平地震力，同时还要受到楼层传来的竖向力作用。水平截面上一般有弯矩、剪力和轴力三种内力，剪力墙竖向钢筋由弯矩和轴力确定，水平钢筋由剪力确定。剪力墙计算类型如图 5.4 所示。

22G101-1 标准图集中，剪力墙结构包含“一墙、二柱、三梁”，即一种墙身、两种墙柱、三种墙梁，如图 5.5 所示。

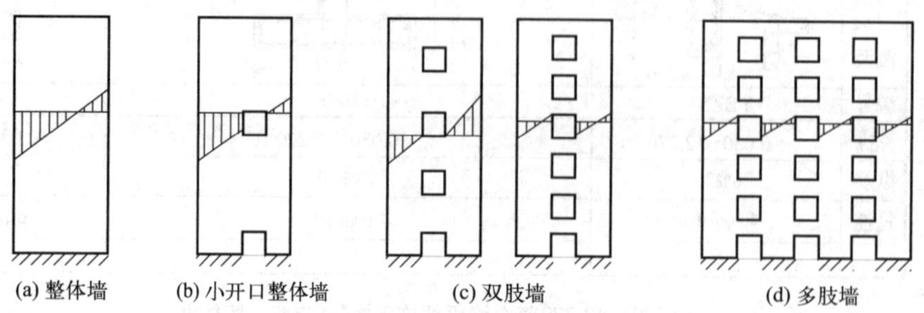

图5.4 剪力墙计算类型图

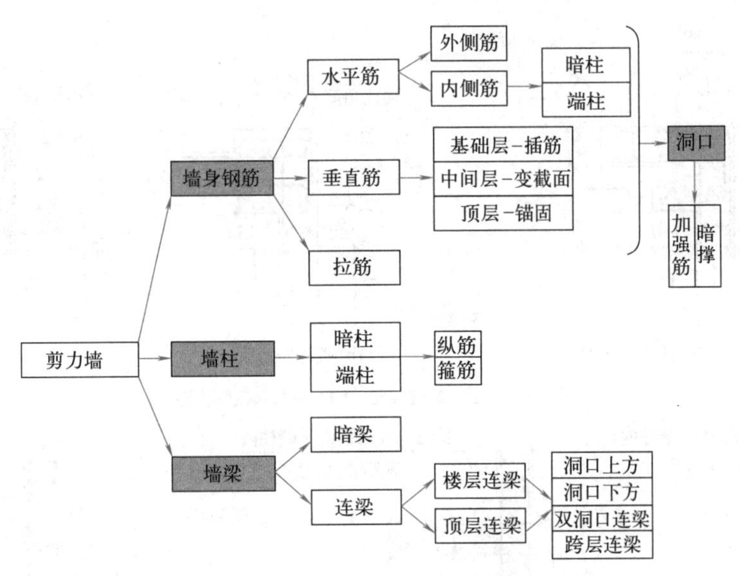

图5.5 剪力墙钢筋构造知识体系

剪力墙墙身水平分布钢筋构造如下。

5.1.3.1 剪力墙端部构造

① 端部有暗柱。暗柱不是墙身的支座，而是墙边缘的竖向加强带，墙身水平筋与暗柱不存在锚固和搭接。墙身水平筋需紧贴暗柱角筋内侧弯折 10d，如图 5.6 所示。

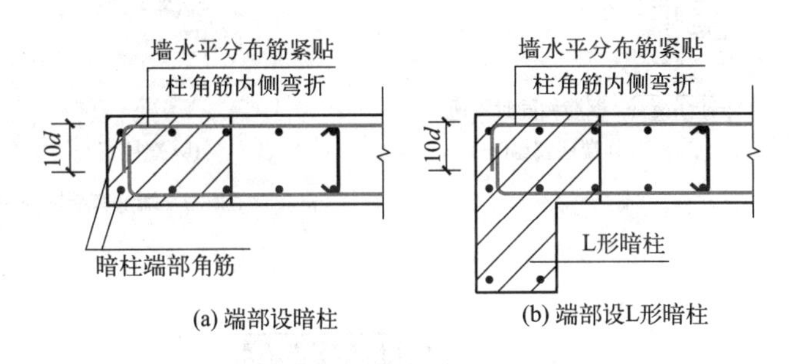

图5.6 端部有暗柱时剪力墙水平分布钢筋构造

② 端部有转角墙。端部有转角墙时水平分布钢筋构造如图 5.7 所示。转角墙内侧水平分布筋伸至对边竖向分布筋内侧并弯折 15d，外侧水平分布筋可以连续通过［图 5.7（a）、（b）］，也可以在暗柱范围内搭接［图 5.7（c）］，即每边伸至对边并弯折 0.8l_{aE}。

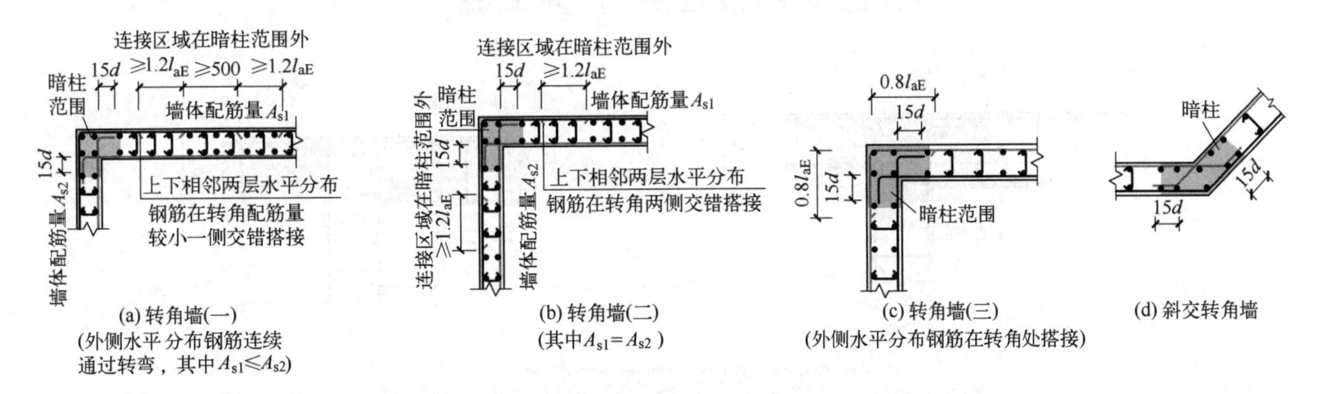

图5.7 端部有转角墙时水平分布钢筋构造

③ 端部有端柱。带端柱的剪力墙有很多形式，图集中给出了三类——端柱转角墙、端柱翼墙、端柱端部墙，如图 5.8 ～图 5.10 所示。端柱可视为墙身的支座。位于端柱纵向钢筋内侧的墙水平分布钢筋，伸入端柱的长度≥ l_{aE} 时，可直锚。当不能直锚时，墙身水平筋伸至端柱对边竖向钢筋内侧并弯折 15d，水平筋伸入端柱不小于 0.6l_{abE}。

④ 剪力墙变截面处水平钢筋构造。如图 5.11 所示，当水平方向墙身截面发生变化时（通常是墙外侧平齐，内侧不平齐），平齐一侧水平钢筋连续通过，较窄墙内侧钢筋伸入较宽墙内锚固，锚固长度为 1.2l_{aE}，较宽墙内侧钢筋伸至尽端弯折至少 15d，当墙身变截面处坡度小于 1/6 时，墙内侧钢筋弯折连续通过。

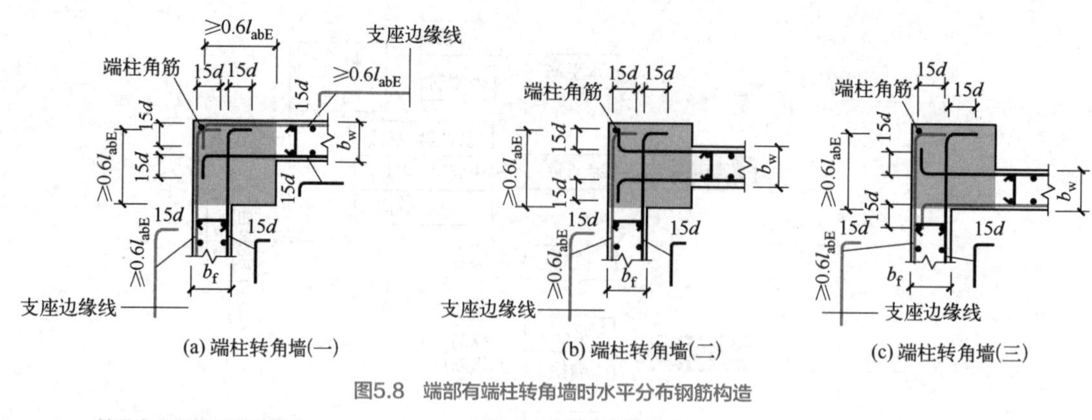

图5.8 端部有端柱转角墙时水平分布钢筋构造

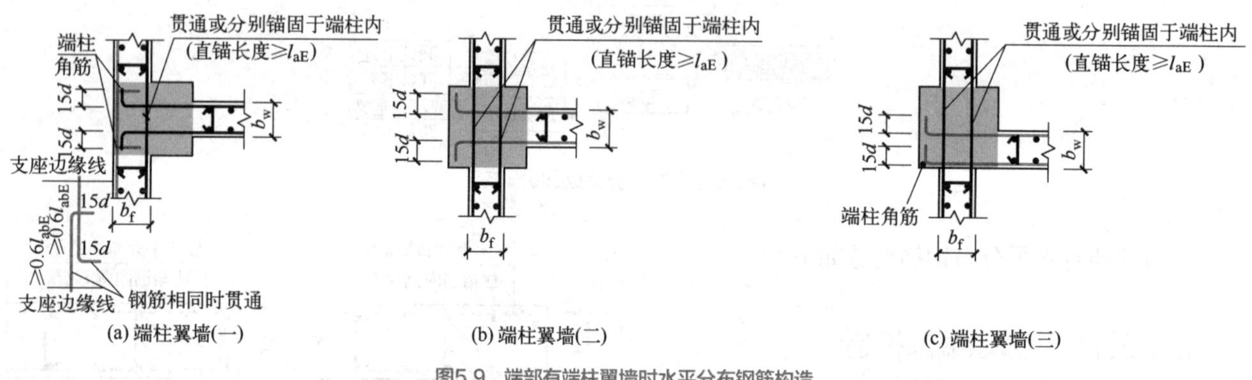

图5.9 端部有端柱翼墙时水平分布钢筋构造

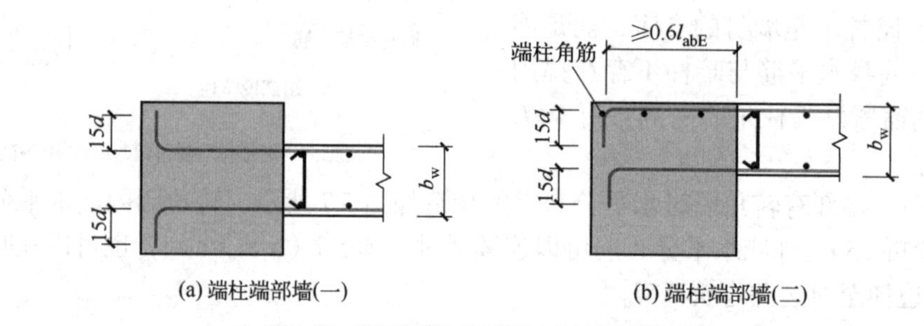

图5.10 端部有端柱端部墙时水平分布钢筋构造

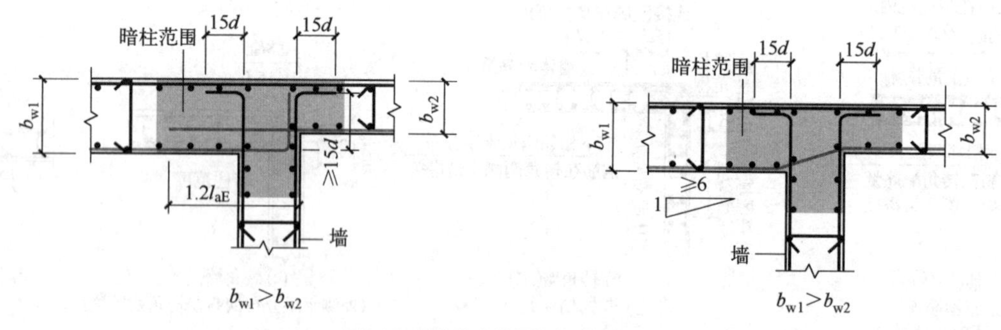

图5.11 剪力墙变截面处水平钢筋构造

⑤ 剪力墙水平分布钢筋的连接构造。剪力墙水平分布钢筋的搭接区域宜在边缘构件范围以外，上下相邻两排水平筋交错搭接，错开距离不小于500mm，搭接长度不小于1.2l_{aE}，如图5.12所示。

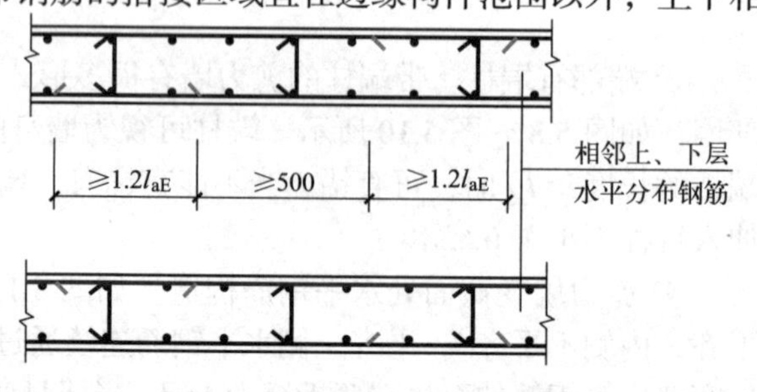

图5.12 剪力墙水平分布钢筋交错搭接

5.1.3.2 剪力墙墙身竖向分布钢筋构造

（1）墙身竖向分布钢筋在基础中的构造

墙身竖向分布钢筋在基础中的构造如图5.13所示。

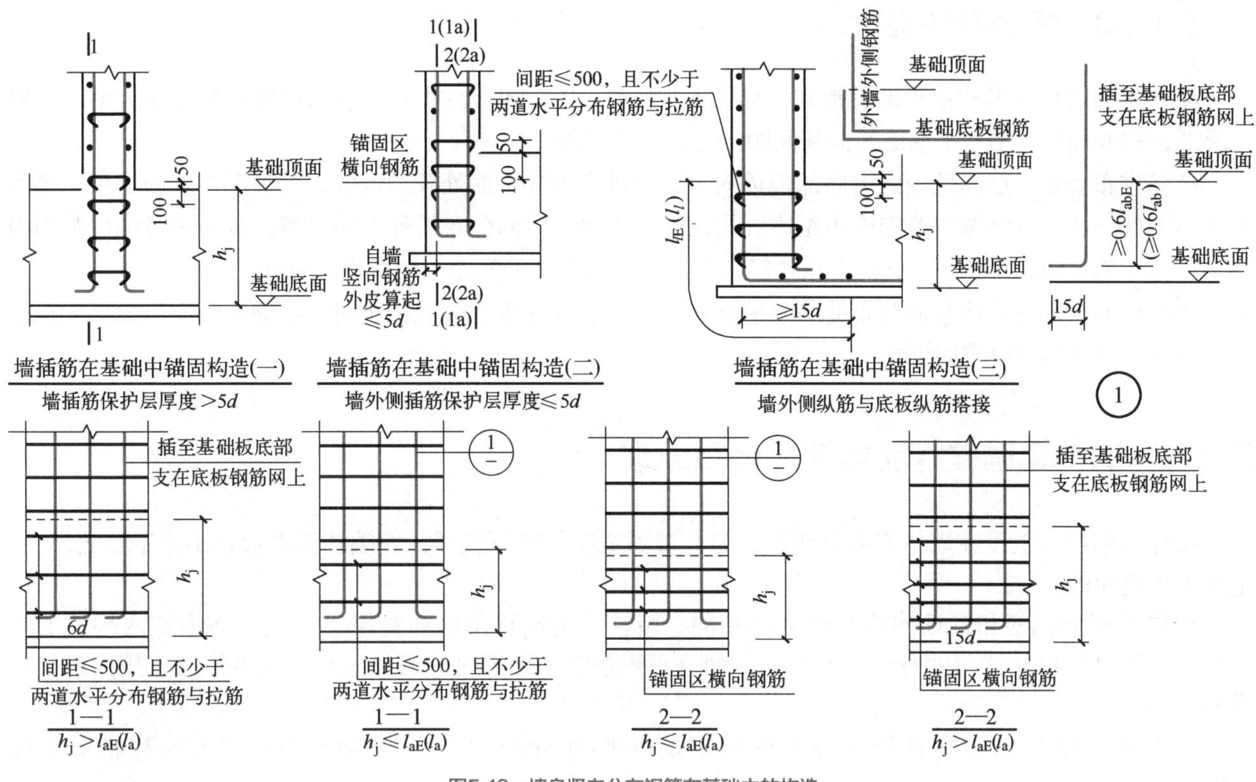

图5.13　墙身竖向分布钢筋在基础中的构造

（2）剪力墙竖向钢筋顶部构造

剪力墙竖向钢筋顶部构造如图 5.14 所示，与框架柱中的中间框架柱的柱顶纵筋构造类似。

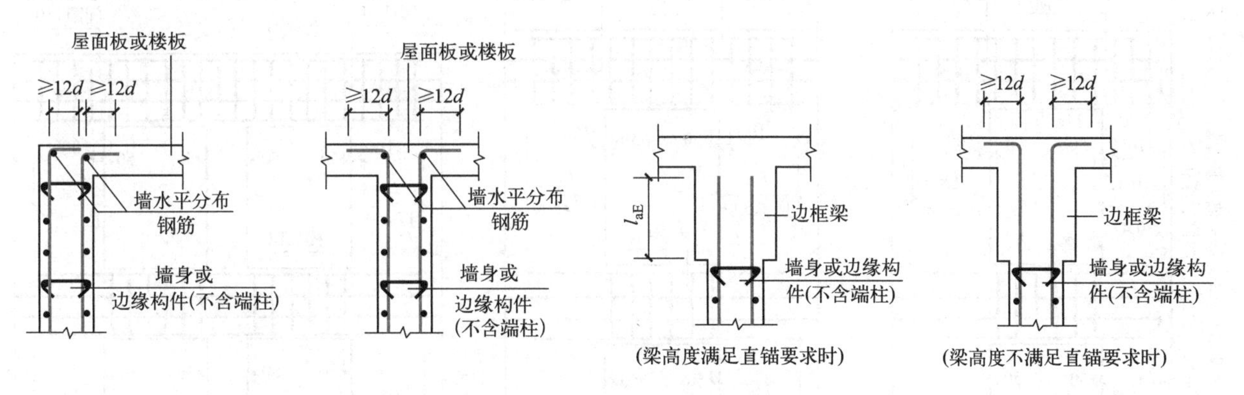

图5.14　剪力墙竖向钢筋顶部构造

（3）剪力墙变截面处竖向钢筋构造

剪力墙变截面处竖向钢筋构造如图 5.15 所示，与框架柱变截面处的纵筋构造类似。

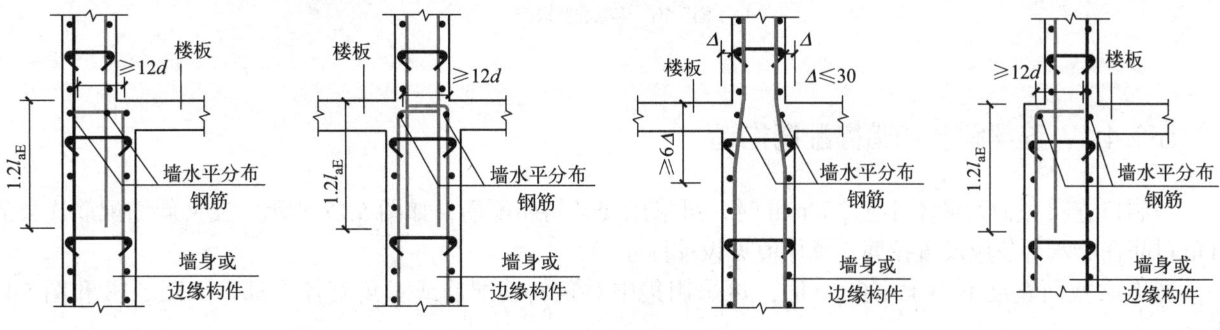

图5.15　剪力墙变截面处竖向钢筋构造

5.1.3.3 墙身拉筋构造

墙身拉筋有梅花形和矩形两种形式，如图 5.1 所示。当设计未注明时，宜采用梅花形排布方案。一般情况下，拉筋间距是墙水平筋或竖向筋间距的 2 倍，即“隔一拉一”。

拉筋排布规定：层高范围内由底部板顶向上第二排水平分布筋处开始设置，至顶部板底向下第一排水平分布筋处终止；墙身宽度范围内由距边缘构件第一排墙身竖向分布筋处开始设置。位于边缘构件范围内的水平分布筋也应设置拉筋，此范围内拉筋间距不大于墙身拉筋间距，或按设计标注。

墙身拉筋应同时钩住竖向分布筋与水平分布筋。当墙身分布筋多于两排时，拉筋应与墙身内部的每排竖向和水平分布筋同时牢固绑扎。

5.1.4 剪力墙墙柱钢筋构造及计算原理

端柱和暗柱一般设在墙体或洞口两侧，暗柱截面宽度与墙厚相同，而端柱截面边长不小于 2 倍墙厚，是突出于墙面的。

端柱的竖向钢筋和箍筋构造与框架柱相同。暗柱（包括转角墙和翼墙）可视为剪力墙两端的加强部位，所以其纵筋构造与墙身竖向分布筋相似。工程上常采用焊接和机械连接，两者纵筋连接构造是一样的。

所有墙柱纵向钢筋绑扎搭接范围内的箍筋间距为 max{$5d$, 100}（钢筋直径 d 为墙柱纵筋中较小值）。

在剪力墙结构中，连接墙肢与墙肢的梁称为连梁。连梁配筋构造如图 5.16 所示。

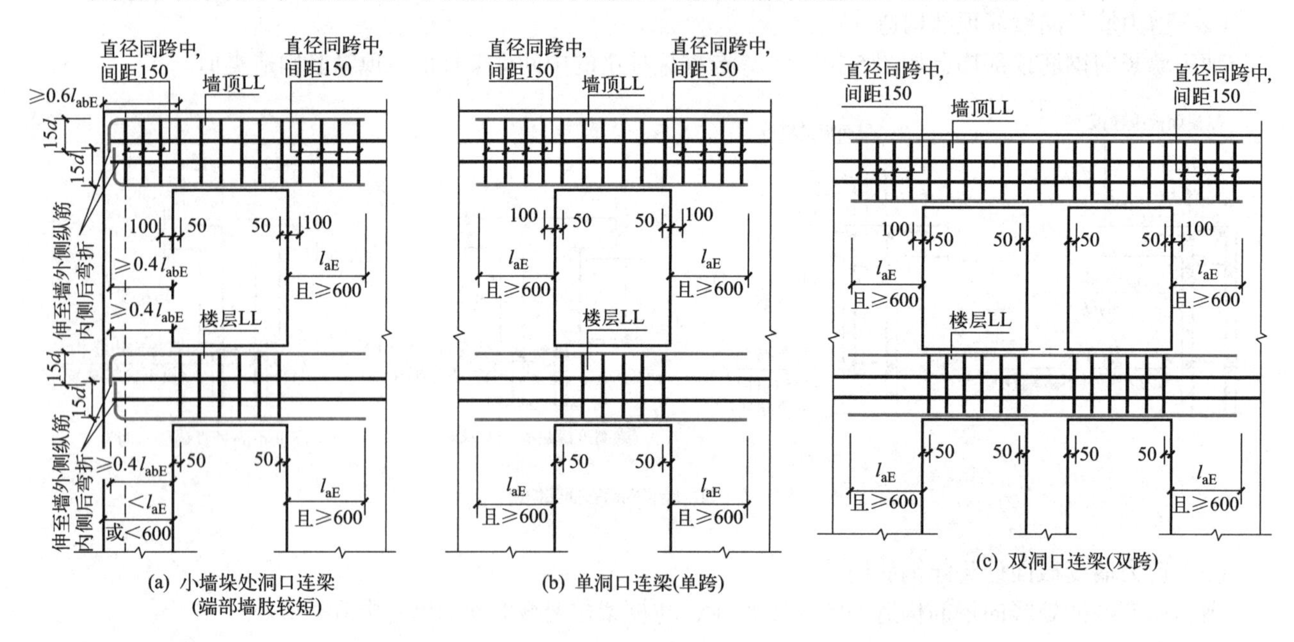

图5.16 连梁配筋构造

5.1.4.1 连梁斜筋和暗撑配筋构造

当洞口连梁截面宽度不小于 250mm 时，可采用交叉斜筋配筋，如图 5.17 所示。交叉斜筋配筋连梁的对角斜筋在梁端部位应设置拉筋，具体值见设计标注。

当连梁截面宽度不小于 400mm 时，可采用集中对角斜筋配筋或对角暗撑配筋，如图 5.18 和图 5.19 所示。

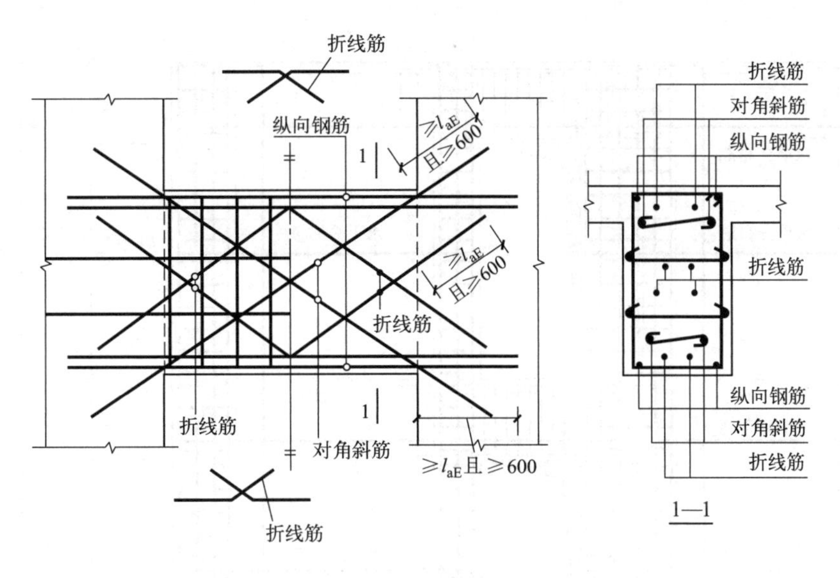

图5.17　连梁交叉斜筋配筋构造

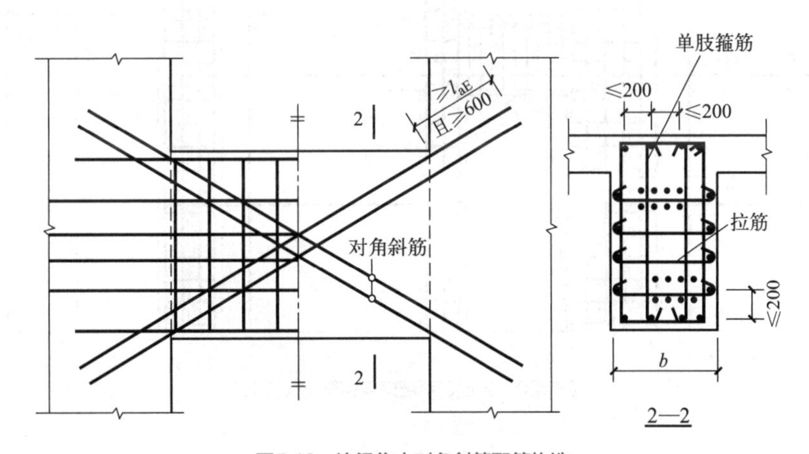

图5.18　连梁集中对角斜筋配筋构造

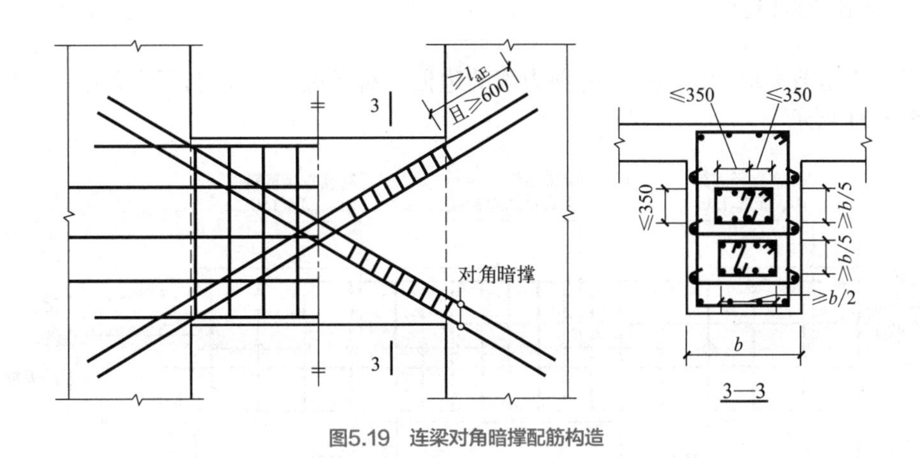

图5.19　连梁对角暗撑配筋构造

5.1.4.2　暗梁配筋构造

暗梁一般设置在剪力墙靠近楼板底部的位置。暗梁可阻止剪力墙开裂，是剪力墙的一道水平线性加强带。楼层、顶层暗梁钢筋排布构造如图 5.20 所示。

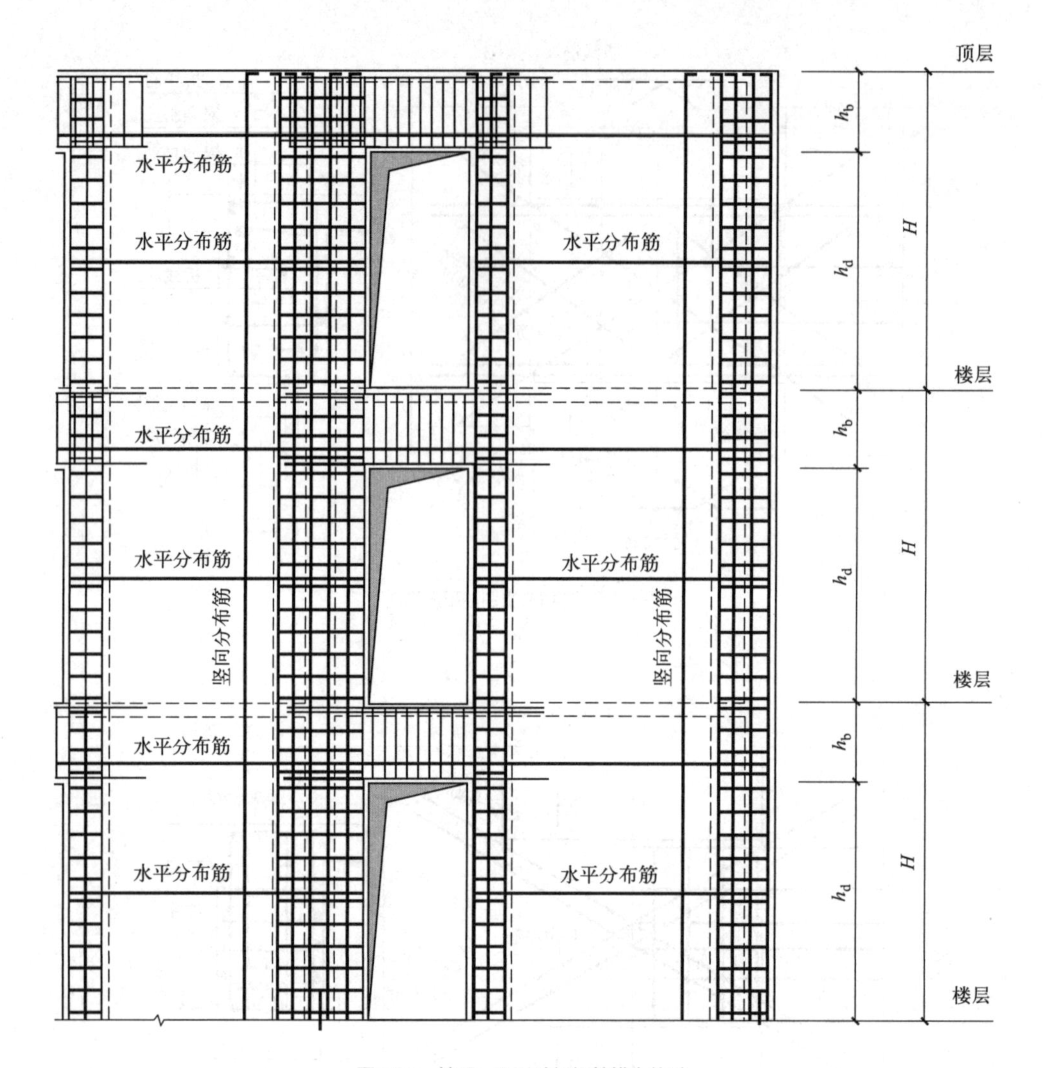

图5.20 楼层、顶层暗梁钢筋排布构造

5.1.4.3 边框梁配筋构造

边框梁可以认为是剪力墙的加强带，是剪力墙的边框，有了边框梁就可以不设暗梁。剪力墙边框梁钢筋排布构造如图 5.21 所示。

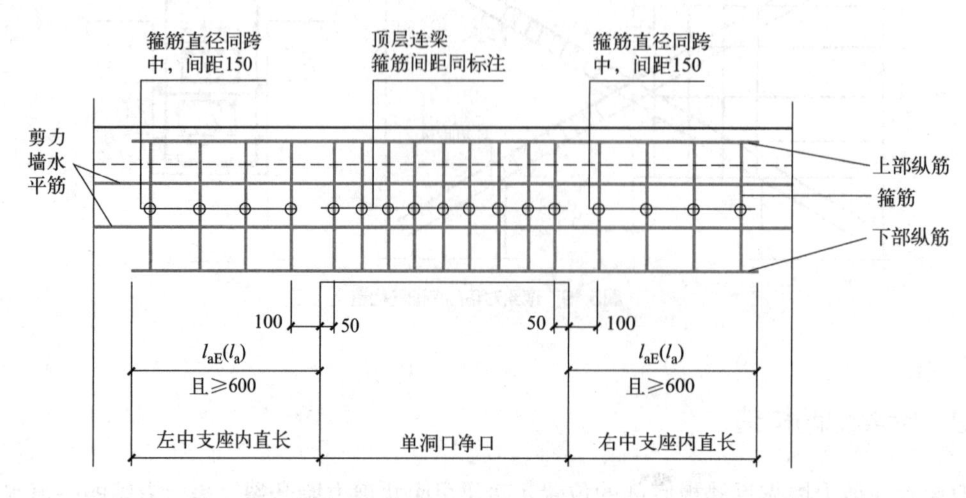

图5.21 剪力墙边框梁钢筋排布构造

剪力墙洞口补强构造如图 5.22 所示。

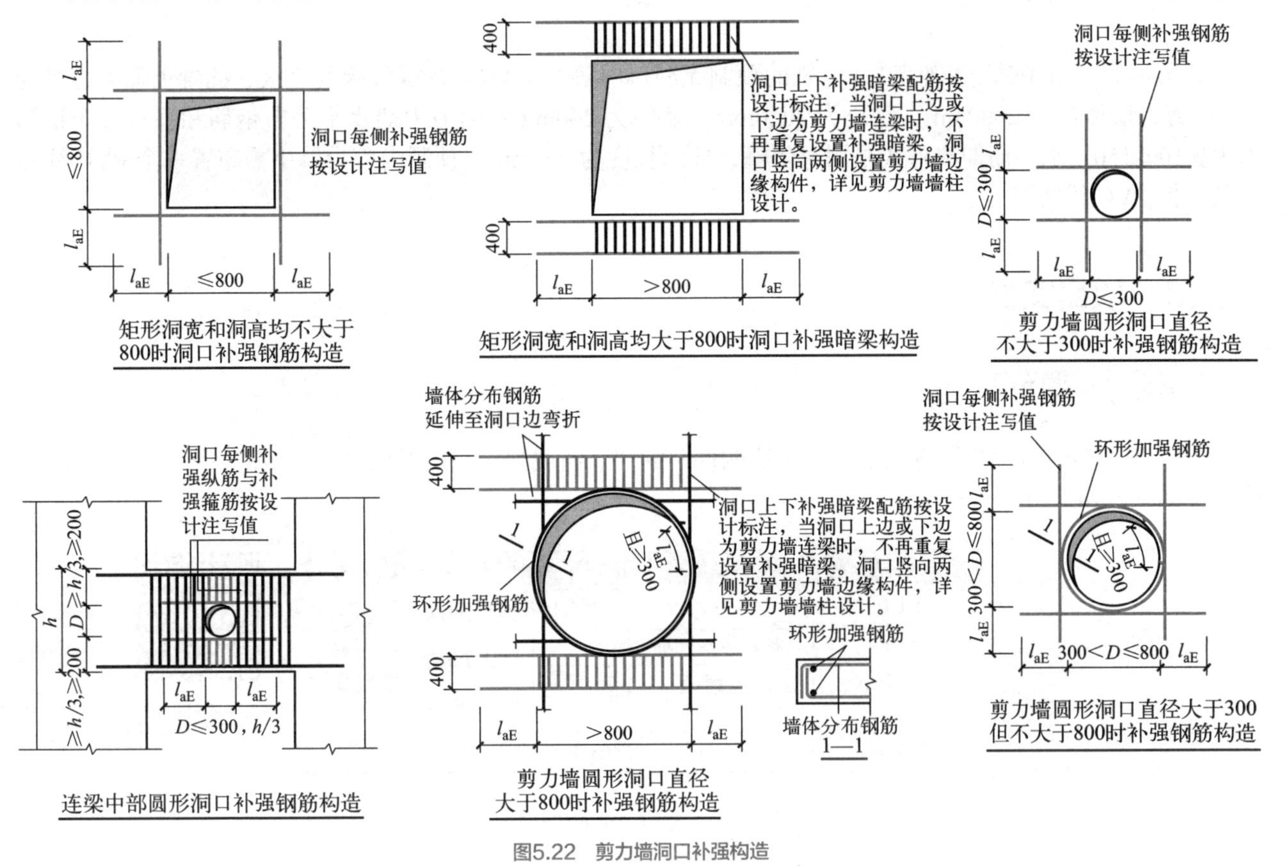

图5.22 剪力墙洞口补强构造

5.2 预制钢筋混凝土内墙板深化设计

5.2.1 引例

图 5.23 为某项目三层梁、板、剪力墙配筋图。读者通过本节的学习，结合以往所掌握的识图知识，能够运用 BeePC 软件对图中的预制混凝土内墙进行深化设计并出具相关加工图，从而具备正确使用 BeePC 软件进行内墙深化图设计的基本能力。

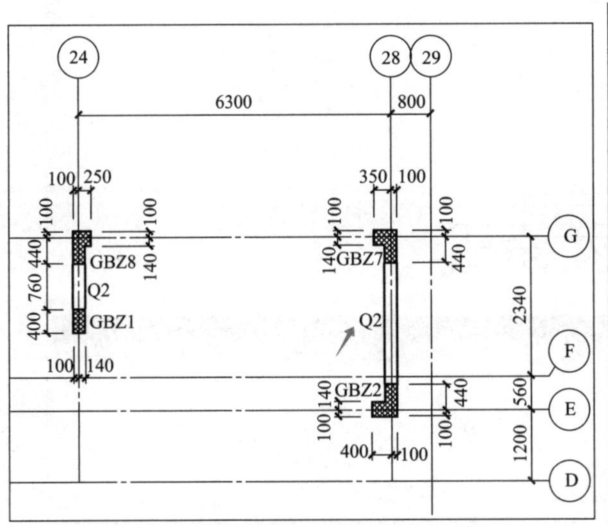

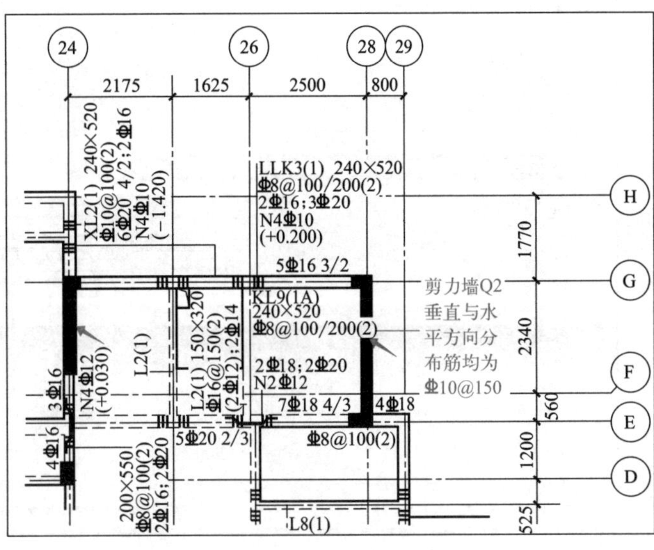

图5.23 三层梁、板、剪力墙配筋图

5.2.2 项目分析

此案例为项目中㉘ - ㉙轴交Ⓔ - Ⓖ轴的预制无洞口内剪力墙 Q2，抗震等级为三级，混凝土强度等级为 C30；剪力墙墙高为 2900mm，墙长为 2020mm，墙厚为 240mm；内剪力墙水平分布钢筋和垂直分布钢筋均为⌀ 10@150，水平筋伸出形式采用封闭箍，伸出长度为 200mm；预制内剪力墙中需布置一个 PVC 线盒以及一根 PVC 线管。

5.2.3 项目实操

5.2.3.1 墙布置

① 点击“BeePC 深化”选项卡下“主体构件”的“竖向规则”，在“墙布置与出图”中点击“墙布置”按钮，如图 5.24 所示。

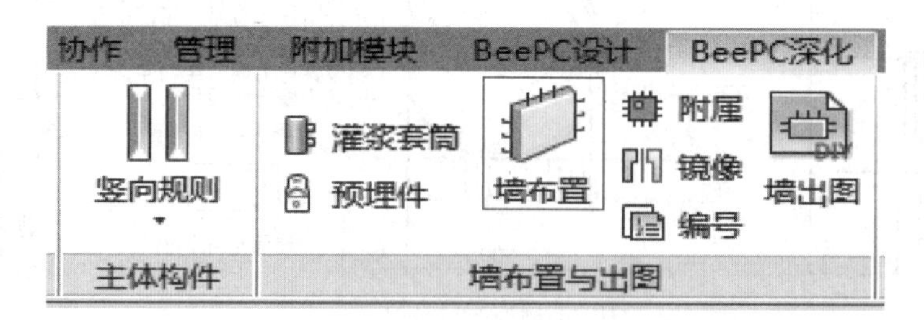

二维码5.1

图5.24 墙布置选项按钮界面

特别提示

在进行墙布置前应先点击“灌浆套筒”及“预埋件”，加载灌浆套筒及预埋件规格，方便在后续选择时能够快速地匹配型号，如图 5.25 所示。

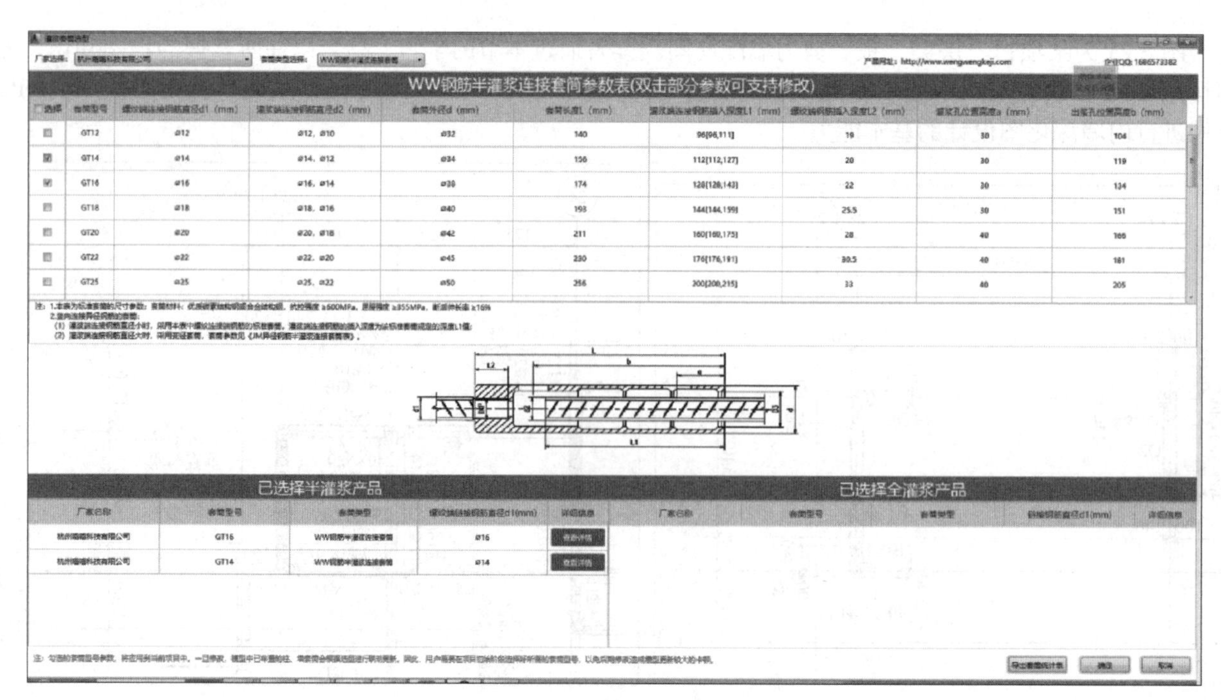

图5.25 灌浆套筒及预埋件选型规格界面

② 弹出“内墙布置”对话框，对话框中包含三大部分，从左至右依次为内墙板类型区域、内墙板参数设置区域、内墙板画布显示区域，如图 5.26 所示。

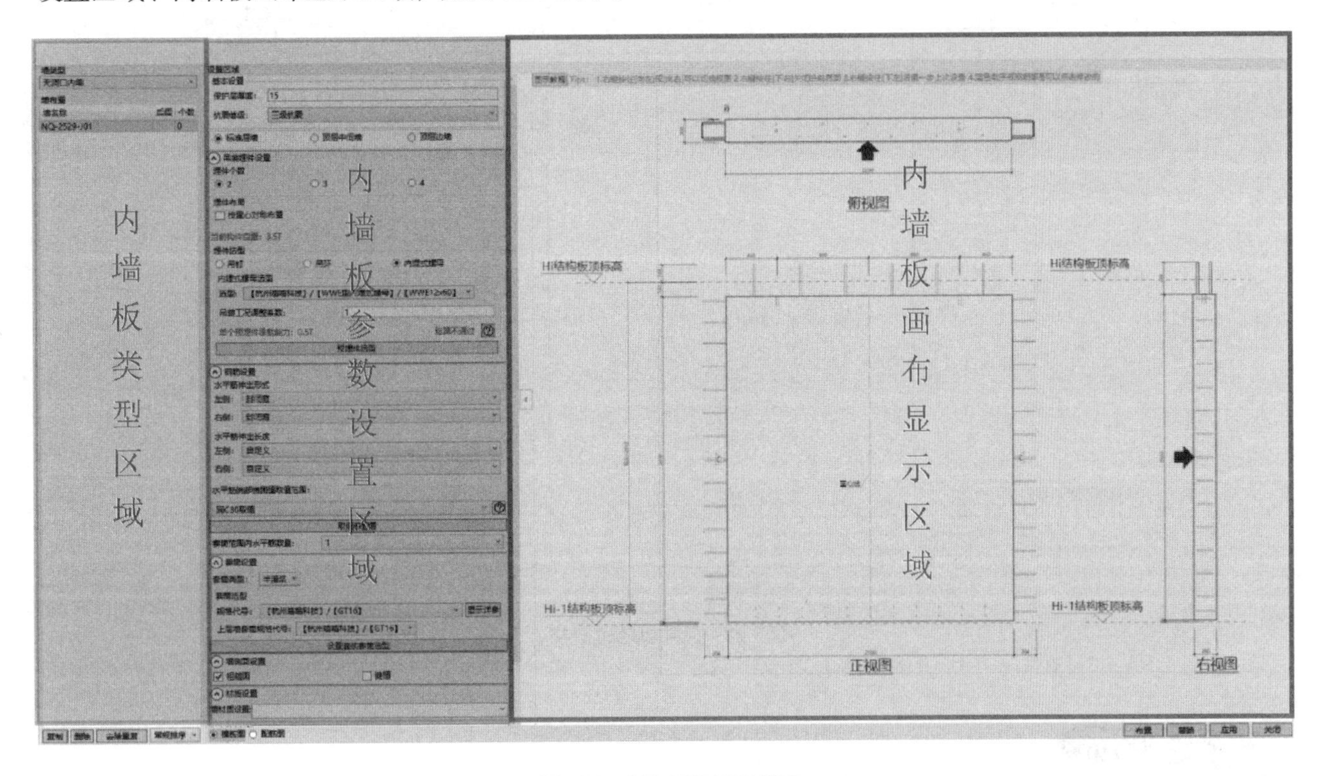

图5.26 内墙布置对话框界面

③ 预制内墙类型选择。根据项目情况，3F-YNQ2 类型为无洞口内墙板，故在墙类型区域中选取“无洞口内墙”选项，则参数设置区域与构件视口区将跳换成该内墙类型的界面，如图 5.27 所示。

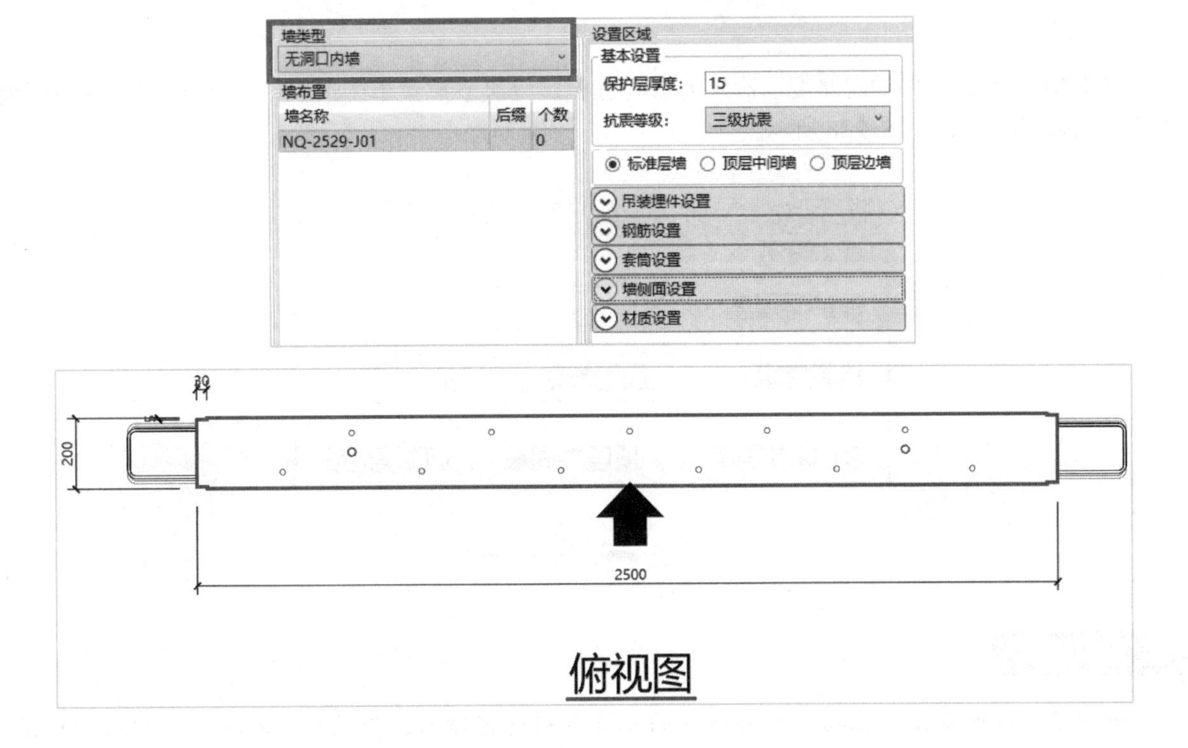

图5.27

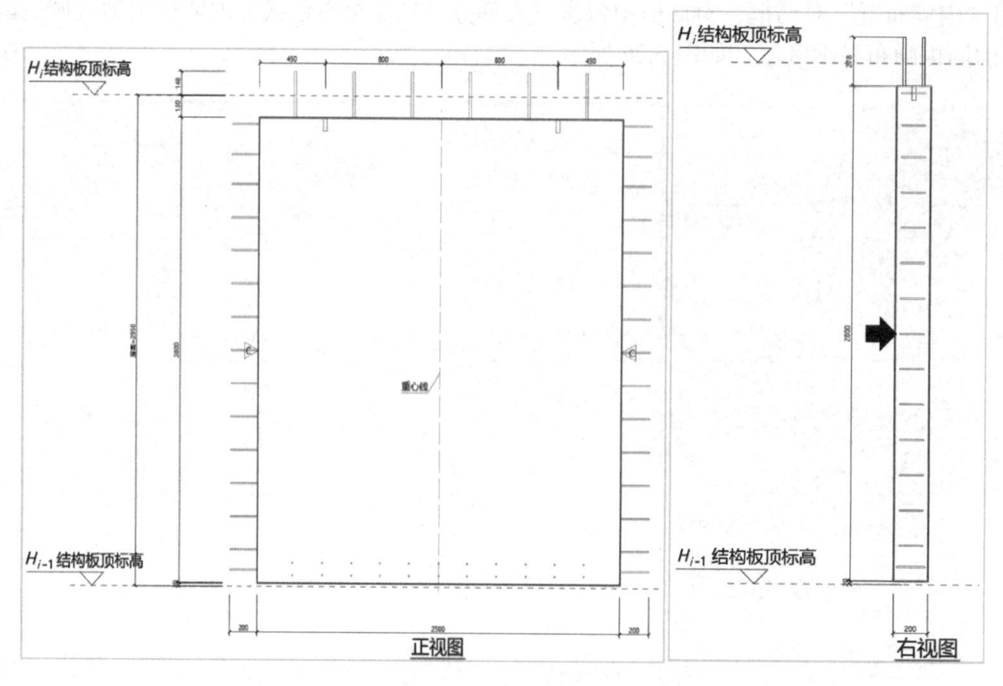

图5.27 预制内墙类型选择

特别提示

内墙类型区域中默认的4种内墙类型与参数设置区域的内墙类型一一对应，分别为无洞口内墙、固定门垛内墙、中间门洞内墙、刀疤内墙。内墙编号参照《预制混凝土剪力墙内墙板》（15G365-2）的规则进行，如NQ-2128，表示墙类型为无洞口内墙，标志宽度为2100mm，层高为2800mm。

④ 基本参数设置。“保护层厚度”输入为20，在抗震等级下拉菜单中选取“三级抗震”，在墙所处位置中选择“标准层墙”，如图5.28所示。

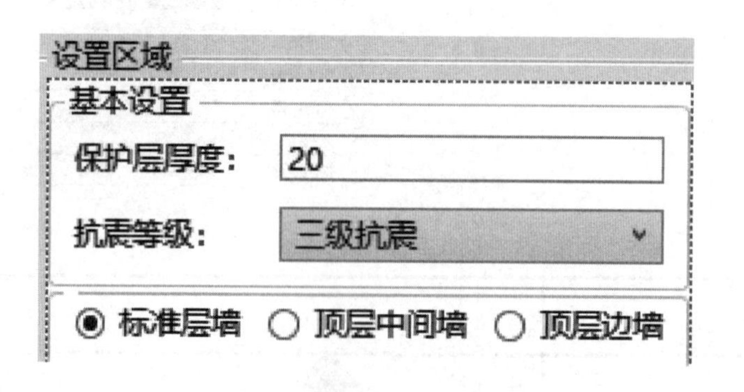

图5.28 基本参数设置界面

知识链接

保护层厚度的取值应根据预制墙所处的环境类别进行输入，应满足《混凝土结构设计规范》（GB 50010—2010，2015年版）中的相关要求。

⑤ 编辑墙外部尺寸。点击参数设置区底部的“模板图”，构件视口区跳出对应视图，在构件视口区的“俯视图”中输入内墙长度为“2020”，墙厚度设置为“240”，输入墙端切口处长度值为“30”，宽度值为“5”，如图 5.29 所示。

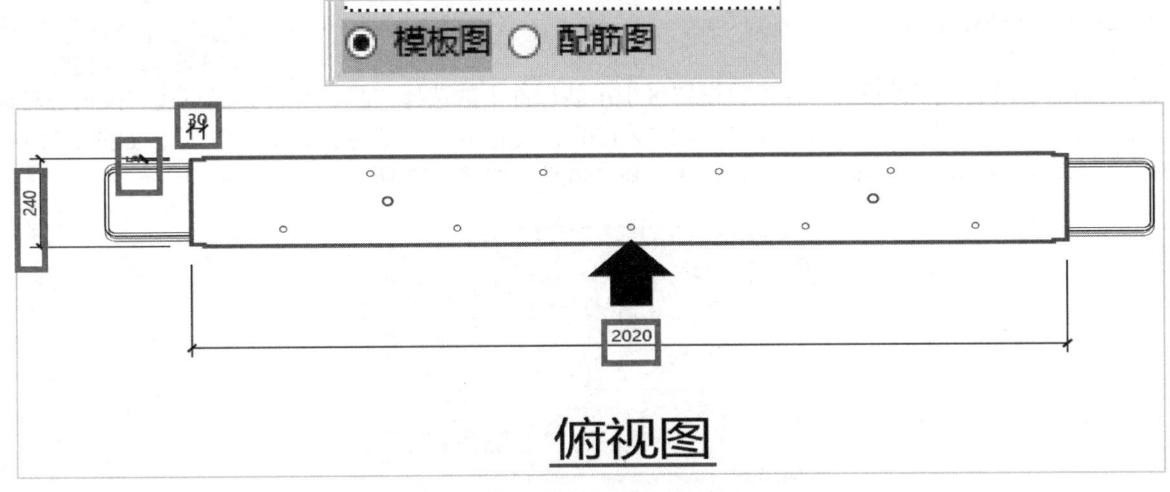

图5.29 外部尺寸参数设置界面

在构件视口区的“正视图”中输入内墙高度为“2900”，预制墙距上部结构标高输入“140”，距下部结构标高输入“20”，如图 5.30 所示。

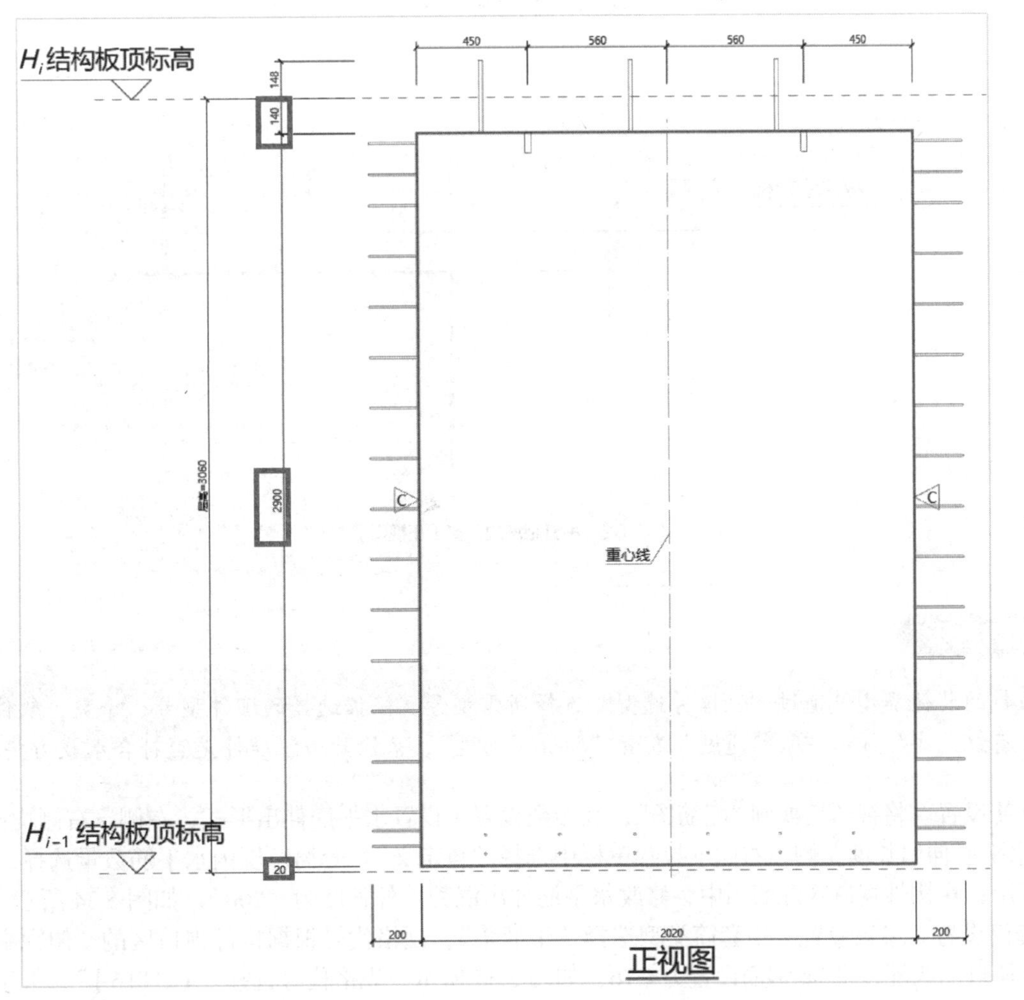

图5.30 构件正视图界面

特别提示

构件视口区蓝色数字均为可修改项，主要包括以下内容。
① 预制内墙的截面尺寸、高度；
② 吊装埋件位置。

⑥ 预制内墙吊装预埋件设置。在参数设置区中吊装埋件个数选择“2”，埋件布局点选“按重心对称布置”，埋件类型选择吊钉，埋件选型选择“KK2.5 × 170”，设置吊装工况调整系数为“1.2”，如图 5.31 所示；在构件视口区的“正视图”中输入吊钉距墙边距离“500”，如图 5.32 所示。

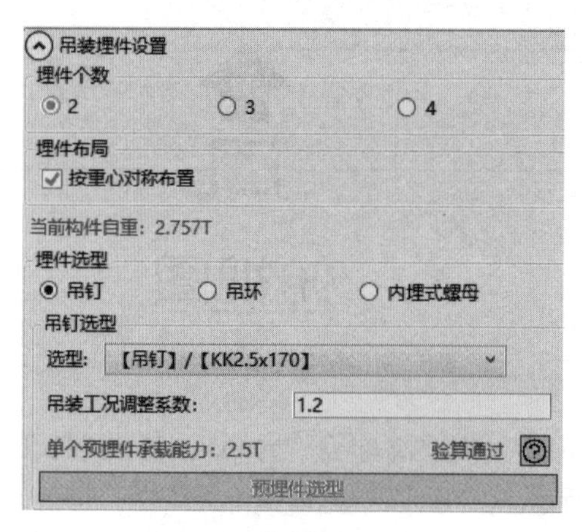

图5.31 吊装预埋件设置界面

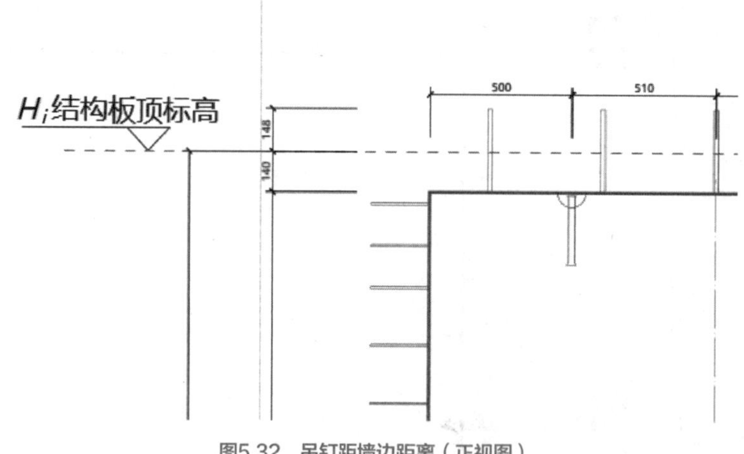

图5.32 吊钉距墙边距离（正视图）

特别提示

吊钉的其他类型可通过“预埋件选型”选择所需型号，根据选择的埋件型号、个数，软件会自动计算并有红色字体提示“验算通过”或者“验算不通过”，来检验吊装埋件是否符合承载力要求。

⑦ 钢筋设置。将视图切换到“配筋图”，在参数设置区设置水平筋伸出形式，左侧、右侧均设置为“封闭箍”，水平筋伸出长度左侧、右侧下拉菜单栏中选择“自定义”，套筒范围内水平筋数量选择为“2”，如图 5.33 所示；在构件视口区配筋图中，修改水平筋伸出混凝土外长度为“200”，如图 5.34 所示。

⑧ 套筒设置。参数设置区中套筒类型选择“半灌浆”，规格代号根据构件视口区的“俯视配筋图”中 3a 钢筋直径自动匹配，将 3a 钢筋设置为 C16，如图 5.35 所示，规格代号选择“【GT16】”，上层墙套筒规格代号也选择“【GT16】”，如图 5.36 所示。

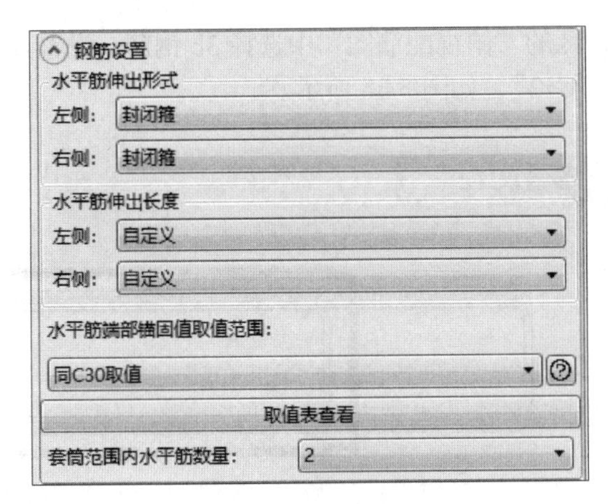

图5.33 钢筋设置界面

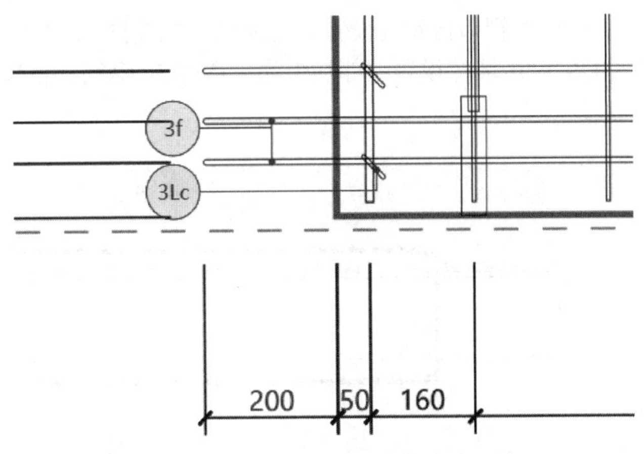

图5.34 水平筋伸出混凝土外长度（正视图）

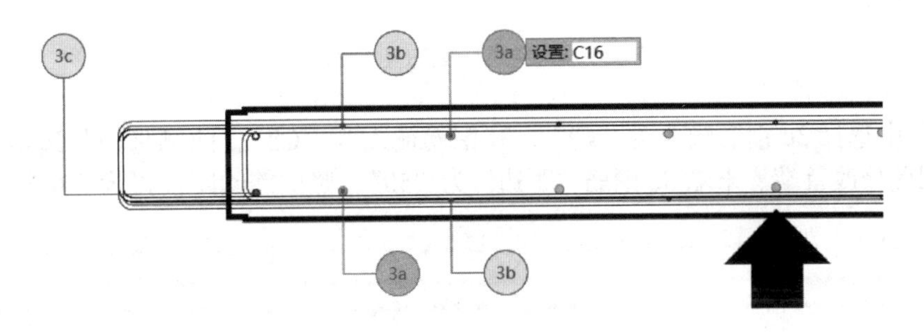

图5.35 套筒设置界面（俯视配筋图）

特别提示

若套筒型号下拉项为空白，可在“设置灌浆套筒选型”中选择所需型号套筒。

⑨ 墙侧面设置。在参数设置区的墙侧面设置中，勾选“粗糙面”“键槽”，键槽设置为“非贯通键槽”，将视图切换到“模板图”，在构件视口区的右视图中设置键槽距底“240”，键槽间距设置为“100”，如图5.37所示。

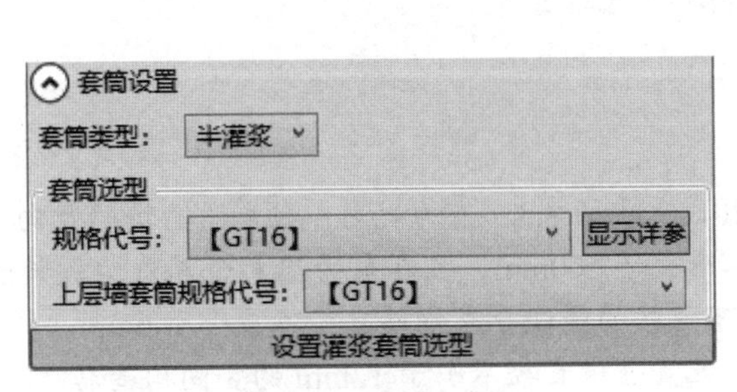

图5.36 套筒设置界面

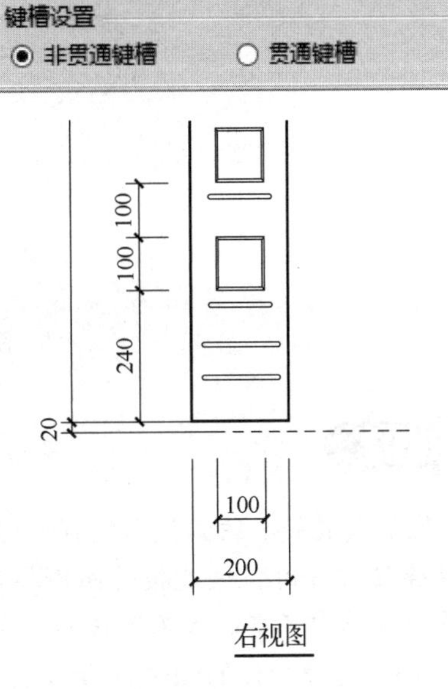

图5.37 设置键槽（模板图）

⑩ 构件视口区钢筋设置。切换到“配筋图”，在构件视口区的“俯视配筋图”中选择 3b 钢筋，设置其为“C6”；该墙体设置端部加强筋，选中 3c 钢筋，设置其为“C12”，如图 5.38 所示。

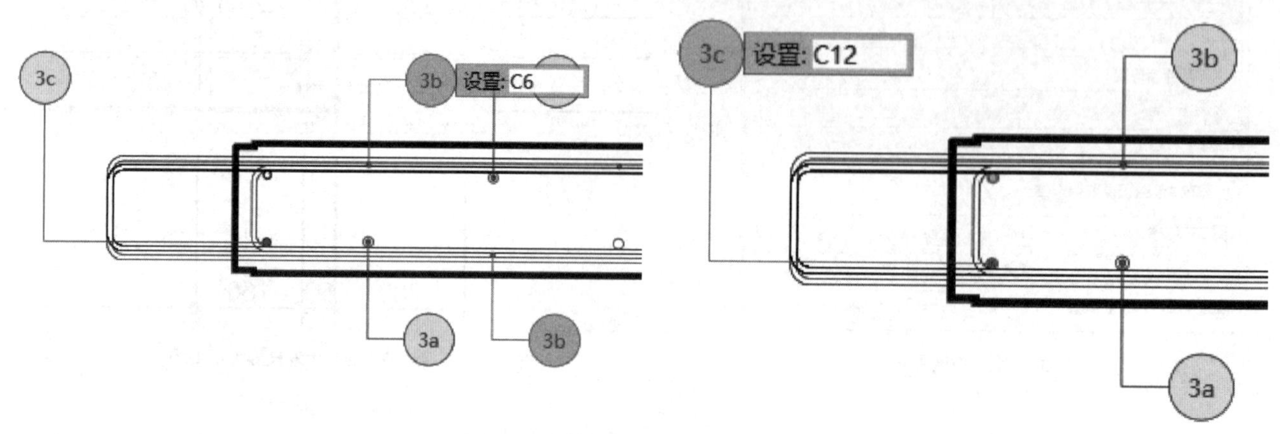

图5.38 设置端部加强筋（俯视配筋图）

在“配筋图”中选择 3e 钢筋输入为“C8”，3f 钢筋输入为“C8”，两侧竖向封边钢筋 3c 距离混凝土侧边为 50mm，因此修改首端、末端 3c 钢筋“距边”为“50”，竖向筋间距设置为“300”，如图 5.39 所示。

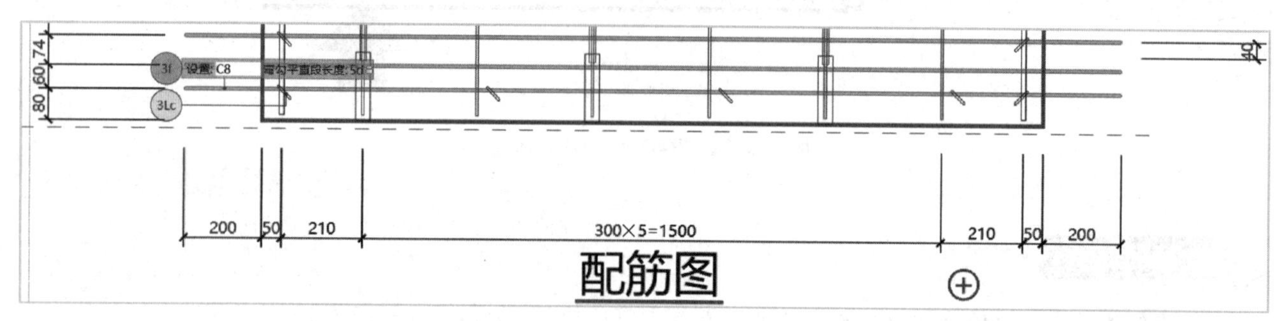

图5.39 配筋图

3Lc 钢筋距离预制板底部距离 50mm，3f 钢筋距离 3Lc 钢筋距离 60mm，底部第一道非套筒区域内的水平钢筋距离 3Lc 为 100mm，如图 5.40 所示。

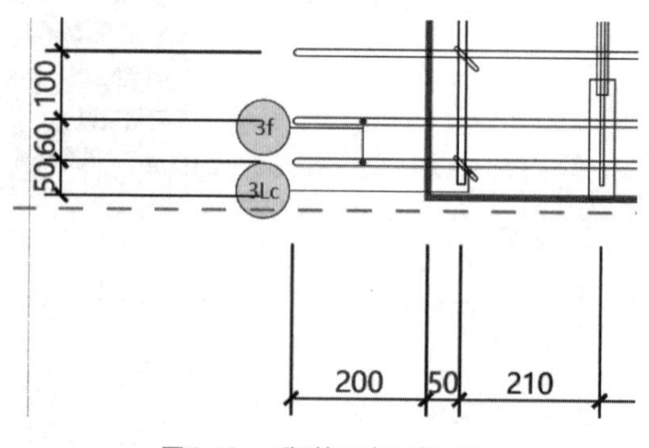

图5.40 3f钢筋距底距离设置

知识链接

①《装配式混凝土结构技术规程》（JGJ 1—2014）中的 8.3.5 条的规定：预制剪力墙的竖向分布钢筋，当仅连接部分时，被连接的同侧钢筋间距不应大于 600mm，且在剪力墙构件承载力设计和分布钢筋配筋率计算中不得计入不连接的分布钢筋；不连接的竖向分布钢筋直径不应小于 6mm。

② 端部无边缘构件的预制剪力墙，宜在端部配置 2 根直径不小于 12mm 的竖向构造筋。

⑪ 点击构件视口区右下角的布置按钮，将预制剪力内墙布置到相应的位置，如图 5.41 所示。

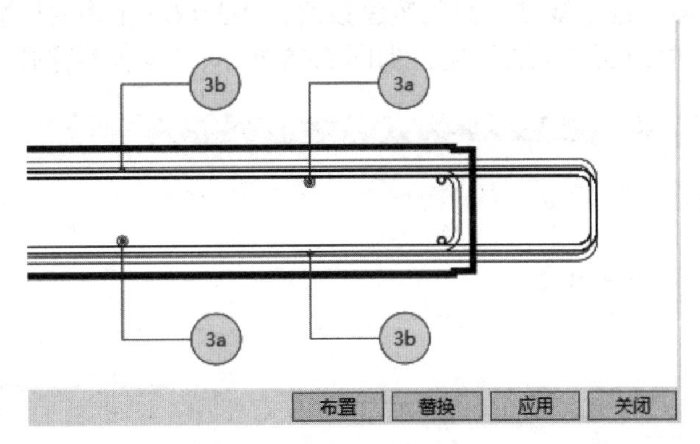

图5.41　布置选项（界面右下角）

特别提示

① 构件布置完成后，内墙类型区域中会显示相应预制内墙的名称及数量，并可以进行“复制”“删除”“去除重复”“常规排序”等操作。

② 如需编辑已经布置好的预制内墙，则可以在 Revit 模型中双击所布置的预制内墙，进入剪力墙内墙布置模式，点击“替换”或“应用”进行修改。

5.2.3.2　附属构件布置

① 点取“BeePC 深化”选项卡中的“附属”按钮，如图 5.42 所示。

② 点击“进入画布模式”，选择所需要布置预埋件的内墙，进入到附属构件布置界面，如图 5.43 所示。

图5.42　附属按钮菜单栏对话框

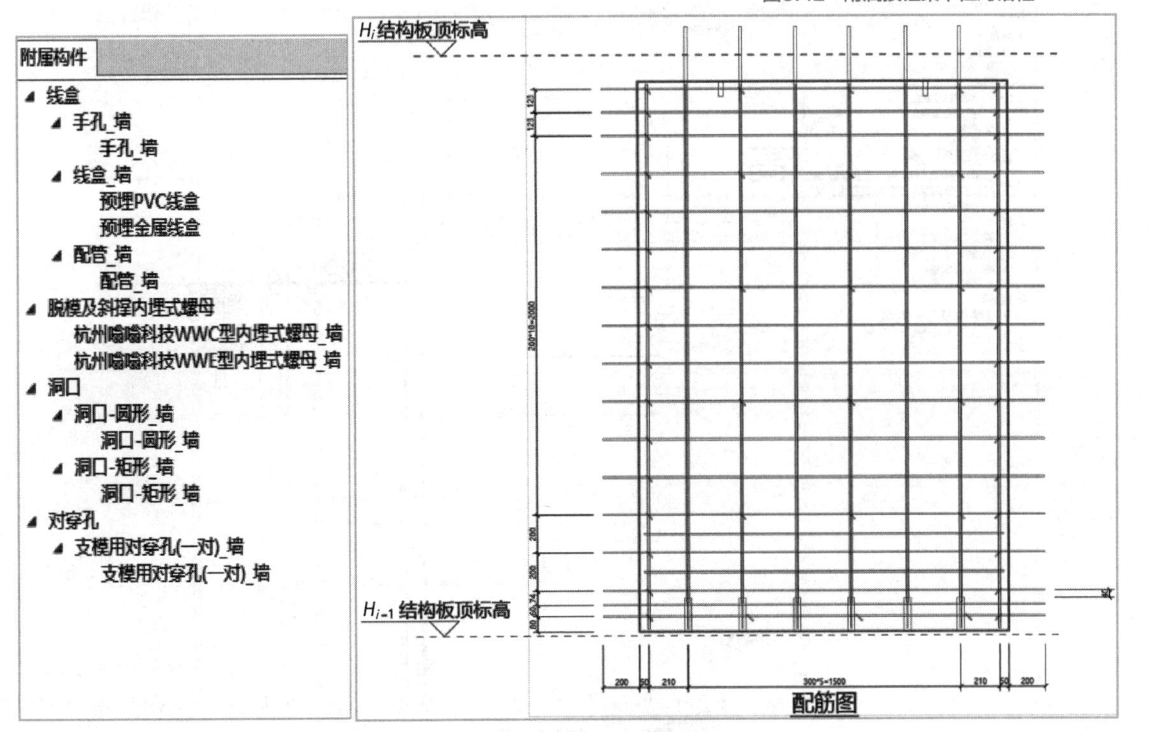

图5.43　附属构件布置界面

③ 在弹出的预制内墙附属构件对话框内，在附属构件中选择“预埋 PVC 线盒”后，单击“布置”，将线盒布置在配筋图的任意位置，选中线盒，修改蓝色数值，将其放在正确的位置，如图 5.44 所示。参照线盒布置方式布置配管、支模对穿孔：“配管”定位如图 5.45 所示，“支模对穿孔”定位如图 5.46 所示。

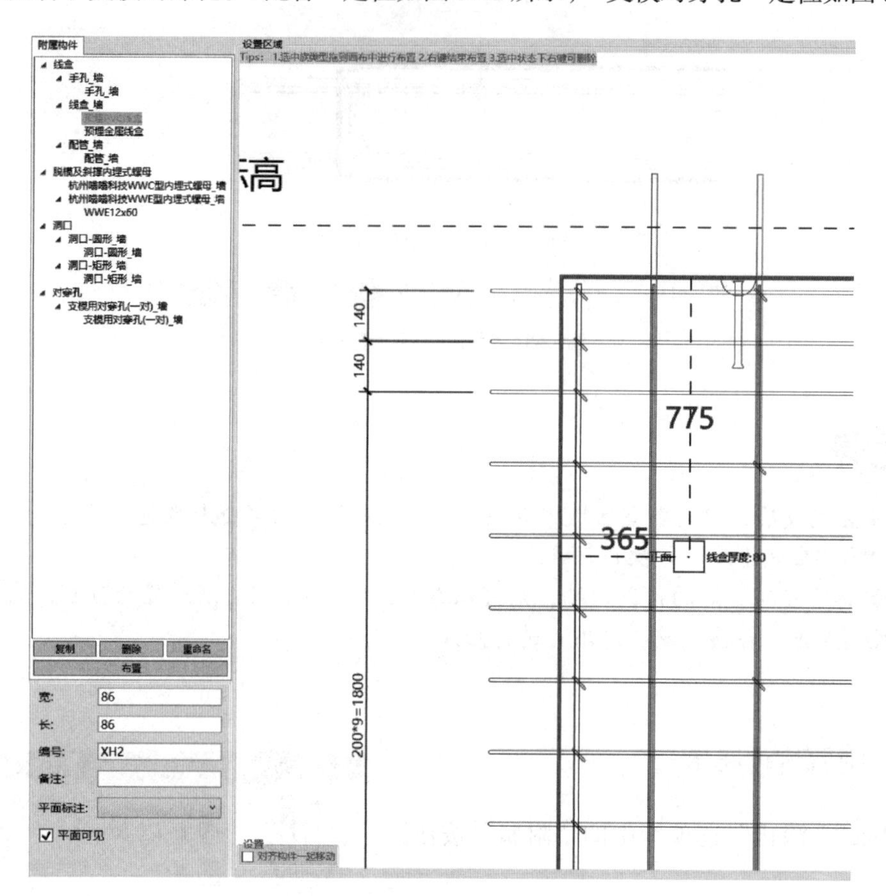

二维码5.2

图5.44 布置线盒界面

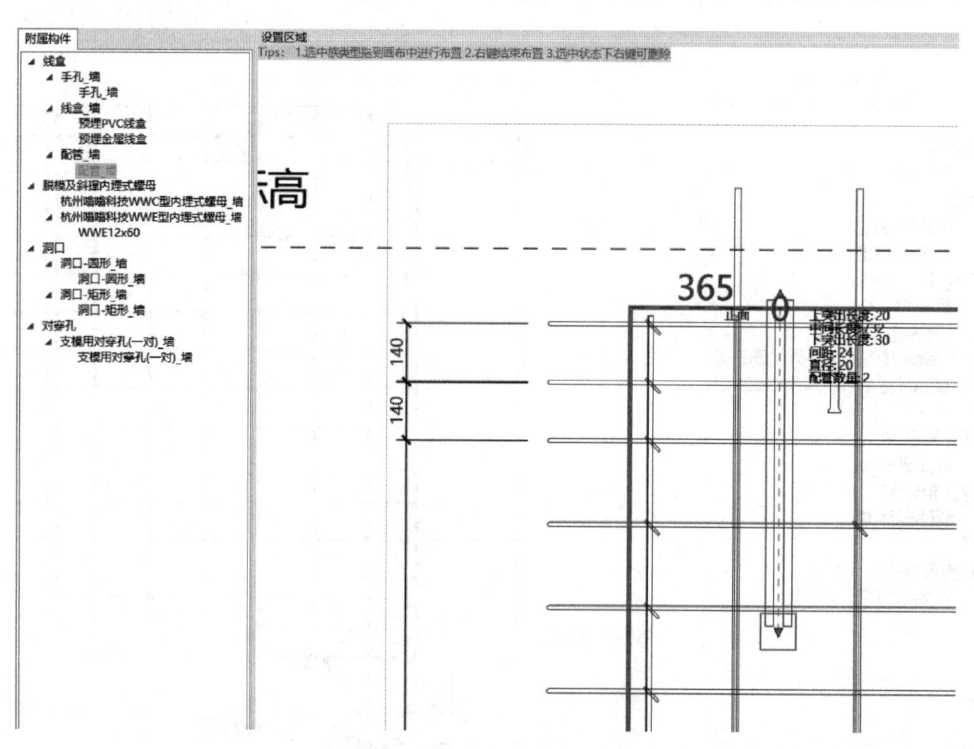

图5.45 布置套管界面

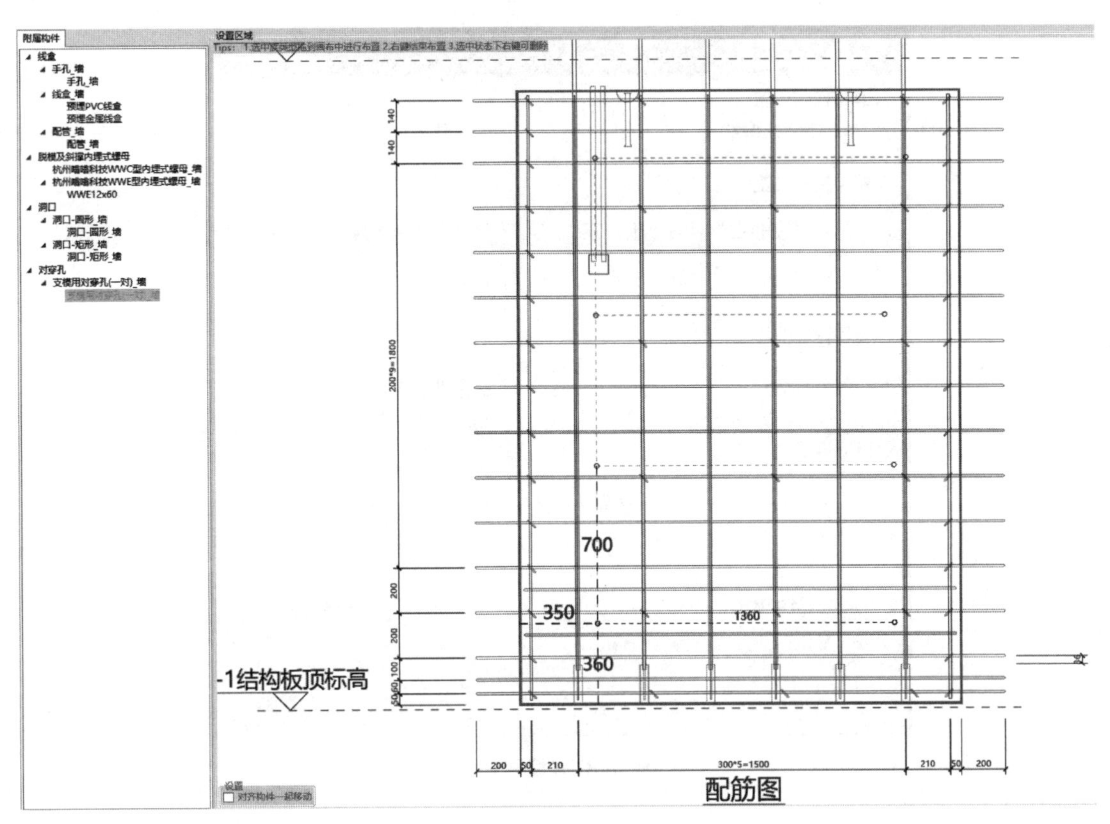

图5.46 “支模对穿孔”定位界面

④ 布置好所有预埋件后点击“应用到实例”即可。

知识链接

预制内墙内的线盒个数及线盒规格主要是由水、电、装修等专业的预留预埋所决定。

5.2.3.3 预制内墙编号

① 点取“墙布置与出图”中的“编号”按钮，如图5.47所示。

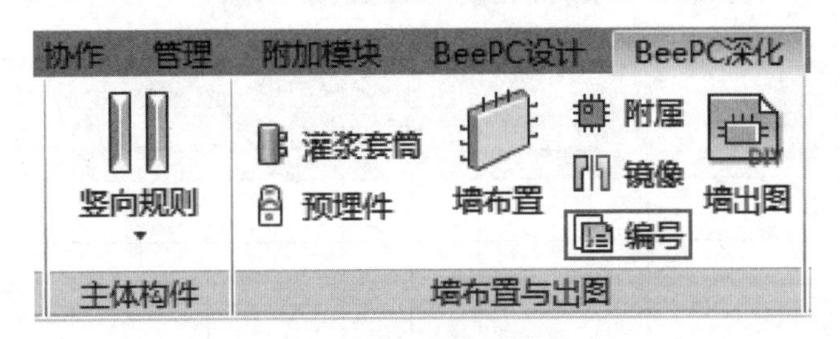

图5.47 预制内墙编号菜单栏界面

② 在弹出的“墙一键编号”对话框中，编号模式设置选择“傻瓜式编号”，编号排序设置选择先左右后上下，名称自定义中设置“3F-PCQ”，如图5.48所示。

③ 点击右下角“一键编号”，则预制内墙编号完成。

5.2.3.4 BOM 清单

BeePC 软件提供 BOM 清单功能，预制内墙的 BOM 清单操作如下。

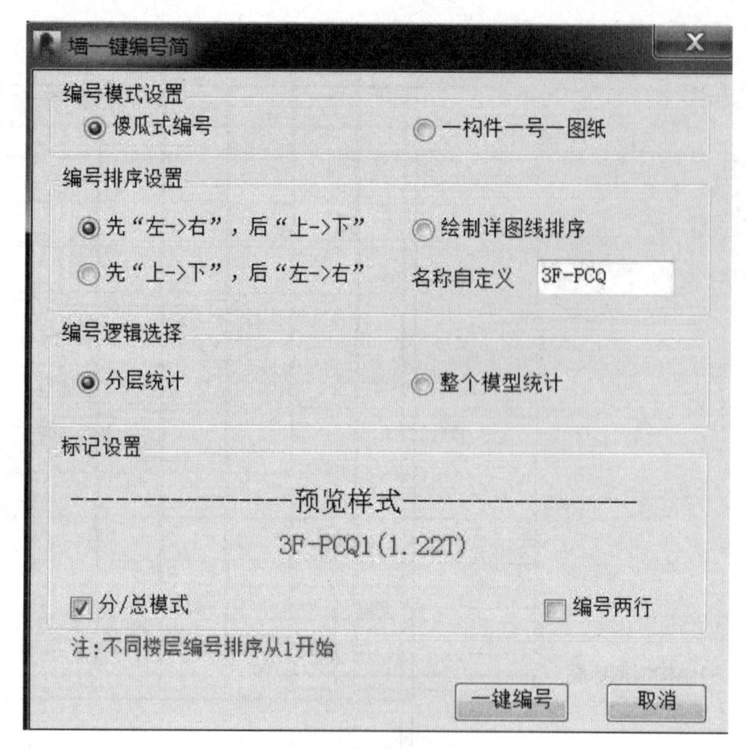

图5.48 墙编号界面

① 点取 BeePC 全局功能选项卡下的“BOM 表”按钮，如图 5.49 所示。

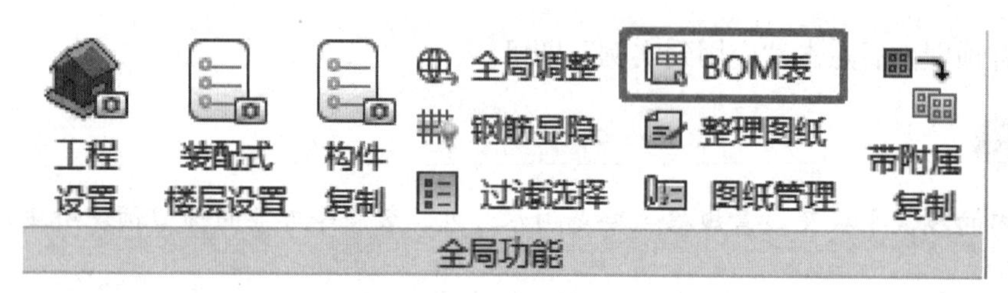

图5.49 BOM表按钮菜单栏选项卡

② 进入“BeePC-BOM 报表”对话框，左侧为报表名称，右侧为对应的一览表，如图 5.50 所示。

BeePC--BOM报表

导出BOM报表 刷新当前表数据

报表名称

- 叠合板
  - 叠合板统计一览表
  - 叠合板统计一览表(分层统计)
  - 叠合板附属构件统计一览表
  - 叠合板附属构件统计一览表(分层统计)
  - 叠合板桁架统计表
  - 叠合板桁架统计表(分层统计)
  - 叠合板钢筋下料统计表
- 叠合梁
  - 叠合梁统计一览表
  - 叠合梁统计一览表(分层统计)
  - 叠合梁附属构件统计一览表
  - 叠合梁附属构件统计一览表(分层统计)
- 预制楼梯
  - 预制楼梯统计一览表
  - 预制楼梯统计一览表(分层统计)
  - 预制楼梯附属构件统计一览表
  - 预制楼梯附属构件统计一览表(分层统计)
- 预制柱
  - 预制柱统计一览表
  - 预制柱统计一览表(分层统计)
  - 预制柱附属构件统计一览表
  - 预制柱附属构件统计一览表(分层统计)
- 预制剪力内墙
  - 预制剪力内墙统计一览表
  - 预制剪力内墙统计一览表(分层统计)
  - 预制剪力内墙附属构件统计一览表
  - 预制剪力内墙附属构件统计一览表(分层统计)
- 预制剪力外墙
  - 预制剪力外墙统计一览表
  - 预制剪力外墙统计一览表(分层统计)
- 预制阳台板
  - 预制阳台板统计一览表
  - 预制阳台板统计一览表(分层统计)
  - 预制阳台板附属构件统计一览表
  - 预制阳台板附属构件统计一览表(分层统计)

预制剪力内墙统计一览表

序号	内墙编号	内墙名称	内墙高(mm)	内墙宽(mm)	内墙厚(mm)	体积(m³)/块	钢筋重量(kg)/块	重量(t)/块	内墙总块数(块)	内墙总体积(m³)	钢筋总重(kg)	内墙总重量(t)	含钢量kg/m³(不含损耗)	含钢量kg/m³(含3%损耗)

图5.50 BOM报表对话框

③ 软件内置预制内墙的 4 类 BOM 清单，并支持将生成的 BOM 报表导出 Excel 或导出对应视图，如图 5.51 所示。

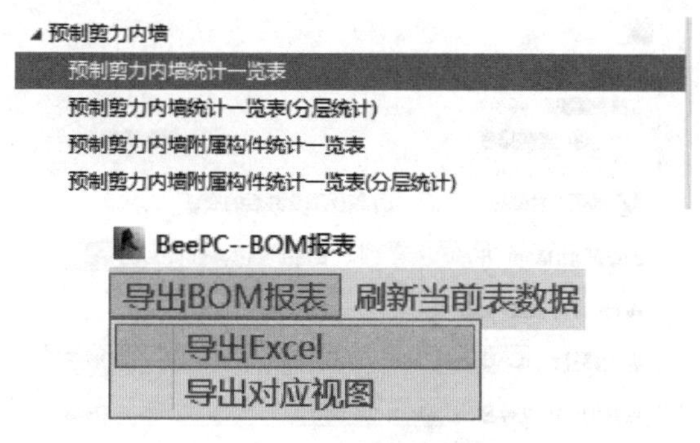

图5.51 BOM清单选项界面

进行 BOM 表的制作需要先完成装配式楼层设置及内墙编号。

5.2.3.5 墙出图

① 点取“墙布置与出图”中“墙出图”按钮，如图 5.52 所示。

图5.52 墙出图菜单栏选项

② 进入“墙一键出图”对话框，对图框名称、图框尺寸、出图比例、标注文字大小、字体等内容进行点选，对出图布局、明细表等内容可以进行编辑。本工程实例选择如图 5.53 所示。

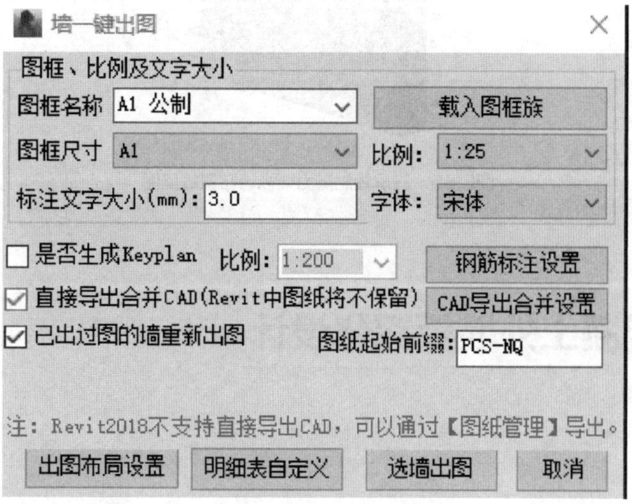

墙一键出图
图框、比例及文字大小
图框名称 A1 公制
载入图框族
图框尺寸 A1
比例: 1:25
标注文字大小(mm): 3.0
字体: 宋体
是否生成Keyplan 比例: 1:200
钢筋标注设置
直接导出合并CAD(Revit中图纸将不保留)
CAD导出合并设置
已出过图的墙重新出图
图纸起始前缀: PCS-NQ
注: Revit2018不支持直接导出CAD，可以通过【图纸管理】导出。
出图布局设置
明细表自定义
选墙出图
取消

图5.53 墙一键出图对话框

③ 勾选“直接导出合并 CAD”，跳出 dwg 图纸排布设置弹框，如图 5.54 所示，点击“保存”，则所选内墙的详图均保存在指定路径的文件夹下。

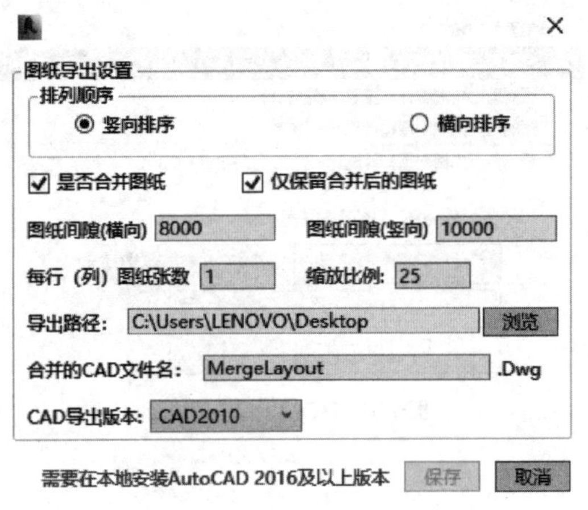

图5.54 图纸导出设置对话框

特别提示

剪力墙内墙出图得到的图纸结果有两种类型，一种为导出 dwg 图纸，另一种为在 Revit 中生成图纸，读者可根据项目实际情况自行选择。本例采用的是导出 dwg 图纸。

三层预制剪力墙内墙布置完后的效果如图 5.55 所示。

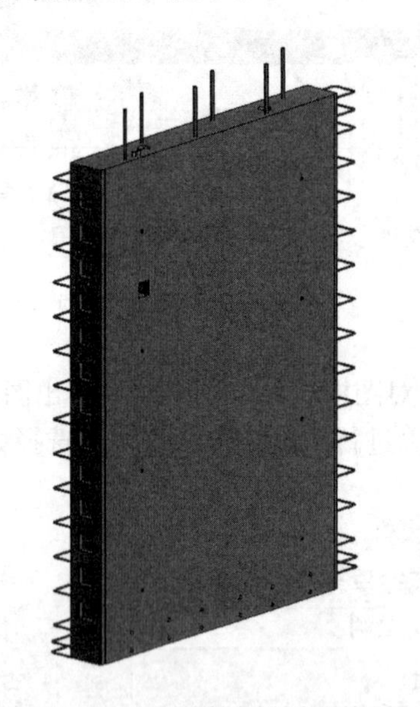
图5.55 三层预制剪力墙内墙布置效果图

5.3 预制钢筋混凝土外墙板深化设计

5.3.1 引例

图 5.56 为某项目五层梁、板、剪力墙配筋图。读者通过本节的学习，结合以往所掌握的识图知识，能

够运用 BeePC 软件对图中的预制混凝土外墙进行深化设计并出具相关加工图，从而具备正确使用 BeePC 软件进行外墙深化图设计的基本能力。

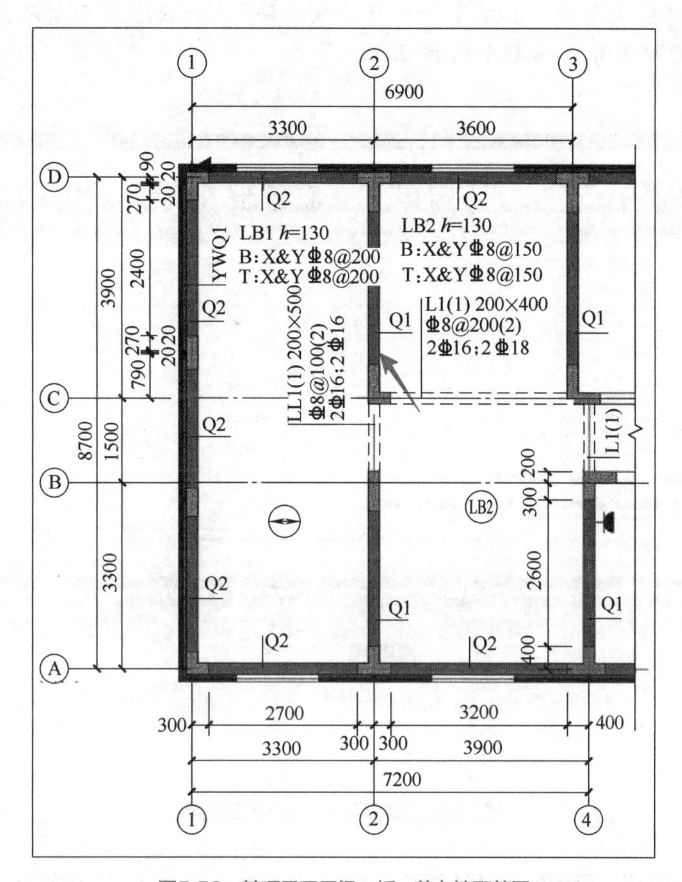

图5.56 某项目五层梁、板、剪力墙配筋图

5.3.2 项目分析

项目中的预制外墙为三明治夹心保温预制外墙，抗震等级为三级，建筑保温层厚度为 70mm，外叶墙板厚度为 60mm，外叶墙板水平分布钢筋和竖向分布钢筋均为 ⌀6@200，预制外剪力墙与后浇段的竖向接缝构造采用预留 U 形钢筋与附加封闭连接钢筋的形式。

5.3.3 项目实操

5.3.3.1 外墙布置

① 点击 “BeePC 深化” 选项卡下 “主体构件” 的 “竖向规则”，在 “外墙布置与出图” 中点击 “外墙布置” 按钮，如图 5.57 所示。

二维码5.3

图5.57 外墙布置选项按钮

特别提示

在进行外墙布置前应先点击“灌浆套筒”及“预埋件”，加载灌浆套筒及预埋件规格，方便在后续选择时能够快速地匹配型号，如图 5.58 所示。

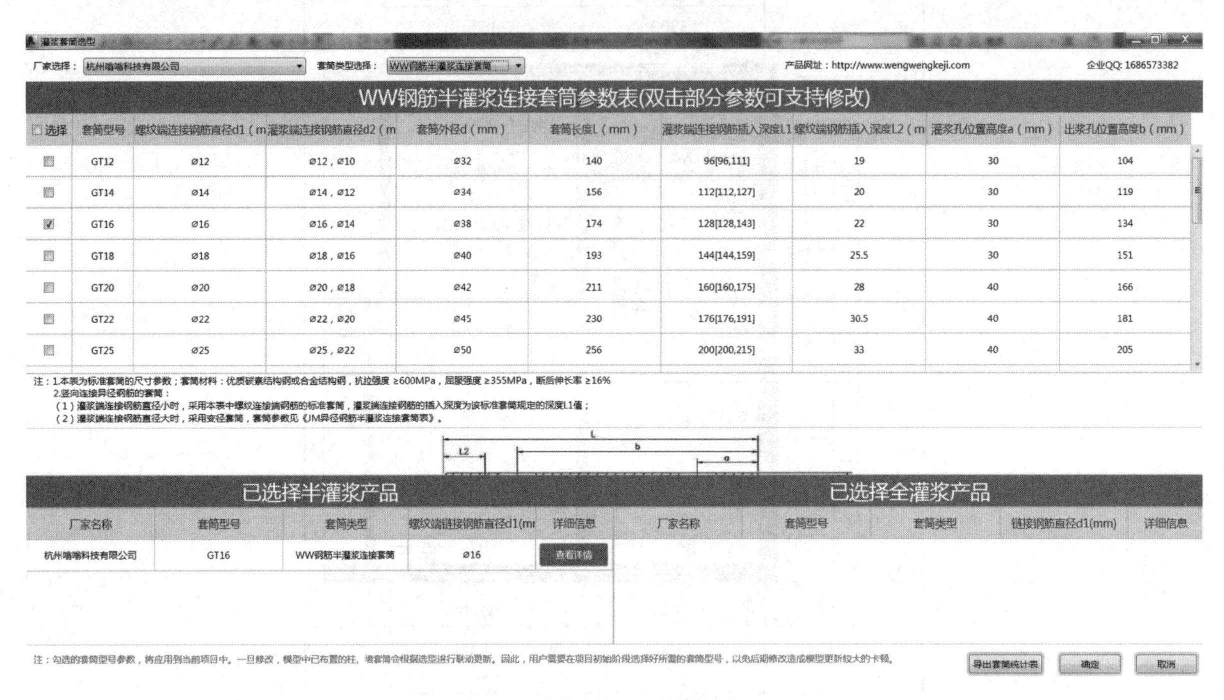

图5.58 灌浆套筒及预埋件选型界面

② 弹出“剪力外墙布置”对话框，对话框中包含三大部分，从左至右依次为外墙类型区域、参数设置区域、构件视口区，如图 5.59 所示。

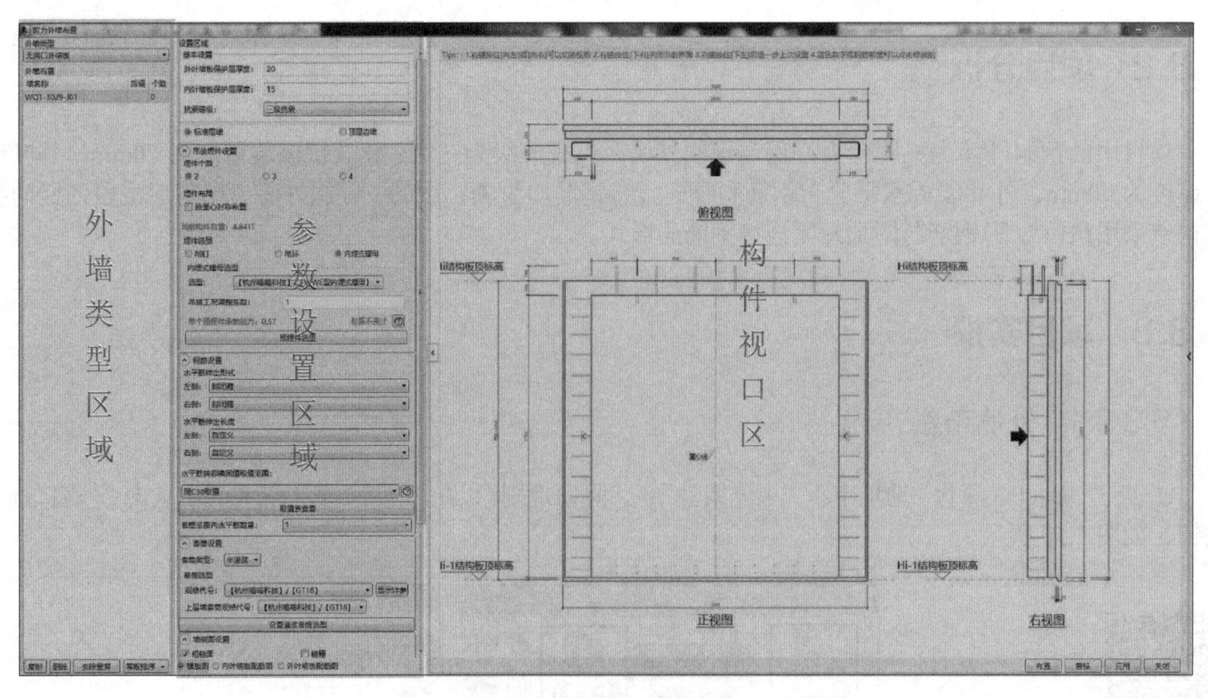

图5.59 剪力墙外墙对话框界面

③ 预制外墙类型选择。根据项目情况，5F-YWQ1 类型为无洞口外墙板，故在外墙类型区域中选取

“无洞口外墙板”选项，则参数设置区域与构件视口区将跳换成该外墙类型的界面，如图5.60所示。预制外墙三视图如图5.61所示。

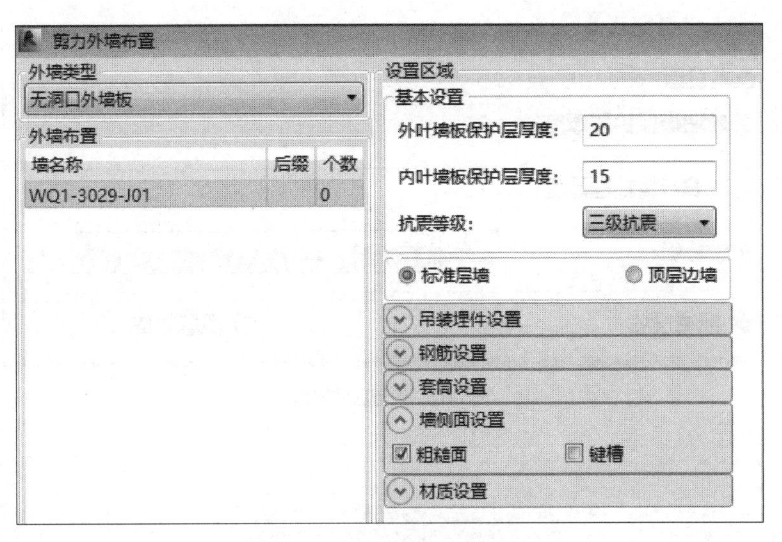

图5.60 预制外墙类型选择界面

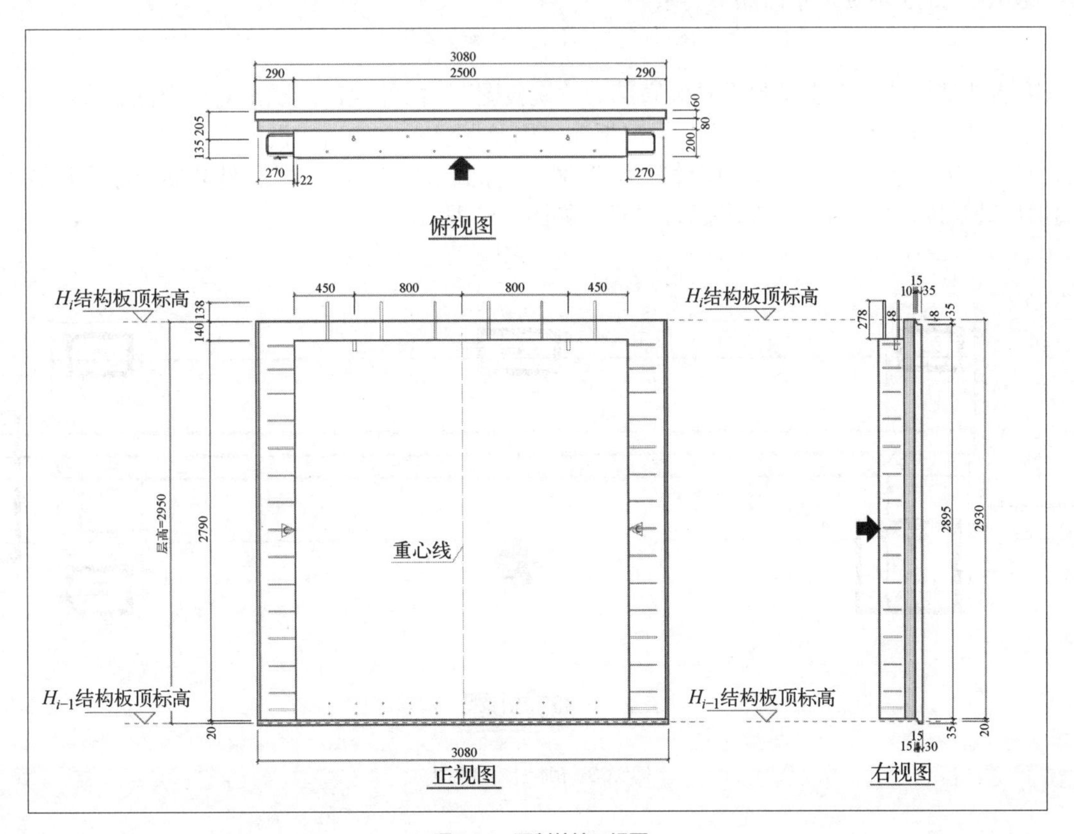

图5.61 预制外墙三视图

特别提示

外墙类型区域中默认的3种外墙类型与参数设置区域的外墙类型一一对应，分别为无洞口外墙板、一个洞口外墙板、两个洞口外墙板。外墙编号参照《预制混凝土剪力墙外墙板》(15G365-1)的规则进行，如WQ1-3029-J01，表示墙类型为无洞口外墙，标志宽度为3000mm，层高为2900mm。

④ 基本参数设置。“外叶墙板保护层厚度”输入为20，“内叶墙板保护层厚度”输入为15，在抗震等级下拉菜单中选取“三级抗震”，在墙所处位置中选择“标准层墙”，如图5.62所示。

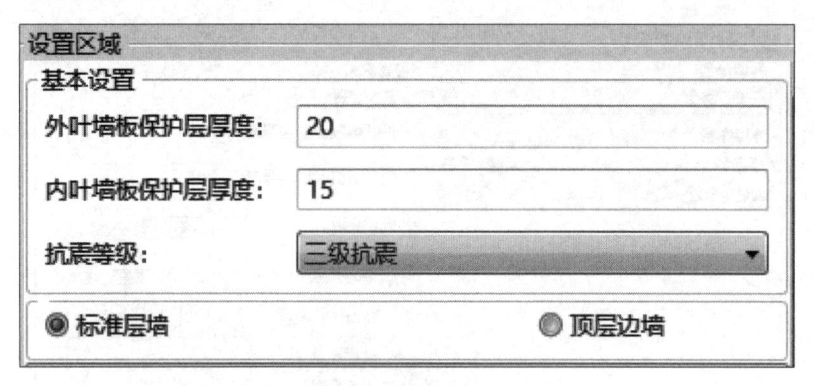

图5.62 设置区域界面

知识链接

保护层厚度的取值应根据预制墙所处的环境类别进行输入，应满足《混凝土结构设计规范》(GB 50010—2010，2015年版)中的相关要求。

⑤ 编辑墙外部尺寸。点击参数设置区底部的“模板图”，构件视口区跳出对应视图，在构件视口区的“俯视图”中输入内叶板长度为“2400”，保温板左突出及保温板右突出均设置为“270”，外叶板左突出及外叶板右突出均设置为“290”，墙厚度设置为“200”，保温层厚度为“70”，外叶墙板厚度设置为“70”，输入墙端切口处长度值为“30”，宽度值为“5”，如图5.63所示。

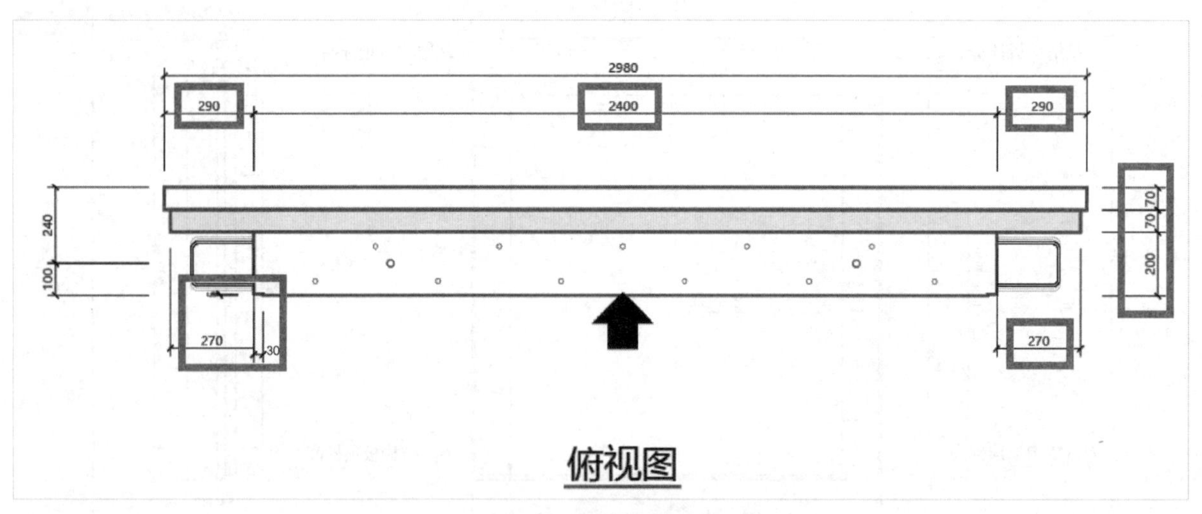

图5.63 预制外墙俯视图

在构件视口区的“正视图”中输入内叶板高度为“2650”，预制墙距上部结构标高输入“130”，距下部结构标高输入“20”，如图5.64所示。

特别提示

构件视口区蓝色数字均为可修改项，主要包括以下内容。

① 预制外墙的外叶板、内叶板，保温层的截面尺寸、高度；

② 吊装埋件位置。

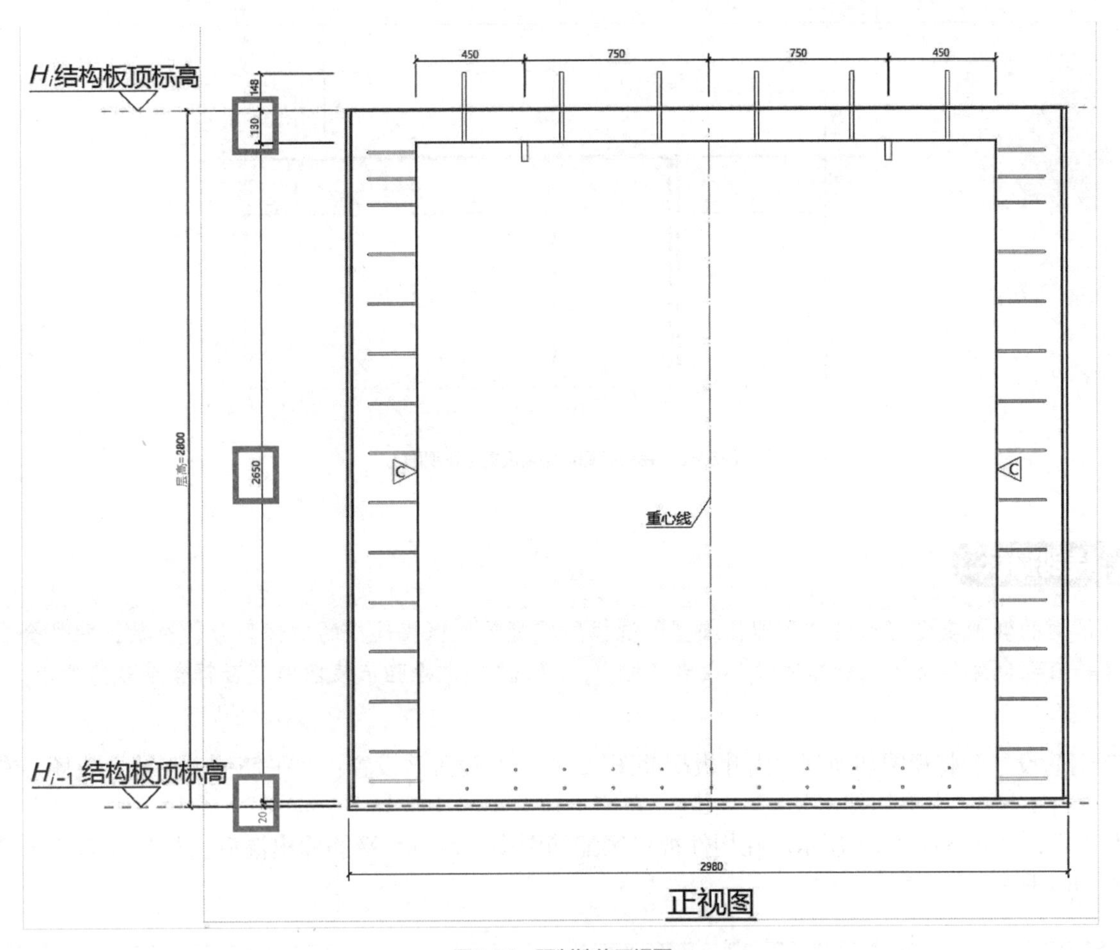

图5.64 预制墙体正视图

⑥ 预制外墙吊装预埋件设置。在参数设置区中吊装埋件个数选择“2”，埋件选型选择“吊钉”，吊钉选型选择“KK2.5×170”，设置吊装工况调整系数为“1.2”，如图5.65（a）所示；在构件视口区的“正视图”中输入吊钉距墙边距离为“540”，如图5.65（b）所示。

吊装埋件设置
埋件个数
2 3 4
埋件布局
按重心对称布置
当前构件自重：4.686T
埋件选型
吊钉 吊环 内埋式螺母
吊钉选型
选型: 【吊钉】/【KK2.5x170
吊装工况调整系数: 1.2
单个预埋件承载能力：2.5T 验算不通过
预埋件选型

(a)

图5.65

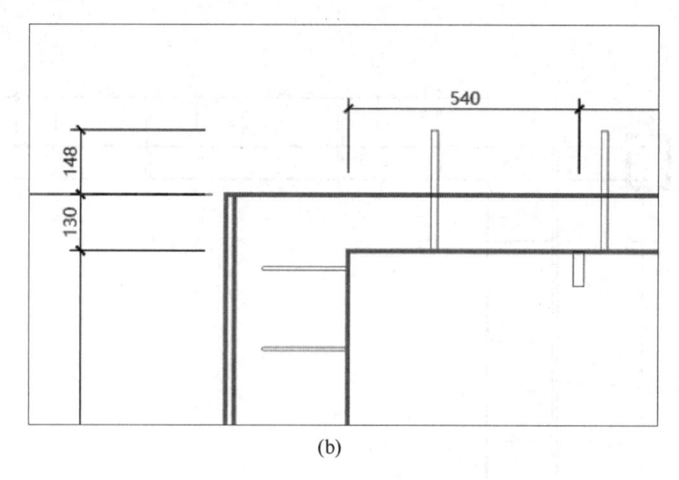

(b)

图5.65 吊钉距墙边距离设置（正视图）

特别提示

吊钉的其他类型可通过“预埋件选型”选择所需型号，根据选择的埋件型号、个数，软件会自动计算并有红色字体提示“验算通过”或者“验算不通过”，来检验吊装埋件是否符合承载力要求。

⑦ 钢筋设置。将视图切换到“内叶板配筋图”，在参数设置区设置：水平筋伸出形式，左侧、右侧均设置为“封闭箍”；水平筋伸出长度，左侧、右侧下拉菜单栏中选择“自定义”；套筒范围内水平筋数量选择为“2”，如图 5.66（a）所示。在构件视口区配筋图中，修改水平筋伸出混凝土外长度为“200”，如图 5.66（b）所示。

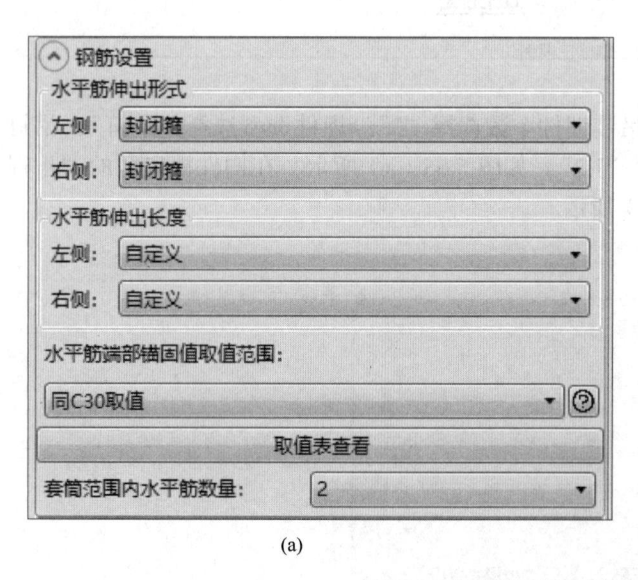

(a)

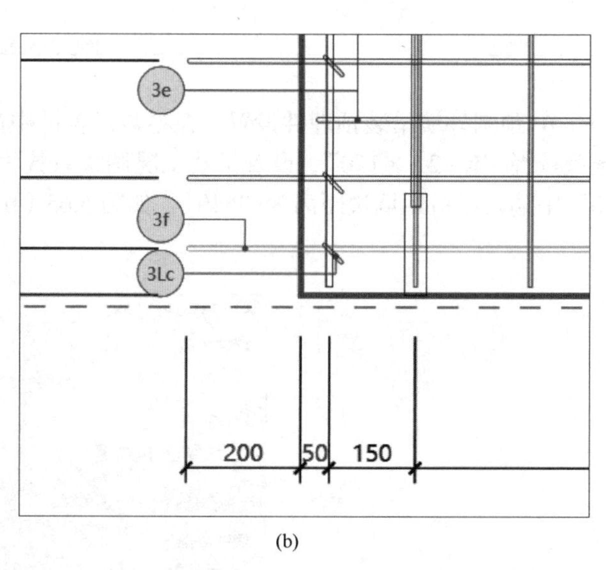

(b)

图5.66 水平筋伸出混凝土外长度设置（构件视口区配筋图）

⑧ 套筒设置。参数设置区中套筒类型选择“半灌浆”，规格代号根据内叶板 3a 钢筋直径自动匹配，将内叶板 3a 钢筋设置为“C14”，如图 5.67(a)所示；规格代号选择“【GT14】”，上层墙套筒规格代号也选择“【GT14】”，如图 5.67（b）所示。

若套筒型号下拉项为空白，可在“设置灌浆套筒选型”中选择所需型号套筒。

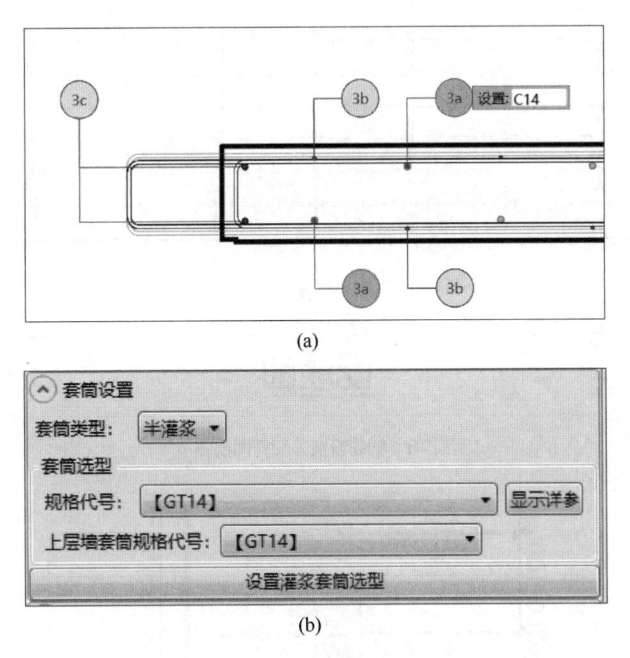

(a)

(b)

图5.67 套筒设置界面

⑨ 墙侧面设置。在参数设置区中，墙侧面设置中，勾选“粗糙面”“键槽”，键槽设置为“非贯通键槽”，如图 5.68（a）所示；将视图切换到“模板图”，在构件视口区的右视图中设置键槽距底“260”，键槽间距设置为“100”，如图 5.68（b）所示。

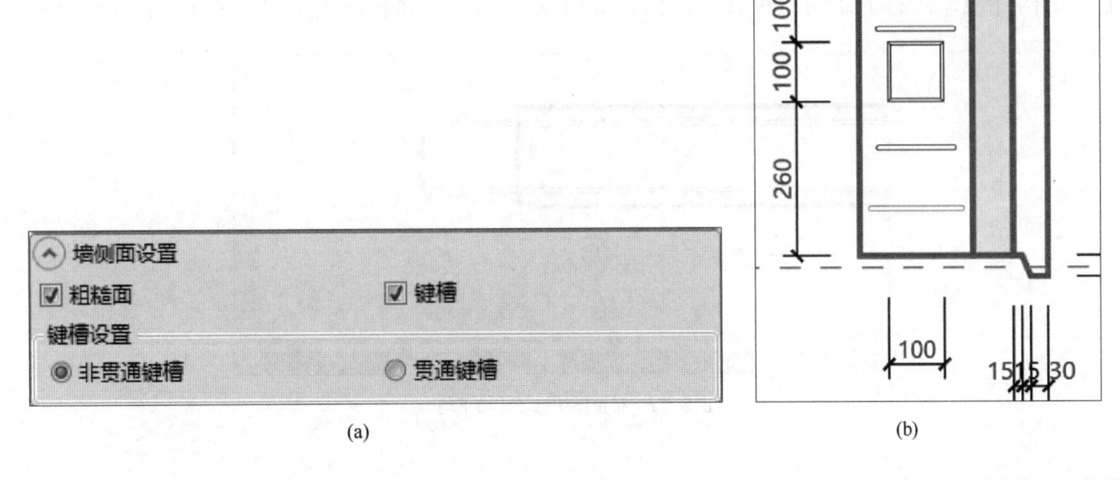

(a)

(b)

图5.68 槽设置界面

⑩ 构件视口区钢筋设置。切换到“内叶墙板配筋图”，在构件视口区的“俯视配筋图”中选择 3b 钢筋，设置其为“C6”；该墙体设置端部加强筋，选中 3c 钢筋，设置其为“C12”，如图 5.69 所示。

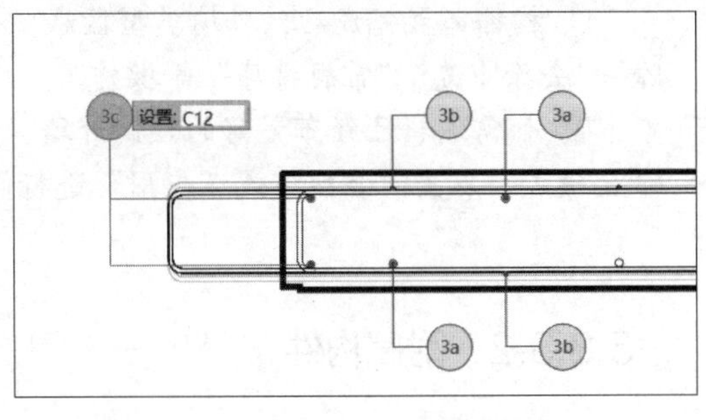

图5.69 构件视口区钢筋设置

在“配筋图”中选择 3e 钢筋，输入为“C8”，3f 钢筋输入为“C8”，修改首端、末端 3c 钢筋“距边”为“50”，竖向筋间距设置为“300”，如图 5.70 所示。

3f 钢筋“距底”距离输入为“50”，间距输入为“60”，距离底部第一道 3b 钢筋距离输入为“100”，如图 5.71 所示。

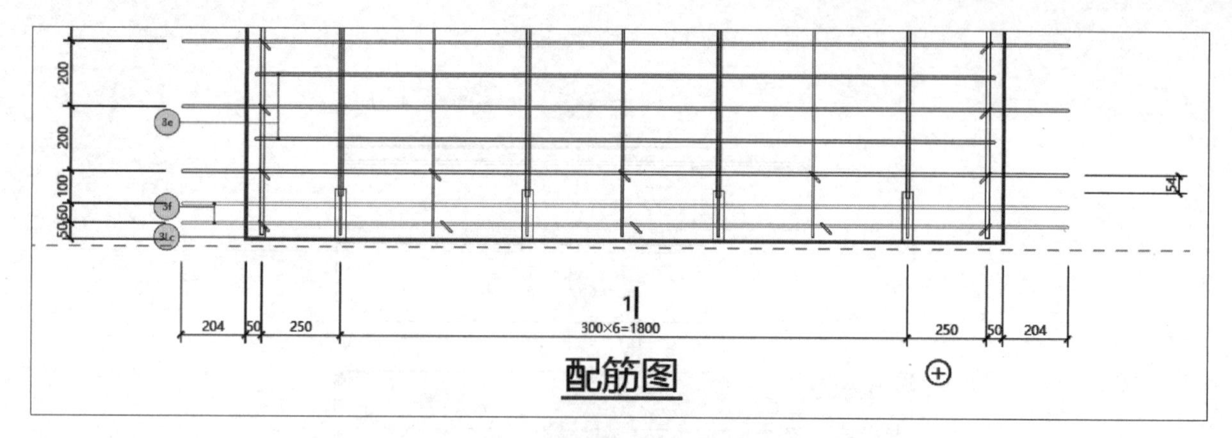

图5.70 钢筋设置（配筋图视图）

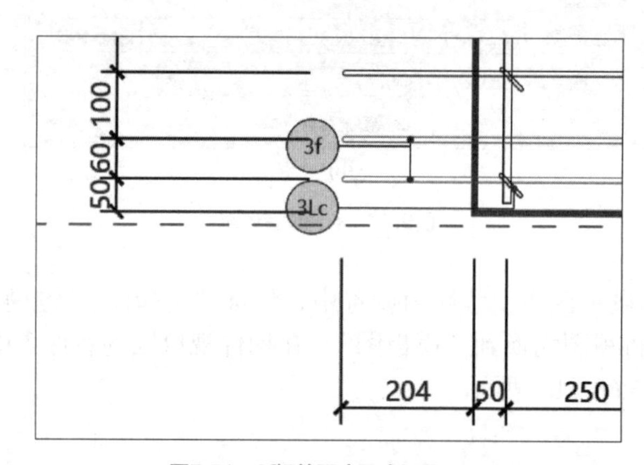

图5.71 3f钢筋距底距离设置界面

⑪ 点击构件视口区右下角的“布置”按钮，如图 5.72 所示，将预制剪力外墙布置到相应的位置。

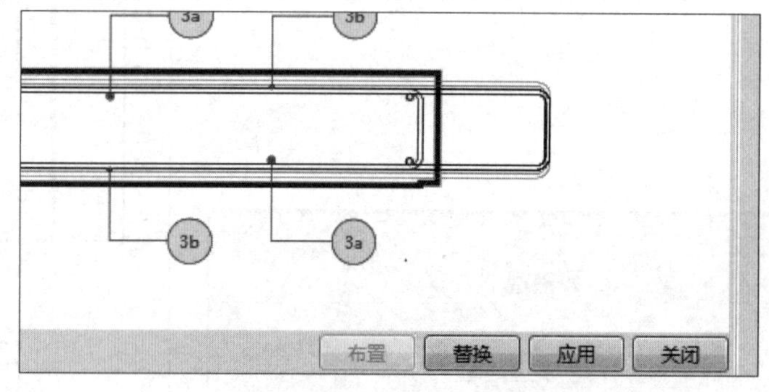

图5.72 布置按钮选项（右下角）

特别提示

① 构件布置完成后，外墙类型区域中会显示相应预制外墙的名称及数量，并可以进行“复制”“删除”“去除重复”“常规排序”等操作。

② 如需编辑已经布置好的预制外墙，则可以在 Revit 模型中双击所布置的预制墙，进入剪力外墙布置模式，点击“替换”或“应用”进行修改。

5.3.3.2 附属构件布置

① 点取“BeePC 深化”选项卡中的“附属”按钮，如图 5.73 所示。

二维码5.4

图5.73 附属构件布置选项界面

② 点击“进入画布模式”，选择所需要布置预埋件的外墙，进入到附属构件布置界面，如图 5.74 所示。

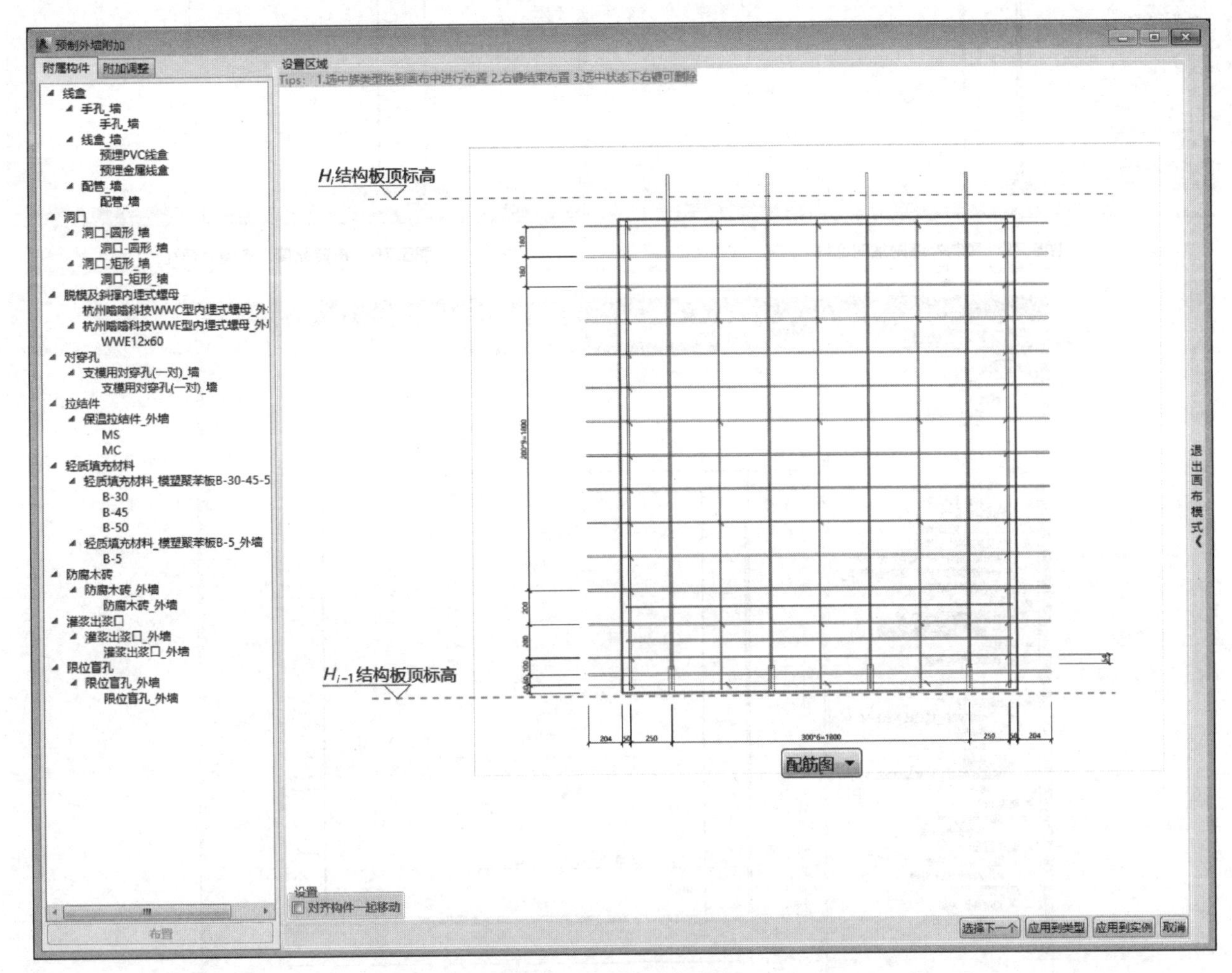

图5.74 附属构件布置界面

③ 在弹出的“预制外墙附加”对话框内，在附属构件中选择“预埋 PVC 线盒”后，单击“布置”，将线盒布置在配筋图的任意位置，选中线盒，修改蓝色数值，将其放在正确的位置，如图 5.75 所示；参照线盒布置方式布置配管、支模对穿孔，如图 5.76 所示，“支模对穿孔”定位如图 5.77 所示。

④ 布置好所有预埋件后点击“应用到实例”即可。

预制外墙内的线盒个数及线盒规格主要是由水、电、装修等专业的预留预埋所决定。

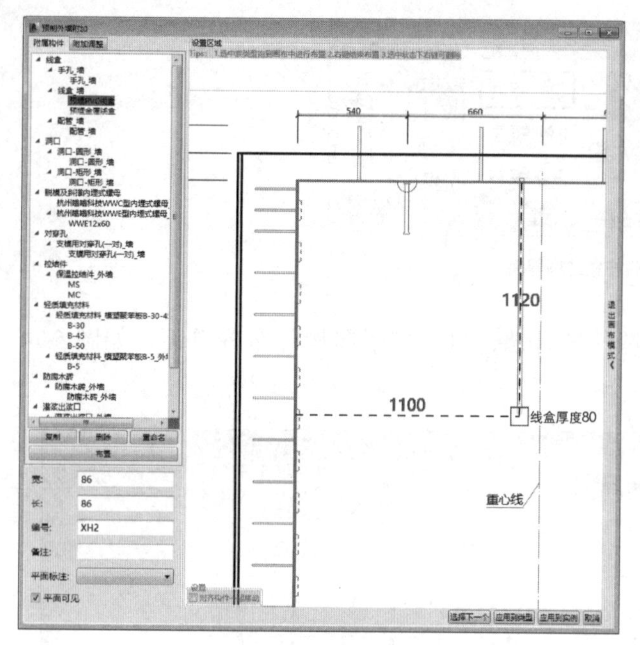

图5.75 预制外墙附加对话框

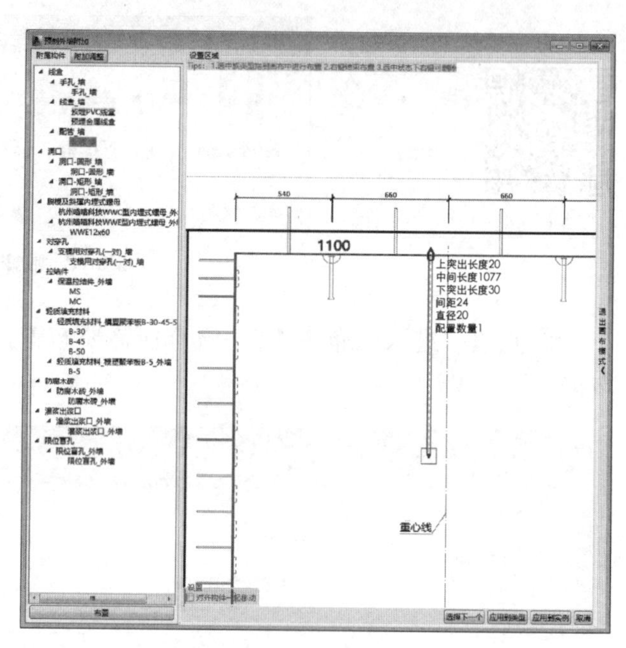

图5.76 布置配管、支模对穿孔

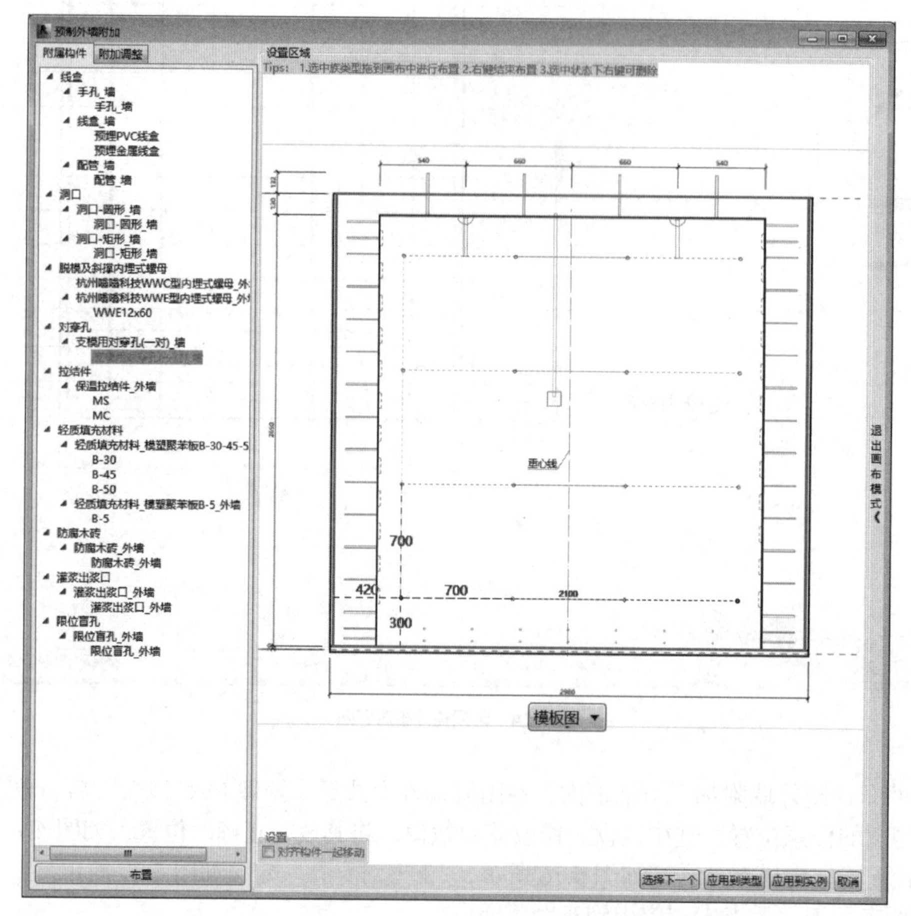

图5.77 “支模对穿孔”定位

5.3.3.3 预制外墙编号

① 点取“外墙布置与出图”中的“编号”按钮，如图 5.78 所示。

② 在弹出的“外墙一键编号”界面中，编号模式设置选择“傻瓜式编号”，编号排序设置选择先左右后上下，名称自定义中设置“5F-PCWQ”，如图 5.79 所示。

二维码5.5

图5.78　预制外墙编号选项界面

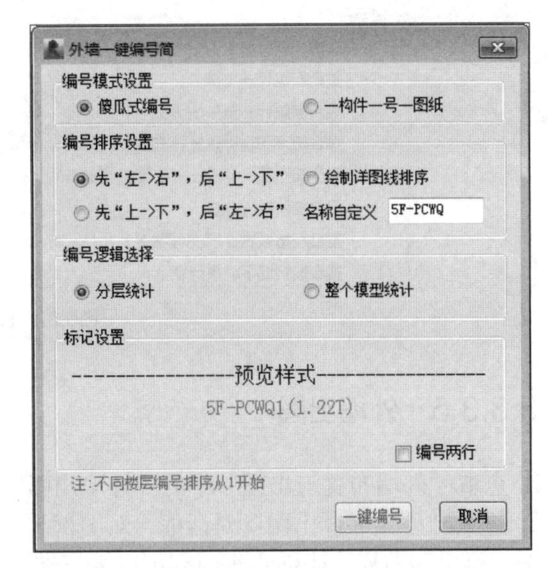

图5.79　外墙一键编号界面

③ 点击右下角“一键编号”，则预制外墙编号完成。

5.3.3.4　BOM 清单

BeePC 软件提供 BOM 清单功能，预制外墙的 BOM 清单操作如下。

① 点取“BeePC 深化”选项卡下的“规则清单”按钮，如图 5.80 所示。

② 进入“BeePC-BOM 报表”对话框，左侧为报表名称，右侧为对应的一览表，如图 5.81 所示。

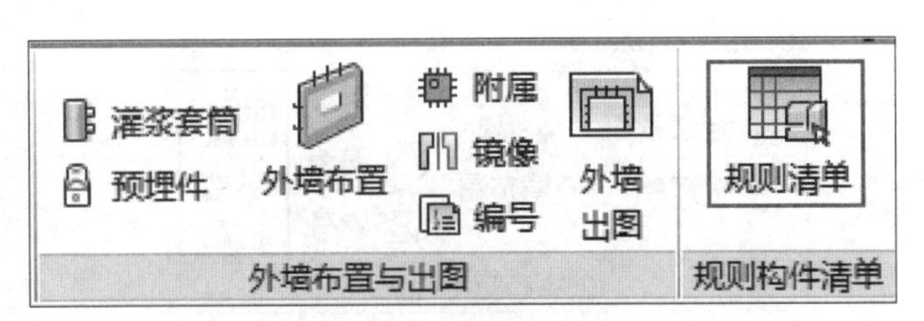

图5.80　规则清单按钮界面

BeePC-BOM报表

导出BOM报表　刷新当前表数据

报表名称

- 叠合板钢筋下料统计表
- 叠合梁
  - 叠合梁统计一览表
  - 叠合梁统计一览表(分层统计)
  - 叠合梁附属构件统计一览表
  - 叠合梁附属构件统计一览表(分层统计)
- 预制楼梯
  - 预制楼梯统计一览表
  - 预制楼梯统计一览表(分层统计)
  - 预制楼梯附属构件统计一览表
  - 预制楼梯附属构件统计一览表(分层统计)
- 预制柱
  - 预制柱统计一览表
  - 预制柱统计一览表(分层统计)
  - 预制柱附属构件统计一览表
  - 预制柱附属构件统计一览表(分层统计)
- 预制剪力内墙
  - 预制剪力内墙统计一览表
  - 预制剪力内墙统计一览表(分层统计)
  - 预制剪力内墙附属构件统计一览表
  - 预制剪力内墙附属构件统计一览表(分层统计)
- 预制剪力外墙
  - 预制剪力外墙统计一览表
  - 预制剪力外墙统计一览表(分层统计)
- 预制阳台板
  - 预制阳台板统计一览表
  - 预制阳台板统计一览表(分层统计)
  - 预制阳台板附属构件统计一览表
  - 预制阳台板附属构件统计一览表(分层统计)

提示:构件统计一览表可点击表头进行排序,第一次点击先以升序排列

预制剪力外墙统计一览表

序号	外墙编号	外墙名称	高(mm)	宽(mm)	厚(mm)	体积(m3)/块	钢筋重量(kg)/块	混凝土重量(t)/块	总块数(块)	总体积(m3)	总重量(t)	钢筋总重(kg)	含钢量kg/m3(不含损耗)	含钢量kg/m3(含3%损耗)
1	WQ1-2928-J01		内叶板:2650 外叶板:2780 保温板:2780	内叶板:2400 外叶板:2980 保温板:2940	内叶板:200 外叶板:60 保温板:70	内叶板:1.266 外叶板:1.761 保温板:0.572	内叶板:80.37 外叶板:16.68	内叶板:1.266 外叶板:4.402	1	内叶板:1.268 外叶板:1.761 保温板:0.572	内叶板:1.266 外叶板:4.402	97.05	55.111	56.764

图5.81　BOM报表对话框界面

③ 软件内置两类 BOM 清单，并支持将生成的 BOM 报表导出 Excel 或导出对应视图，如图 5.82 所示。

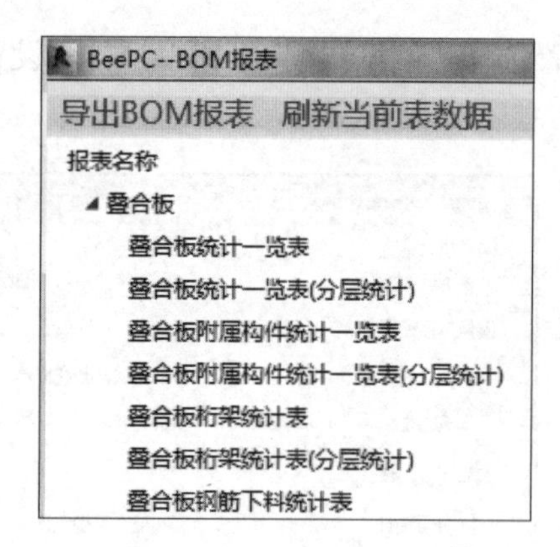

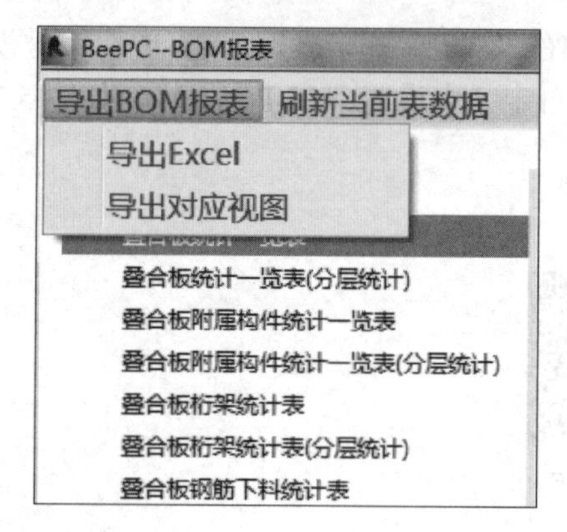

图5.82 BOM报表选项界面

5.3.3.5 外墙出图

① 点取“外墙布置与出图”中的“外墙出图”按钮，如图 5.83 所示。

② 进入“外墙一键出图”对话框，对图框名称、图框尺寸、出图比例、标注文字大小、字体等内容进行点选，对出图布局、明细表等内容可以进行编辑。本工程实例选择如图 5.84 所示。

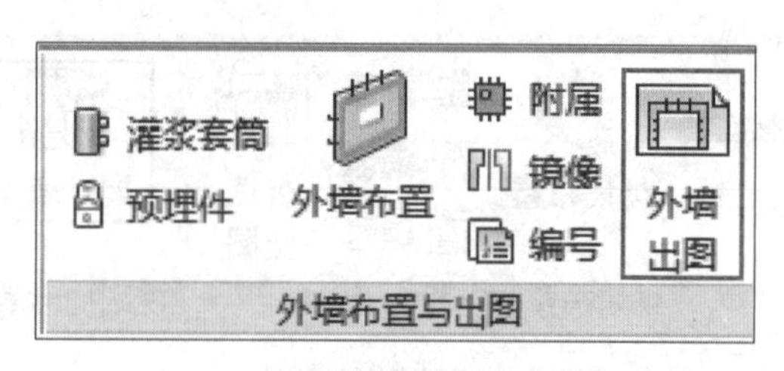

图5.83 外墙布置与出图界面

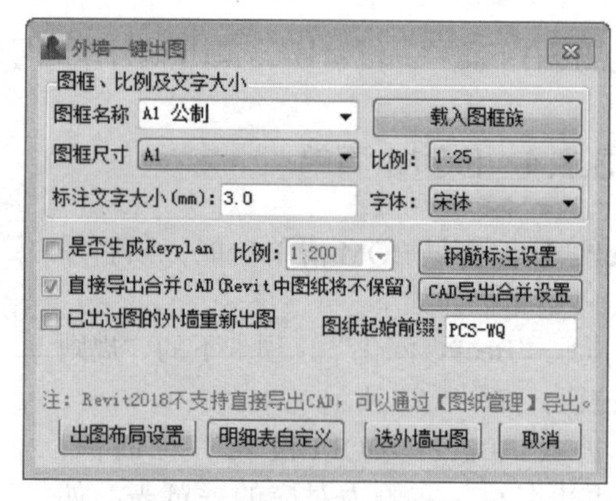

图5.84 外墙一键出图设置界面

③ 勾选“直接导出合并 CAD”，跳出 dwg 图纸排布设置弹框，如图 5.85 所示，点击“保存”，则所选外墙的详图均保存在指定路径的文件夹下。

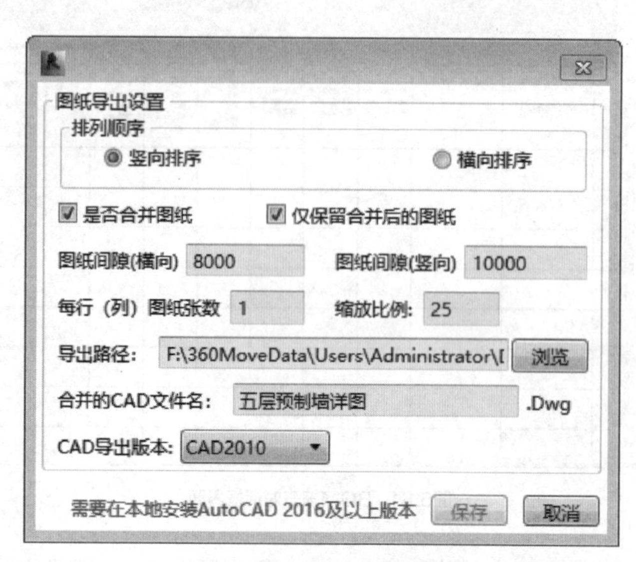

图5.85 图纸排布设置界面

特别提示

外墙出图得到的图纸结果有两种类型，一种为导出 dwg 图纸，另一种为在 Revit 中生成图纸，大家可根据项目实际情况自行选择。本例采用的是导出 dwg 图纸。

五层预制外墙布置完后的效果如图 5.86 所示。

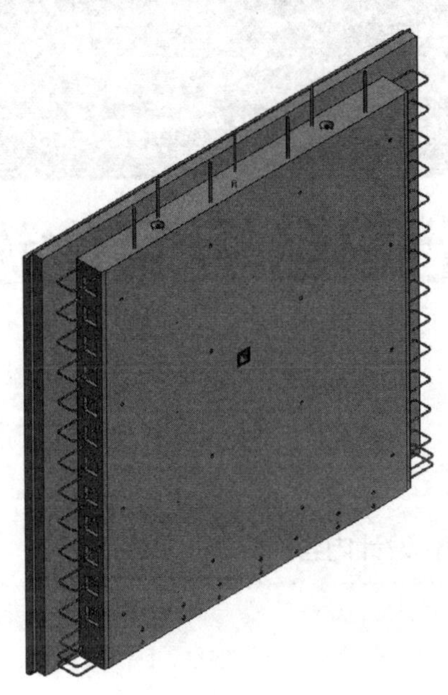

图5.86 五层预制外墙布置效果图

能力训练题

1. 请读者自行完成图 5.56 中箭头所指 Q1 预制内墙的深化设计，并思考：内墙的拆分最大尺寸受什么因素限制？

2. 请读者自行完成图 5.23 中箭头所指 Q2 预制外墙的深化设计，并思考：首层的外墙可以做预制构件吗？

任务6

预制钢筋混凝土阳台板深化设计

知识目标

掌握预制钢筋混凝土阳台板的深化设计内容。

能力目标

通过识读预制阳台板施工图，能正确对预制钢筋混凝土阳台板进行深化设计。

素质目标

预制阳台板是装配式结构中的悬挑构件，通过对预制阳台板深化设计的学习，提高对附属设施的重视，重视室外环境的影响，养成严肃认真的学习、工作态度。同时由于悬挑构件施工属于高空吊装作业，特别注意培养安全意识。

6.1 引例

图 6.1 为某项目 2 ～ 25F 预制构件平面布置图。读者通过本任务的学习，结合以往所掌握的识图知识，能够运用 BeePC 软件对图中的预制阳台板进行深化设计并出具相关加工图，从而具备正确使用 BeePC 软件进行预制阳台板深化图设计的基本能力。

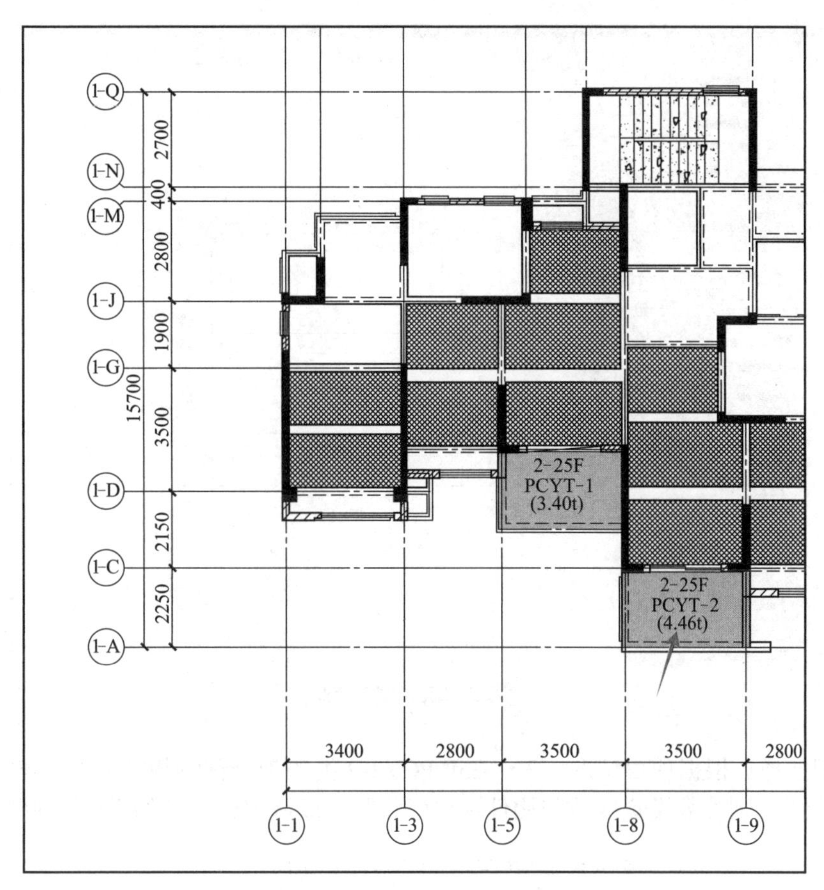

图6.1 2～25F预制构件平面布置图

6.2 项目分析

项目中的预制阳台板均为全预制板式阳台，板面结构标高降 50mm，板厚 90mm，板面配筋为双向 ⌀8@200，板底配筋为 ⌀6@150。

6.3 项目实操

（1）阳台板布置

① 点击“BeePC 深化”选项卡下“主体构件”的“水平规则”，如图 6.2 所示，在“阳台板布置与出图”中点击“阳台板布置”按钮。

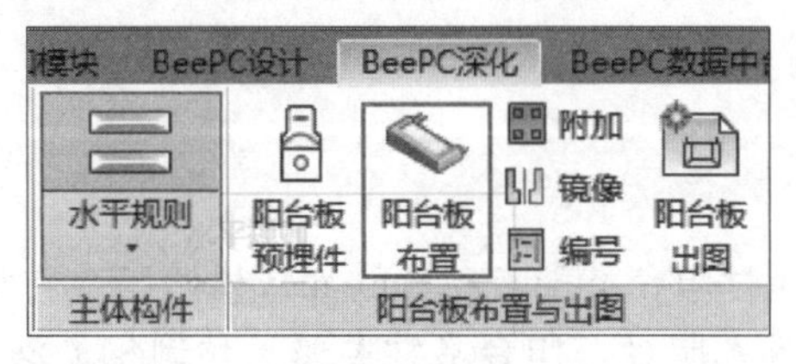

图6.2 阳台板布置

② 弹出“阳台布置”对话框，对话框中包含三大部分，从左至右依次为阳台板类型区域、参数设置区域以及构件视口区，如图 6.3 所示。

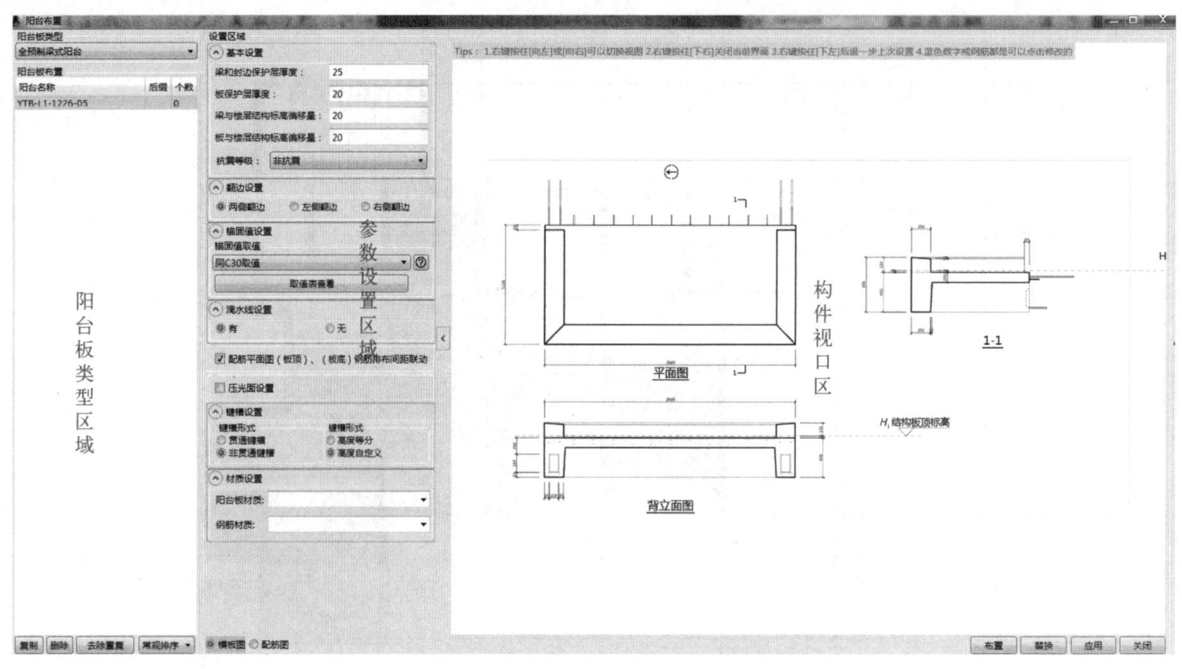

图6.3　阳台布置对话框

③ 阳台板类型选择。根据项目情况，2～25F PCYT-2 类型为全预制板式阳台，故在阳台板类型中选取“全预制板式阳台”，则参数设置区域与构件视口区将跳换成该阳台类型的界面，如图 6.4 所示。

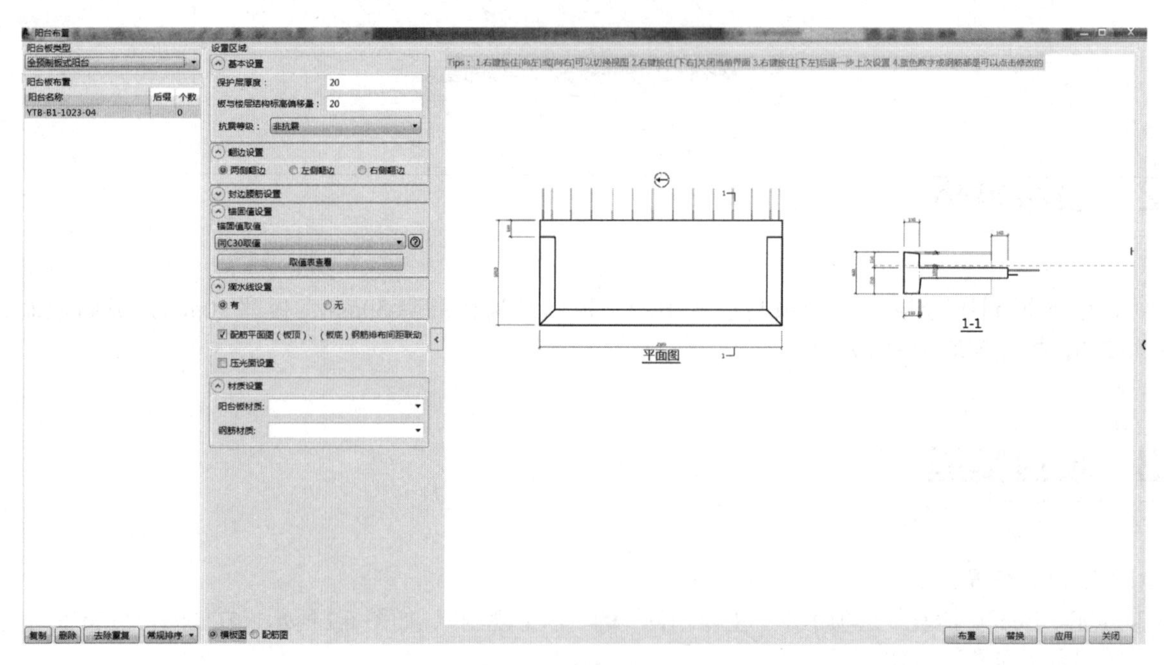

图6.4　阳台板类型选择

特别提示

阳台板类型区域中默认的 3 种阳台类型与参数设置区域的阳台类型一一对应，分别为全预制梁式阳台、全预制板式阳台、叠合板式阳台，阳台名称参照《预制钢筋混凝土阳台板、空调板及女儿墙》（15G368-1）的规则，如 YTB-B1-1023-04，表示预制阳台板类型为全预制板式阳台，阳台板悬挑长度为 1000mm，预制阳台板宽度为 2300mm。

④ 基本参数设置。保护层厚度输入为“15”，板与楼层结构标高偏移量设置为“50”，在抗震等级下拉菜单中选取“非抗震”，如图 6.5 所示。

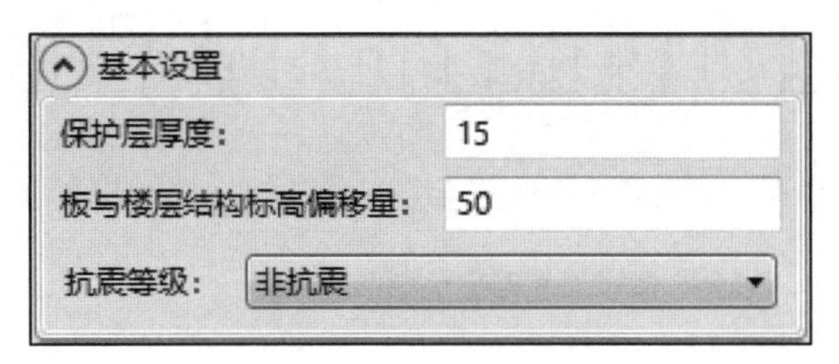

图6.5 保护层厚度、抗震等级

知识链接

保护层厚度的取值应根据预制板所处的环境类别进行输入，应满足《混凝土结构设计规范》(GB 50010—2010，2015 年版）中的相关要求。

特别提示

构件视口区模板图的 1—1 剖面图中的虚线表示的是楼层的结构标高，设置的“板与楼层结构标高偏移量”会在 1—1 剖面图中反映高差值，如图 6.6 所示。

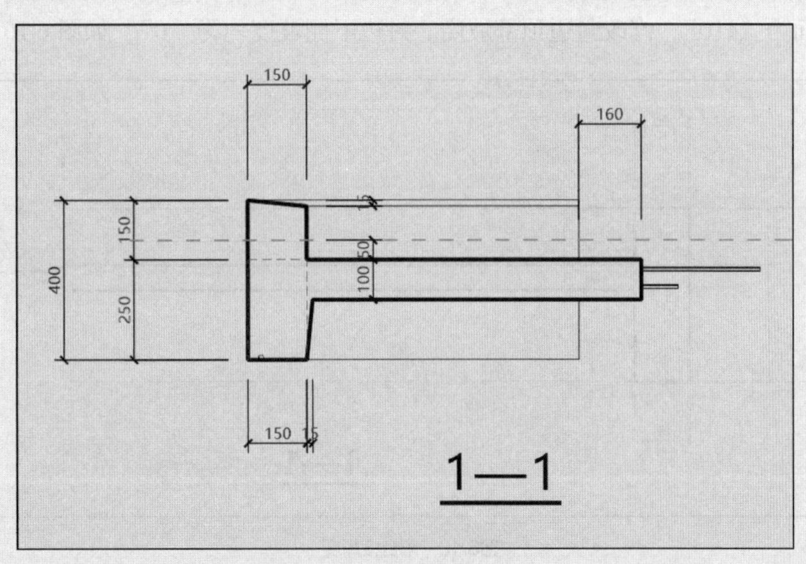

图6.6 板与楼层结构标高偏移量

⑤ 阳台板翻边设置。在参数设置区的翻边设置中选择“两侧翻边”，如图 6.7 所示。

⑥ 阳台板基本尺寸设置。点选参数设置区底部的“模板图”，如图 6.8 所示。

图6.7 阳台板翻边设置

图6.8 阳台板基本尺寸设置

在构件视口区的“平面图”中修改阳台长度值为“2260”，修改阳台宽度值为“3510”，修改两侧封边距离混凝土边缘距离为“160”，如图 6.9 所示。

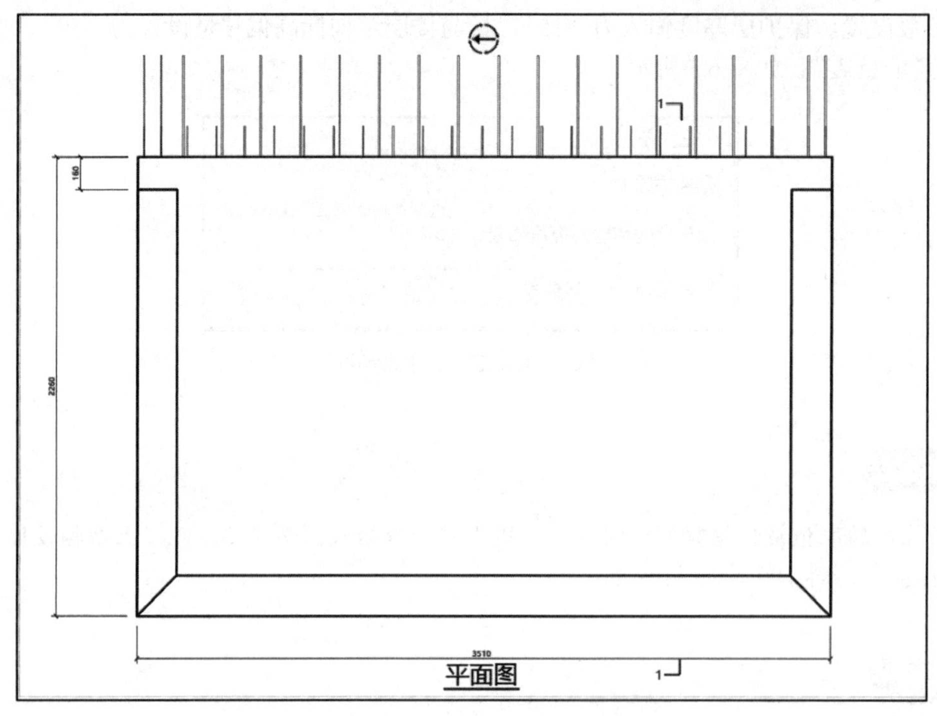

图6.9 平面布置图

在1—1剖面图中修改阳台板厚度为“90”，封边厚度为“200”，封边突出板面高度设置为“200”，阳台封边底部距离板面为“410”，修改封边顶部坡度、封边下侧坡度均为“0”，如图6.10所示。

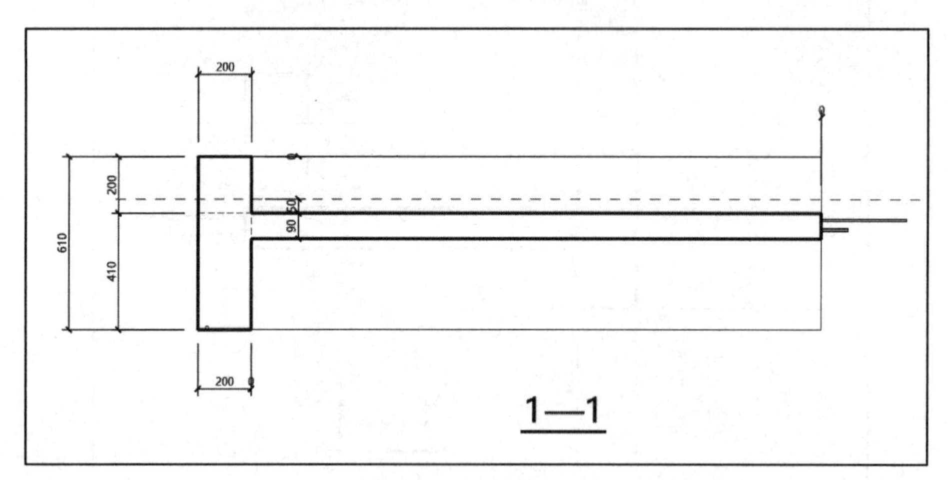

图6.10 阳台板厚度

⑦ 阳台板滴水线设置。在参数设置区中滴水线设置为“有”，如图6.11所示。

图6.11 滴水线设置

⑧ 阳台板钢筋设置。点选参数设置区底部的“配筋图”，在参数设置区中跳出对应视图，如图6.12所示。

在参数设置区的封边腰筋设置中，设置悬挑边腰筋行数为“1”，腰筋设置为“C8”，在构件视口区的“2—2”剖面图中设置该腰筋到底部距离为“150”，如图6.13所示。

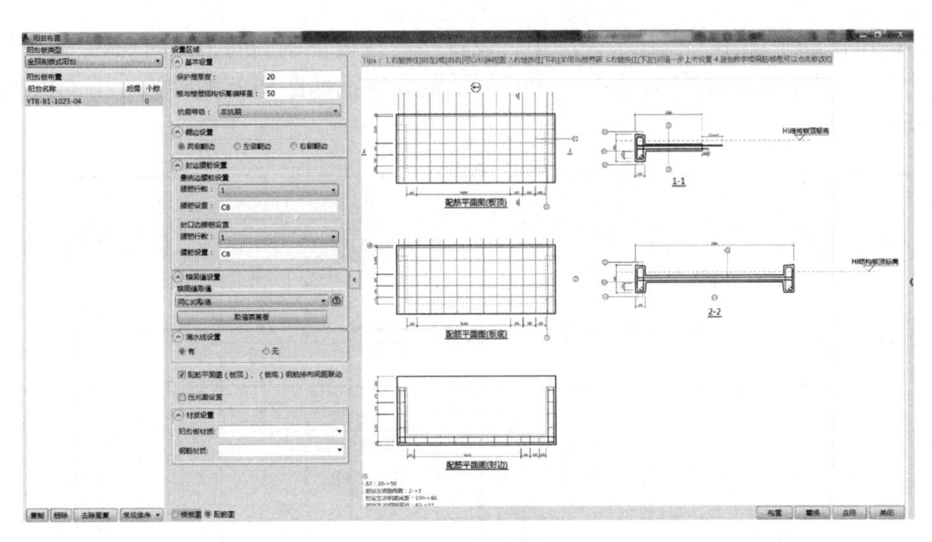

图6.12 钢筋设置

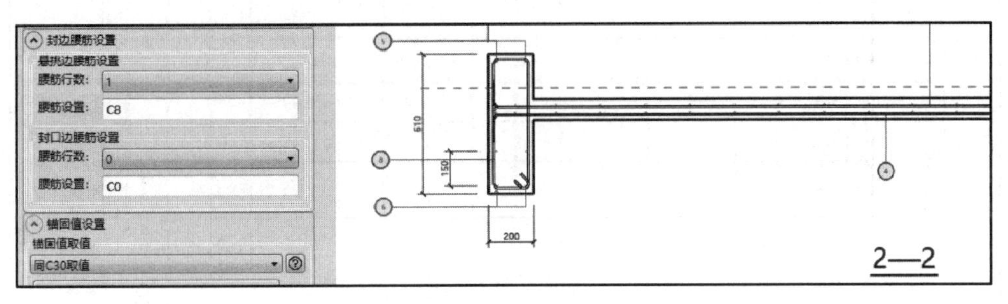

图6.13 封边腰筋设置

在参数设置区的封边腰筋设置中，设置封口边的腰筋行数为“1”，腰筋设置为“C8”，在构件视口区的“1—1”剖面图中设置腰筋到底部距离为“150”，如图6.14所示。

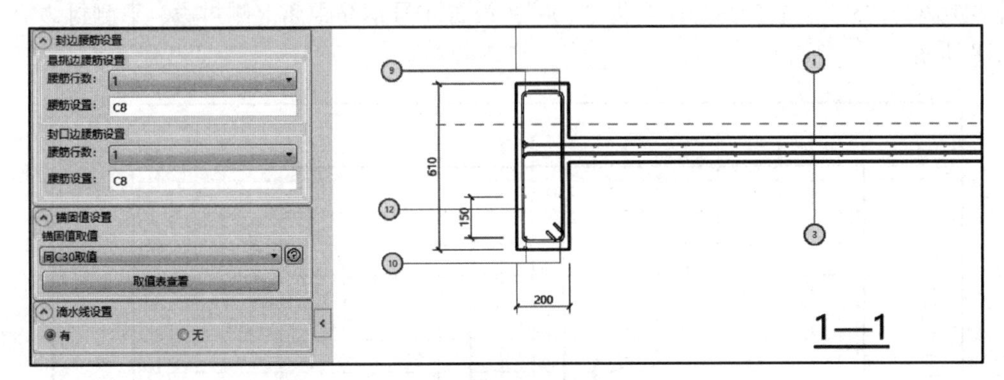

图6.14 断面图中设置腰筋距离

在参数设置区的锚固值取值下拉菜单中选择“同C30取值”，如图6.15所示。

在参数设置区中取消勾选“配筋平面图（板顶）、（板底）钢筋排布间距联动”，勾选“压光面设置”，如图6.16所示。

图6.15 锚固值取值

图6.16 参数设置区界面

在构件视口区的配筋平面图（板顶）视图中，设置阳台板板顶钢筋间距双向均为“200”；设置①号钢筋距离左侧封边为“30”，距离右侧封边为“100”；设置②号钢筋距离上侧封边、下侧封边值分别为60、50，如图6.17所示。

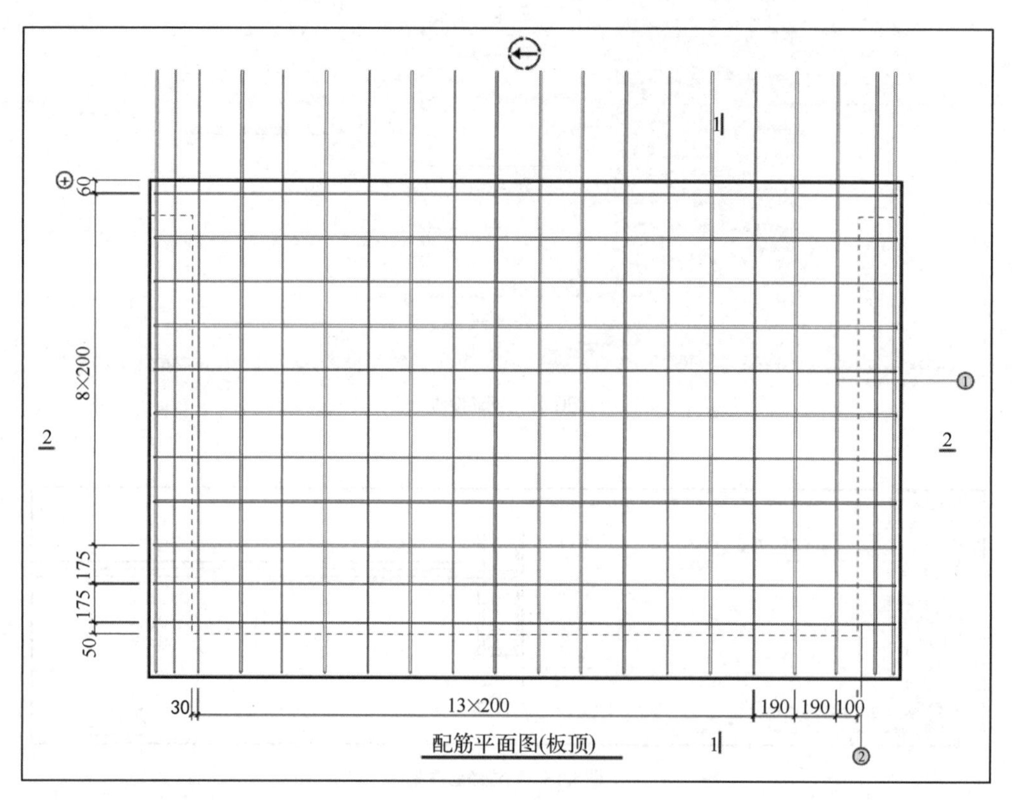

图6.17　配筋平面图（板顶）

在构件视口区的配筋平面图（板底）视图中，设置阳台板板底钢筋间距双向均为“150”；设置③号钢筋到左侧封边距离为“50”、右侧封边距离为“100”；设置④号钢筋距离上侧封边、下侧封边值分别为60、50，如图6.18所示。

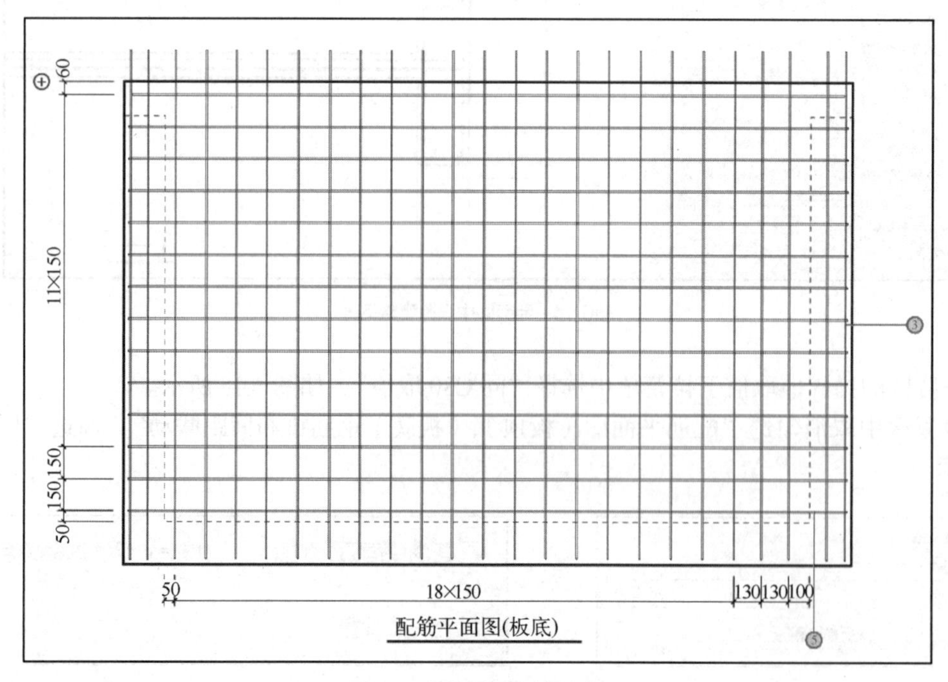

图6.18　配筋平面图（板底）

在构件视口区的1—1视图中，选中①号钢筋，将其直径设置为8mm，解锁①号钢筋伸出混凝土长度，将其修改为“500”，如图6.19所示；选中③号钢筋，将其直径设置为6mm，解锁③号钢筋伸出混凝土长度，将其修改为“150”，如图6.20所示。

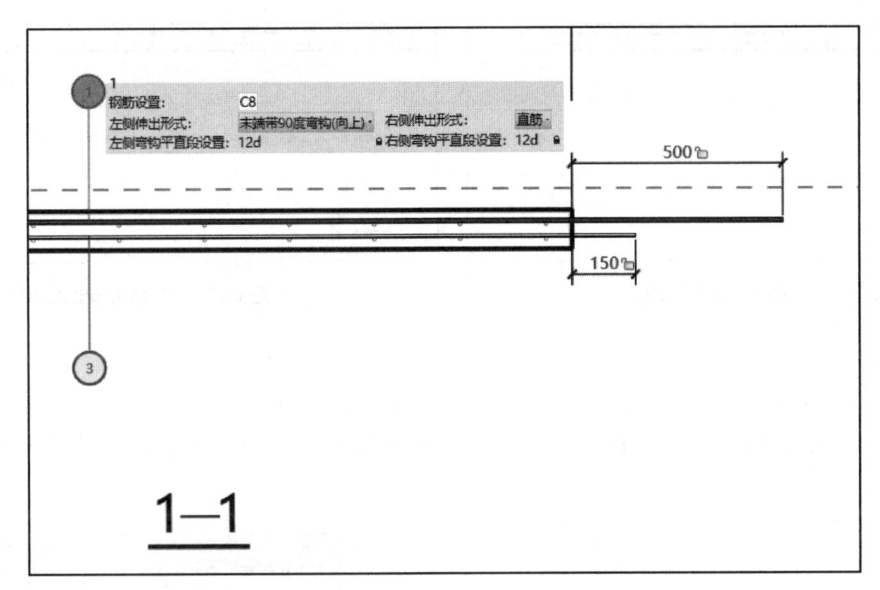

图6.19 构件视口区1—1视图界面

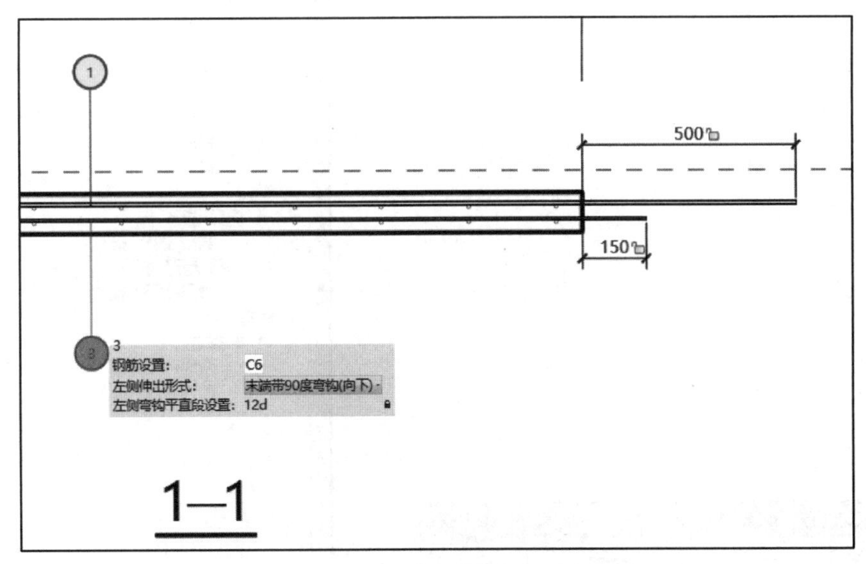

图6.20 修改钢筋伸出长度界面

在构件视口区的2—2视图中，选中②号钢筋，将其直径设置为8mm，解锁②号钢筋伸出混凝土长度，将其修改为“140”，如图6.21所示；选中④号钢筋，将其直径设置为6mm，解锁④号钢筋伸出混凝土长度，将其修改为“140”，如图6.22所示。

特别提示

① 其他参数设置若项目未做要求，可参照图集《预制钢筋混凝土阳台板、空调板及女儿墙》（15G368-1）中的做法。

② 视图中各钢筋出筋长度默认按照图集要求，若需手动修改，可将其解锁后自定义钢筋伸出长度。

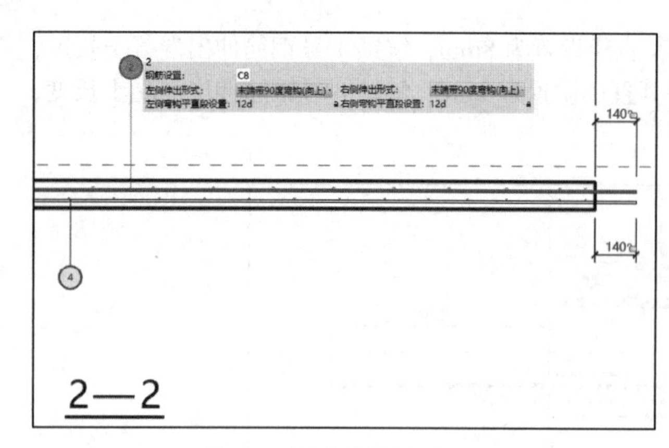

图6.21 ②号钢筋伸出长度设置

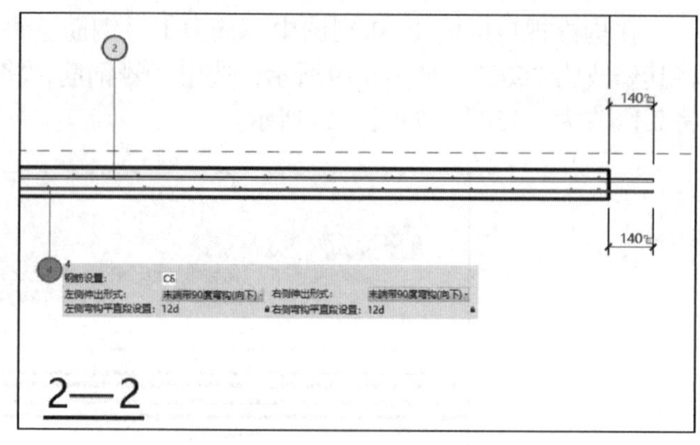

图6.22 ④号钢筋伸出长度设置

（2）附属构件布置

① 点取“BeePC 深化”选项卡中的“附加”按钮，如图 6.23 所示。

② 在弹出的“阳台板附加”对话框中点击“进入画布模式”，在模型中点选需布置附属构件的阳台板（图 6.24）。

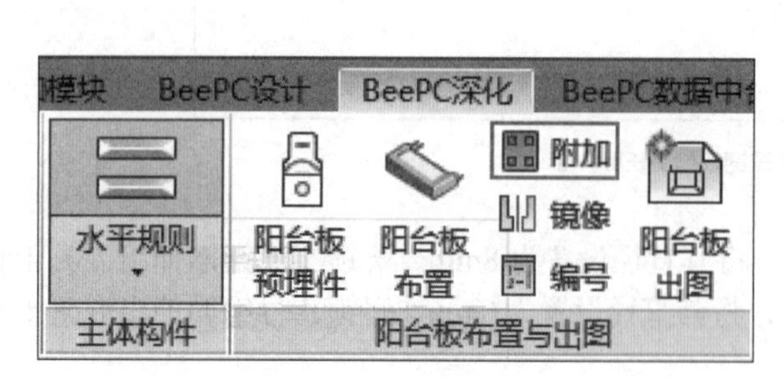

图6.23 附属按钮选项界面

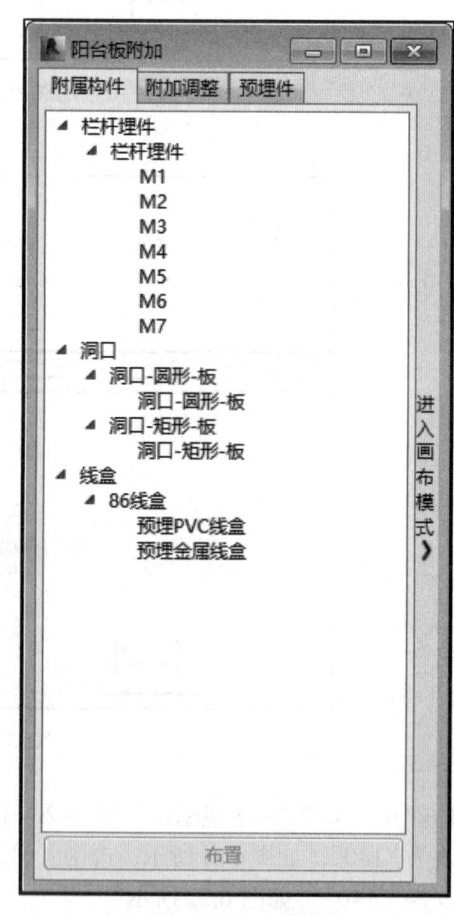

图6.24 进入画布模式选项

③ 在左侧“附属构件”列表中选择“洞口 - 圆形 - 板”，点击“布置”，将鼠标移动到构件视口区任意布置。选中洞口，修改其半径为“75”，修改洞口距离上边为“155”，距离右侧为“320”，如图 6.25 所示，以同样的方式布置其他位置的洞口，定位如图 6.26 所示。

④ 在“附属构件”列表中选择栏杆埋件“M5”型号，布置在阳台封边处，如图 6.27 所示。

⑤ 切换到“预埋件”列表，选择“吊环 3- 阳台板（板面）”类型的吊环，点击“布置”，将其布置在阳台板的板面上，定位如图 6.28 所示，最后点击“应用到实例”。

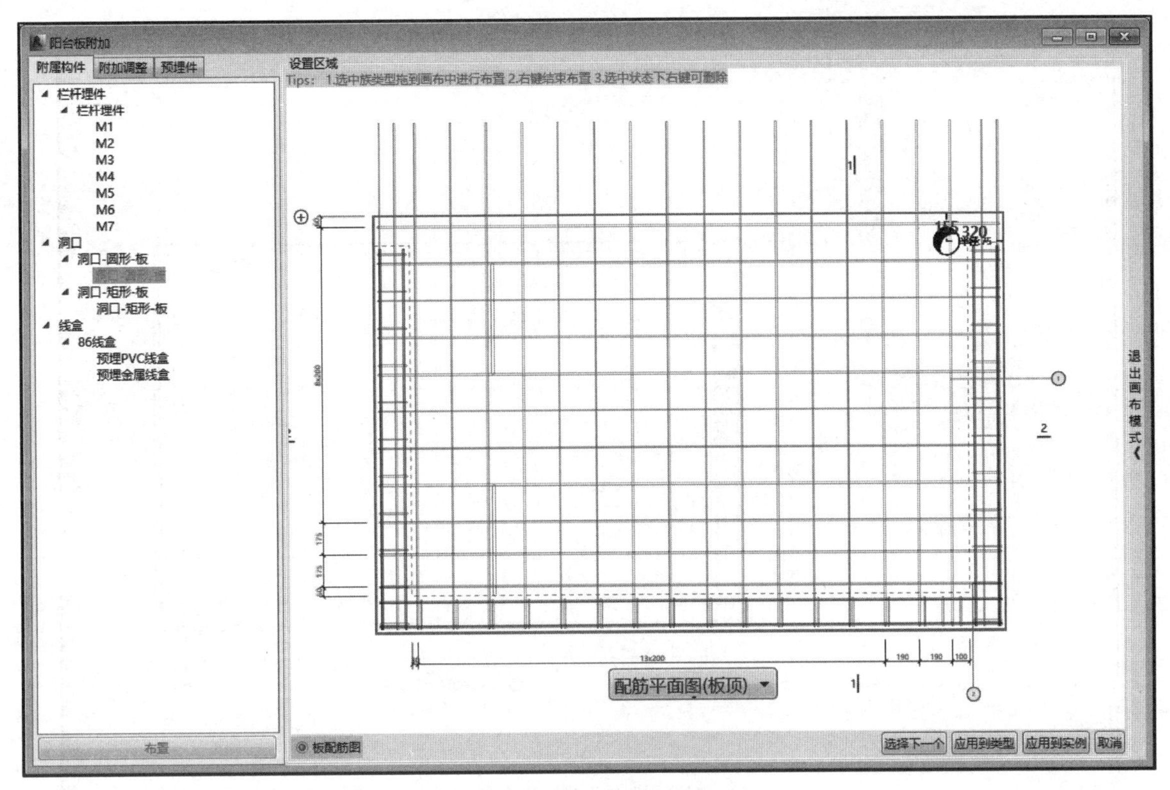

图6.25 阳台板附属构件布置界面

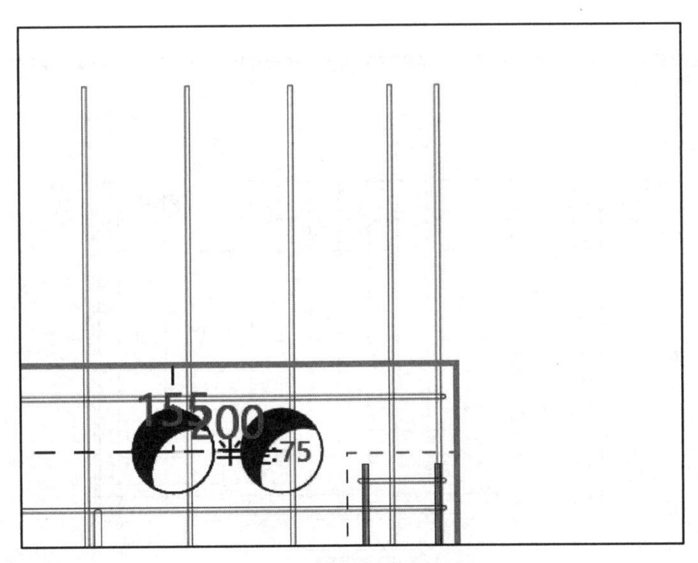

图6.26 洞口参数设置界面

（3）预制阳台板编号

① 点取“阳台板布置与出图”中的“编号”按钮，如图 6.29 所示。

② 在弹出的“阳台一键编号”对话框中，编号模式设置选择“傻瓜式编号”，编号排序设置选择先左右后上下，名称自定义中设置“2-25F PCYT”，如图 6.30 所示。

③ 点击右下角“一键编号”，则预制阳台板编号完成。

（4）BOM 清单

BeePC 软件提供 BOM 清单功能，预制阳台板的 BOM 清单操作如下。

① 点取“BeePC 深化”选项卡下的“规则清单”按钮，如图 6.31 所示。

② 进入“BeePC-BOM 报表”对话框，左侧为报表名称，右侧为对应的一览表，如图 6.32 所示。

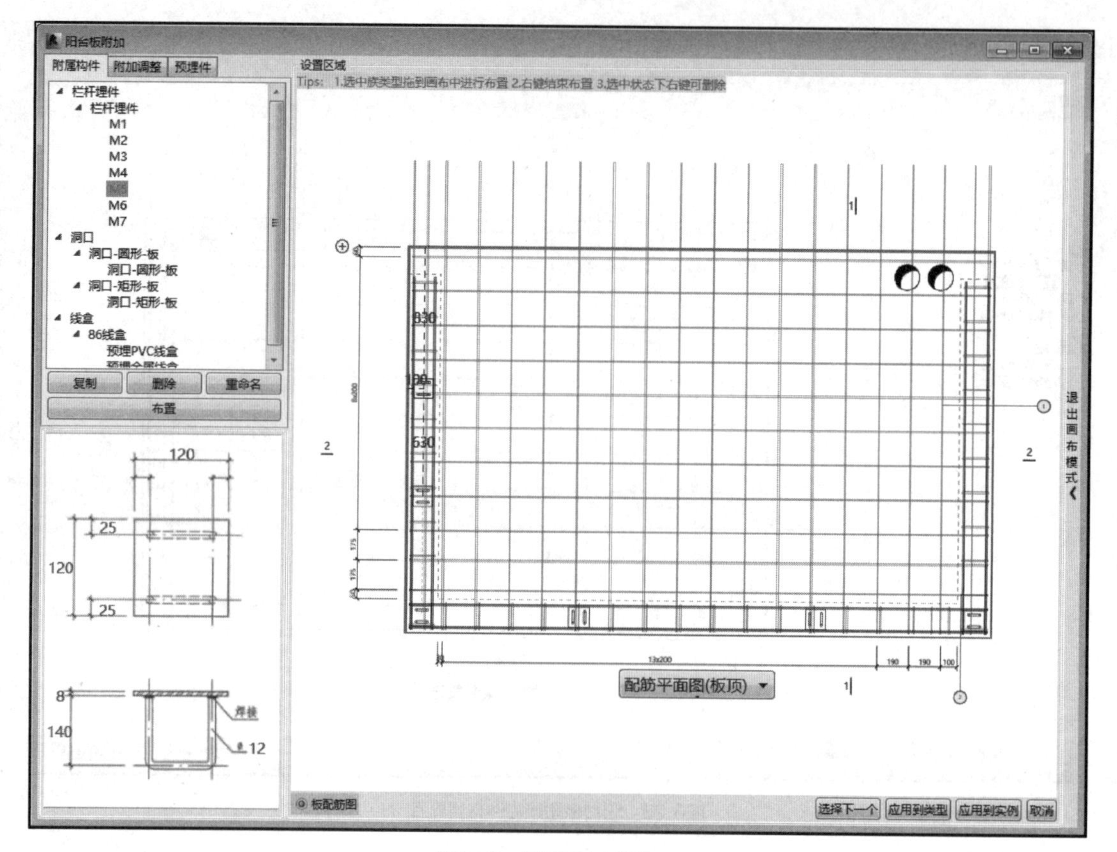

图6.27 栏杆埋件参数设置

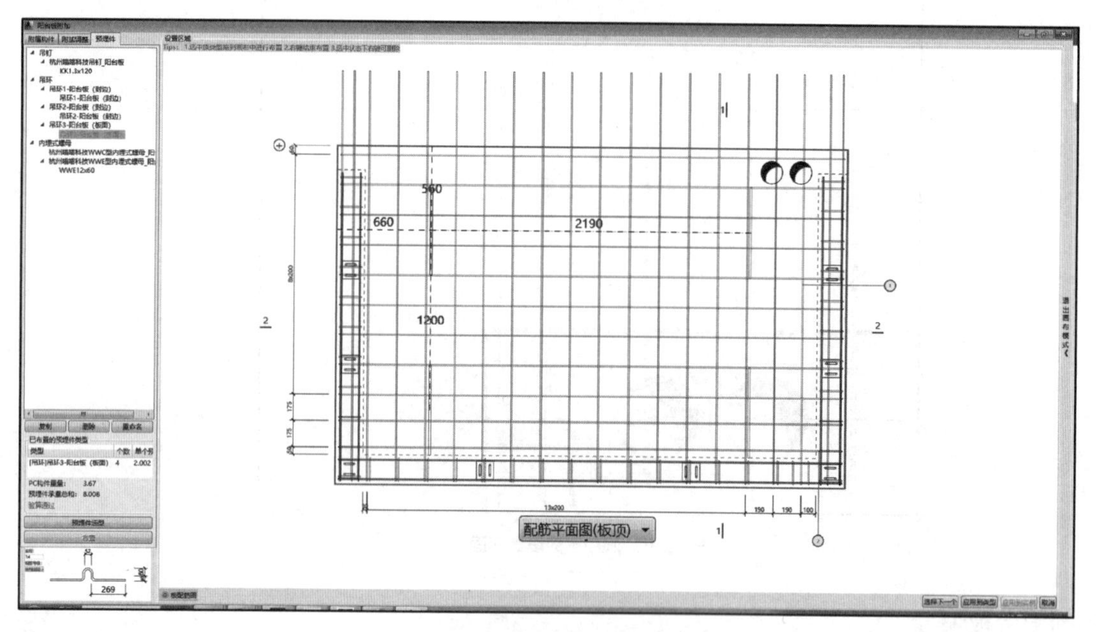

图6.28 吊环设置

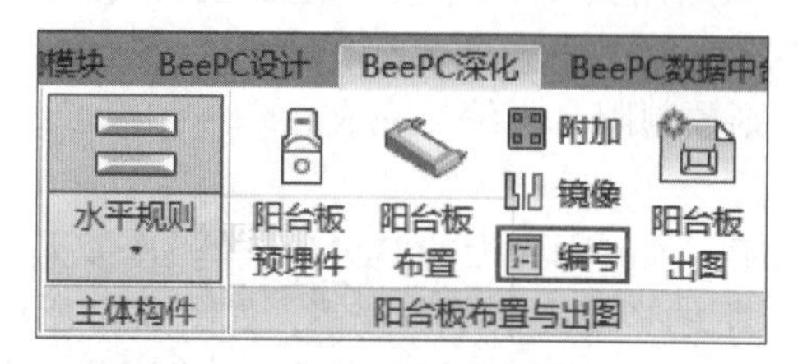

图6.29 阳台板编号设置界面

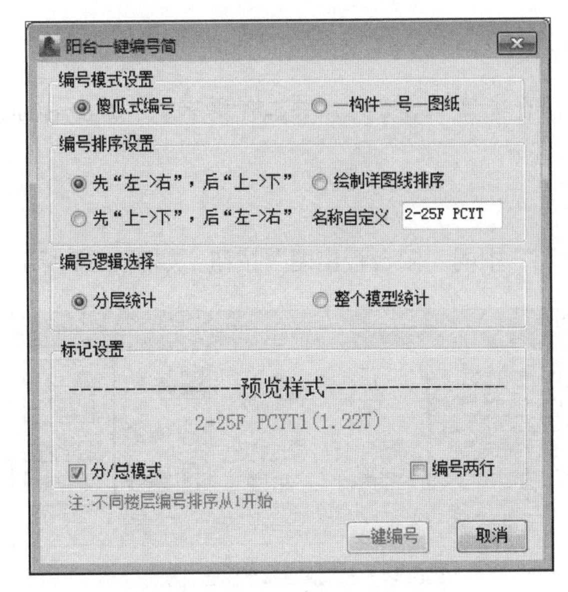

图6.30　阳台一键编号对话框界面

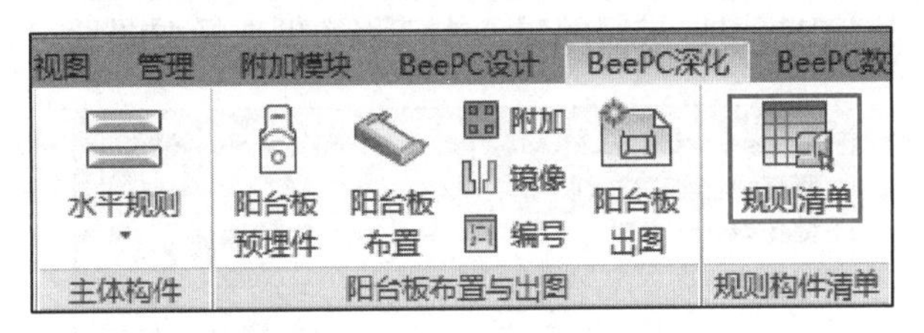

图6.31　规则清单按钮选项界面

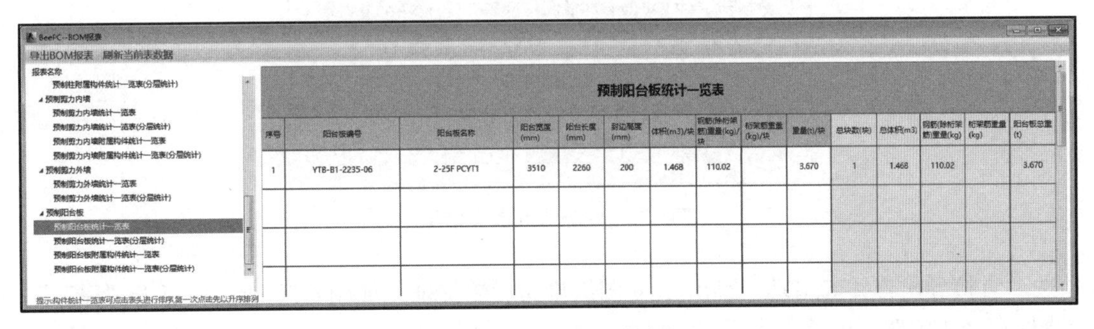

图6.32　预制阳台统计一览表界面

③ 软件内置预制阳台板的4类BOM清单，并支持将生成的BOM报表导出Excel或导出对应视图，如图6.33所示。

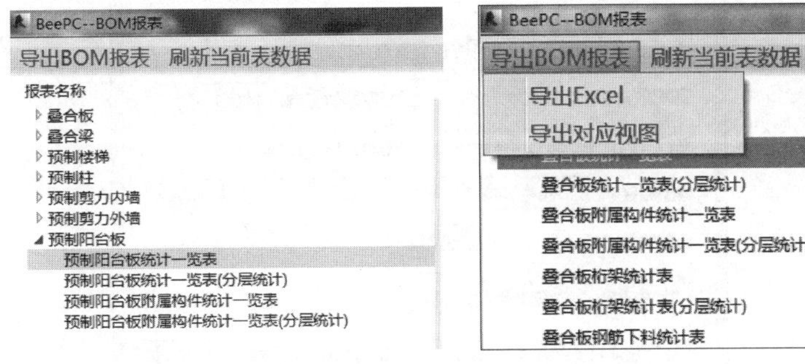

图6.33　BOM清单选项界面

BOM 表的制作需要在阳台板编号后进行，若工程实际中不需要 BOM 表，则在阳台板编号后可跳过此项，直接进行阳台板出图。

（5）预制阳台板出图

① 点取“阳台板布置与出图”中的“阳台板出图”按钮，如图 6.34 所示。

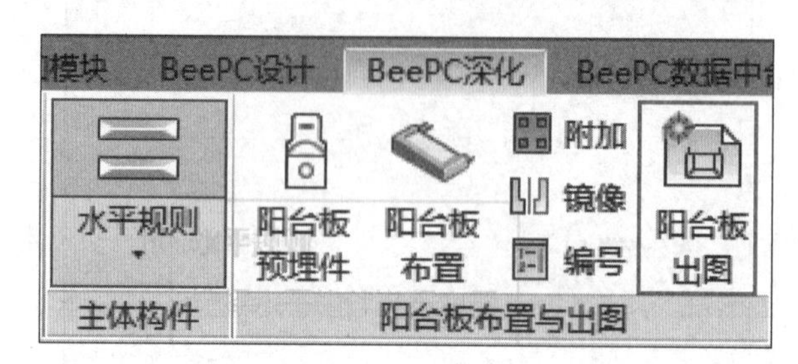

图6.34 预制阳台板出图选项界面

② 进入“阳台一键出图”对话框，对图框名称、图框尺寸、出图比例、标注文字大小、字体等内容进行点选，对出图布局、明细表等内容可以进行编辑。本工程实例选择如图 6.35 所示。

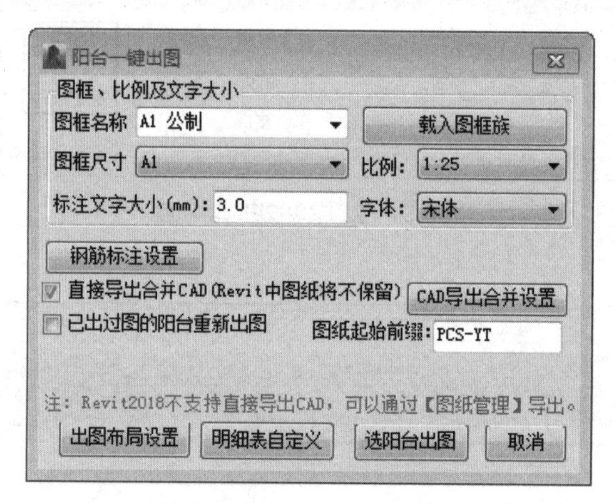

图6.35 阳台一键出图选项界面

③ 勾选“直接导出合并 CAD”，跳出 dwg 图纸排布设置弹框，如图 6.36 所示，点击“保存”，则所选板的详图均保存在指定路径的文件夹下。

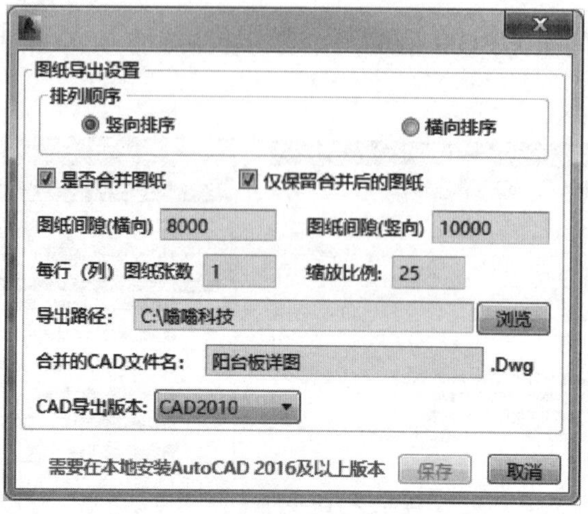

图6.36 图纸排布设置弹框选项界面

特别提示

阳台出图得到的图纸结果有两种类型，一种为导出 dwg 图纸，另一种为在 Revit 中生成图纸，大家可根据项目实际情况自行选择。本例采用的是导出 dwg 图纸。

该预制阳台板布置完后的效果如图 6.37 所示。

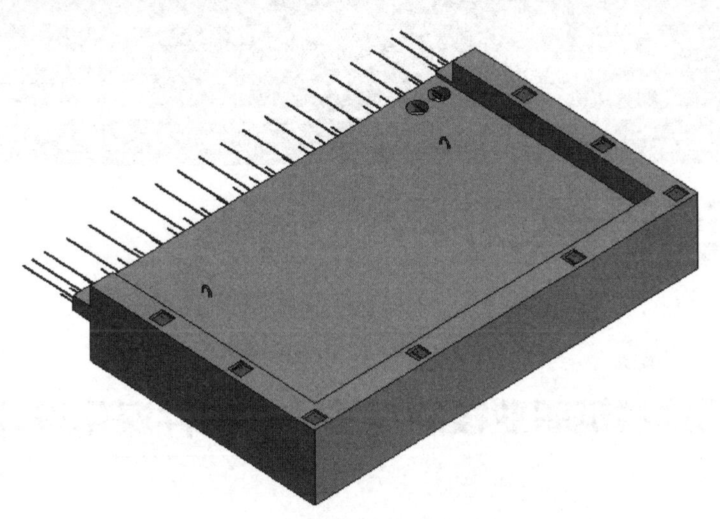

图6.37　预制阳台板布置效果图

能力训练题

请读者自行完成图 6.1 中箭头所指预制阳台的深化设计。

附录一

构件深化设计练习一

第三届全国装配式建筑职业技能竞赛——构件深化设计练习题

一、考试要求

1. 考试方式：计算机操作，闭卷考试
2. 考试时间：90 分钟

二、深化设计试题

1　设计任务书

1.1　任务概述

我国南方某城市辅助车间一栋，地上二层、地下一层，结构体系为装配整体式混凝土框架结构，抗震等级为三级，上人平屋面，楼梯间局部出屋面，层高详见层高表，首层采用现浇形式，二层部分采用预制部品部件，精装交付。要求对指定预制构件进行深化设计并按要求完善模型。

1.2　预制构件类型

该建筑物预制构件类型有预制柱、预制叠合梁、预制叠合板，预制率大于 20%。

1.3　设计依据

《装配式混凝土结构技术规程》(JGJ 1—2014)
《装配式混凝土连接节点构造》(15G310-1)
《桁架钢筋混凝土叠合板》(15G366-1)
《预制钢筋混凝土板式楼梯》(15G367-1)
《混凝土结构施工图平面整体表示方法制图规则和构造详图》(16G101-1)
《混凝土结构施工钢筋排布规则与构造详图》(18G901-1)

1.4　构件材料及保护层厚度

该建筑物钢筋均采用HRB400 级钢筋，用符号 ⌽表示，混凝土强度等级详见图纸层高表，预制叠合板、预制叠合梁、预制柱混凝土保护层的厚度分别为 15mm、20mm、20mm。

1.5 项目的结构图纸说明

该建筑物图纸包含以下内容：

图一 −0.030～8.070 柱平法施工图；

图二 4.470 梁配筋平面布置图；

图三 4.470 板配筋平面图；

图四 二层预制构件平面布置图。

1.6 装配式混凝土连接节点说明

1.6.1 现浇主梁与预制次梁连接节点见图五。

1.6.2 本项目预制叠合楼板有预制叠合单向板和预制叠合双向板两种；预制叠合双向板采用后浇带的整体式接缝连接形式，其连接节点见图六；预制叠合单向板采用密拼缝形式，其连接节点见图七；预制叠合单向板仅受力方向出筋，非受力方向边梁支座节点见图八；叠合板与边梁支座的连接形式见图九。

1.6.3 预制叠合板、预制叠合梁均搁进支座 10mm。

1.7 叠合板底板要求

1.7.1 双向板叠合楼板采用 60mm（预制）+70mm（现浇）的形式，桁架钢筋规格代号为 A80；单向板叠合楼板仅受力方向出筋，楼板采用 60mm（预制）+80mm（现浇）的形式，桁架钢筋规格代号为 A90。

1.7.2 桁架钢筋的设置应满足规程要求，需考虑到其设置能使底板的纵筋总量最低。

1.7.3 吊装方式为吊桁架筋的形式，吊点加强筋为 2 ⏀8，长度 280mm，设两组吊点，吊点位置设置在距板边 $L/5 \pm 100$ 波峰处。

1.7.4 双向叠合板底板上下板边分别设置 1 ⏀6 的不外伸构造钢筋，钢筋中心距板边缘距离为 25mm。

1.7.5 预制底板上 XH1 字符标示的配件为 PVC 材质的加高型 86 线盒，高度 100mm，接 ϕ20 锁母；预制底板上 XH2 字符标示的配件为金属材质的加高型 86 线盒，高度 100mm，接 ϕ25 锁母。

1.7.6 柱切角处板钢筋构造应满足《混凝土结构施工钢筋排布规则与构造详图》（18G901-1）中的要求，矩形洞口 JD1 尺寸 300mm × 500mm，为永久性洞口，即洞内无钢筋，并应在合适的位置放置 ⏀12 的加强筋。

1.7.7 预制底板相应位置应设置粗糙面及构件安装符号。

1.7.8 预制底板的其他未说明处应满足图纸及现行标准、图集、规范的要求。

1.8 叠合梁要求

1.8.1 预制叠合梁两端搁进支座均为 10mm。

1.8.2 拉筋为 ⏀6，拉筋布置满足相关要求。

1.8.3 箍筋采用组合封闭箍。

1.8.4 叠合梁的吊装预埋件选用吊钉（型号为 KK2.5 × 170），吊装工况调整系数取 1.2。

1.8.5 叠合梁两端设置非贯通键槽，构造腰筋不伸出；叠合梁第二排底筋不伸出。

1.8.6 叠合梁中 TG1 为预埋 DN100 的镀锌钢套管，套管中心标高为楼层结构标高 H−0.400m，平面定位详见图纸所示。

1.8.7 叠合梁相关部位应设置粗糙面符号、键槽符号及构件安装符号。

1.8.8 叠合梁的其他未说明处应满足图纸及现行标准、图集、规范的要求。

1.9 预制柱要求

1.9.1 预制柱纵筋连接方式采用半灌浆套筒的形式。

1.9.2 预制柱的吊装预埋件选用内埋式螺母（型号为 WWC30 × 105），吊装工况调整系数取 1.2。

1.9.3 预制柱的脱模及斜撑埋件选用内埋式螺母（型号为 WWC16 × 54）。

1.9.4 预制柱相关部位应设置粗糙面符号、键槽符号及构件安装符号。

1.9.5 预制柱的其他未说明处应满足图纸及现行标准、图集、规范的要求。

2 设计内容及结果输出

根据以上任务书要求，对如下预制混凝土构件进行深化设计并输出结果。

2.1 深化设计要求

对 DBD68-3924-2 叠合板、DBS67-3524-11 叠合板、PCL1 叠合梁、PCZ1（4.470～8.070）预制柱分别

进行深化设计并将结果分别以详图名称为“2F-PCDB1”“2F-PCSB1”“2F-PCL1”“2F-PCZ1”的图纸输出。每个构件深化设计图纸中应包含的内容：模板图、配筋图、构件信息表（至少包含混凝土体积、构件重量、混凝土强度）、埋件信息表（至少包含埋件编号、名称、规格、数量）、配筋表（至少包含编号、直径、级别、钢筋加工尺寸、钢筋重量）。

深化设计图纸要求图面整洁、文字和标注不得有重叠现象。

2.2 模型完善要求

根据给出的图纸中的预制范围，将其他的预制构件布置在模型中的相应位置并均应有编号（注：应考虑预制板间后浇带处的钢筋避让，预制次梁与现浇主梁钢筋间的避让），使模型完整准确。

2.3 结果输出要求

2.3.1 深化设计图纸，均采用A2图幅绘制，并分别以“2F-PCDB1”“2F-PCSB1”“2F-PCL1”“2F-PCZ1”为详图名称保存在模型中。

2.3.2 将最终的模型文件按指定的规则命名和提交。

注：配套图纸见图一～图九、ST-30-25配筋图。

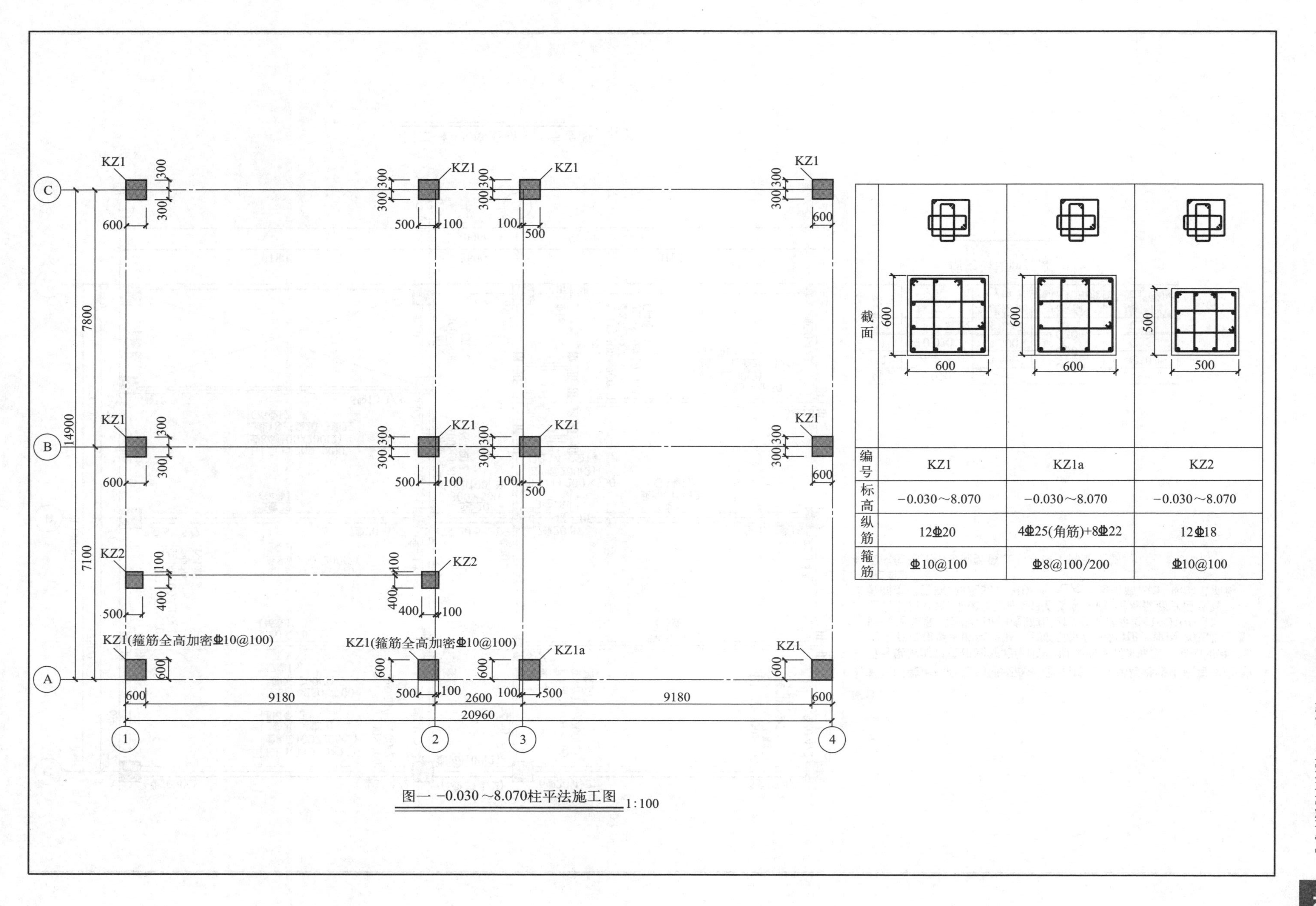

截面	600×600	600×600	500×500
编号	KZ1	KZ1a	KZ2
标高	−0.030～8.070	−0.030～8.070	−0.030～8.070
纵筋	12⌀20	4⌀25(角筋)+8⌀22	12⌀18
箍筋	⌀10@100	⌀8@100/200	⌀10@100

图一 −0.030～8.070柱平法施工图 1:100

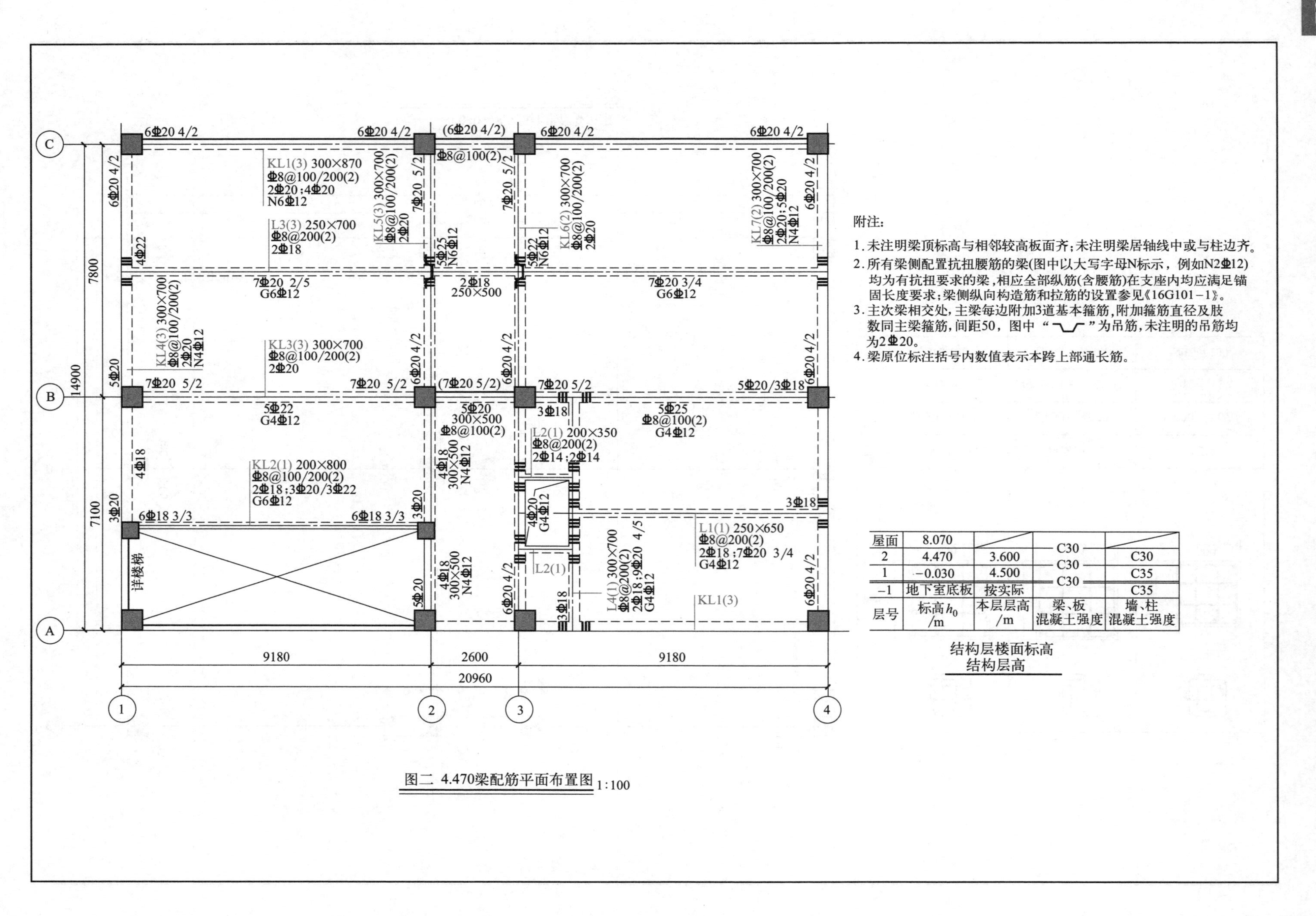

层号	标高 h_0/m	本层层高/m	梁、板混凝土强度	墙、柱混凝土强度
屋面	8.070		C30	
2	4.470	3.600	C30	C30
1	-0.030	4.500	C30	C35
-1	地下室底板	按实际		C35

图二 4.470梁配筋平面布置图 1:100

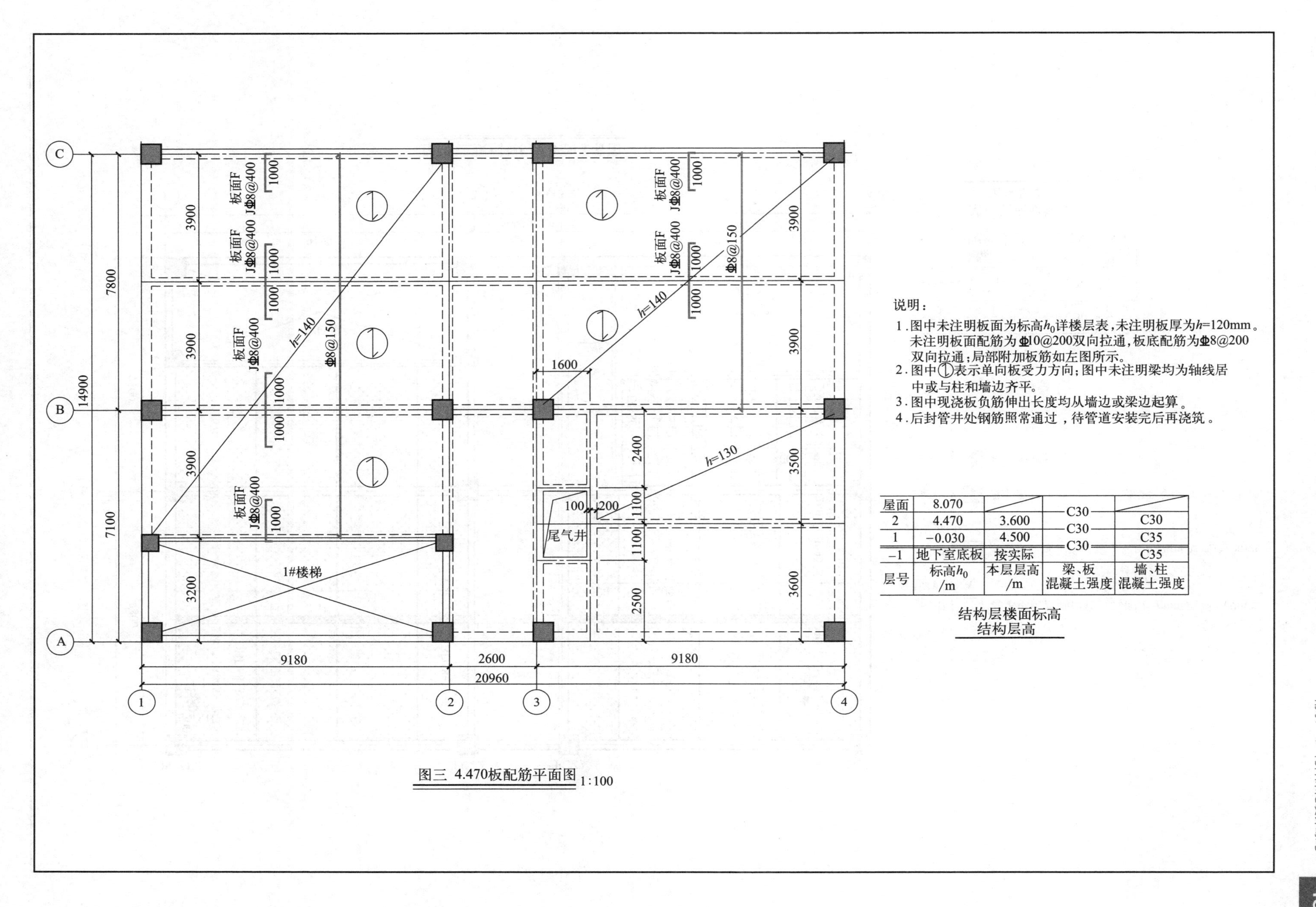

说明：

1. 图中未注明板面为标高h_0详楼层表，未注明板厚为h=120mm。未注明板面配筋为⌀10@200双向拉通，板底配筋为⌀8@200双向拉通；局部附加板筋如左图所示。
2. 图中①表示单向板受力方向；图中未注明梁均为轴线居中或与柱和墙边齐平。
3. 图中现浇板负筋伸出长度均从墙边或梁边起算。
4. 后封管井处钢筋照常通过，待管道安装完后再浇筑。

层号	标高h_0 /m	本层层高 /m	梁、板混凝土强度	墙、柱混凝土强度
屋面	8.070		C30	
2	4.470	3.600	C30	C30
1	−0.030	4.500	C30	C35
−1	地下室底板	按实际		C35

结构层楼面标高
结构层高

图三 4.470板配筋平面图 1:100

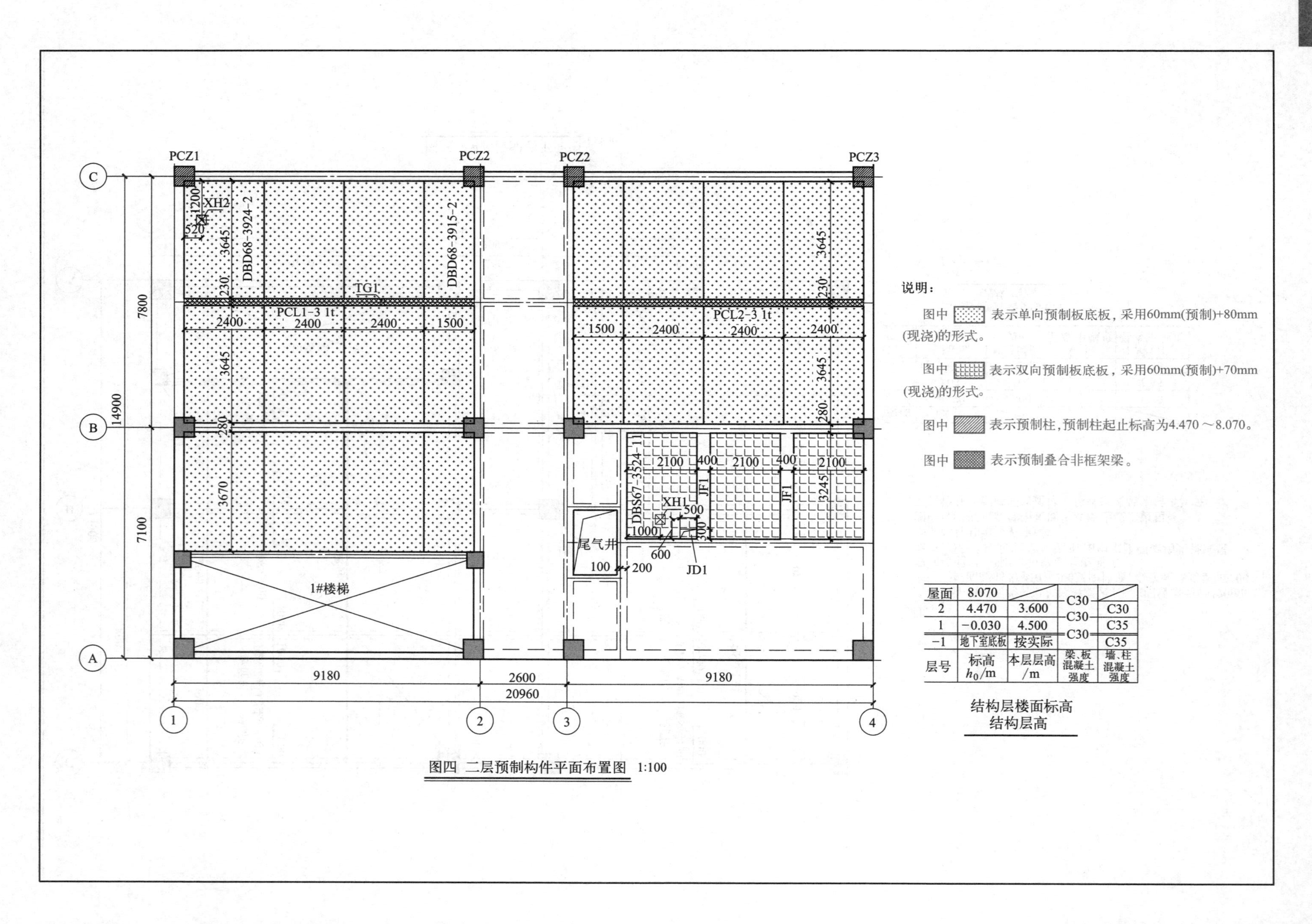

层号	标高 h_0/m	本层层高 /m	梁、板混凝土强度	墙、柱混凝土强度
屋面	8.070		C30	
2	4.470	3.600	C30	C30
1	−0.030	4.500	C30	C35
−1	地下室底板	按实际		C35

结构层楼面标高
结构层高

图四 二层预制构件平面布置图 1:100

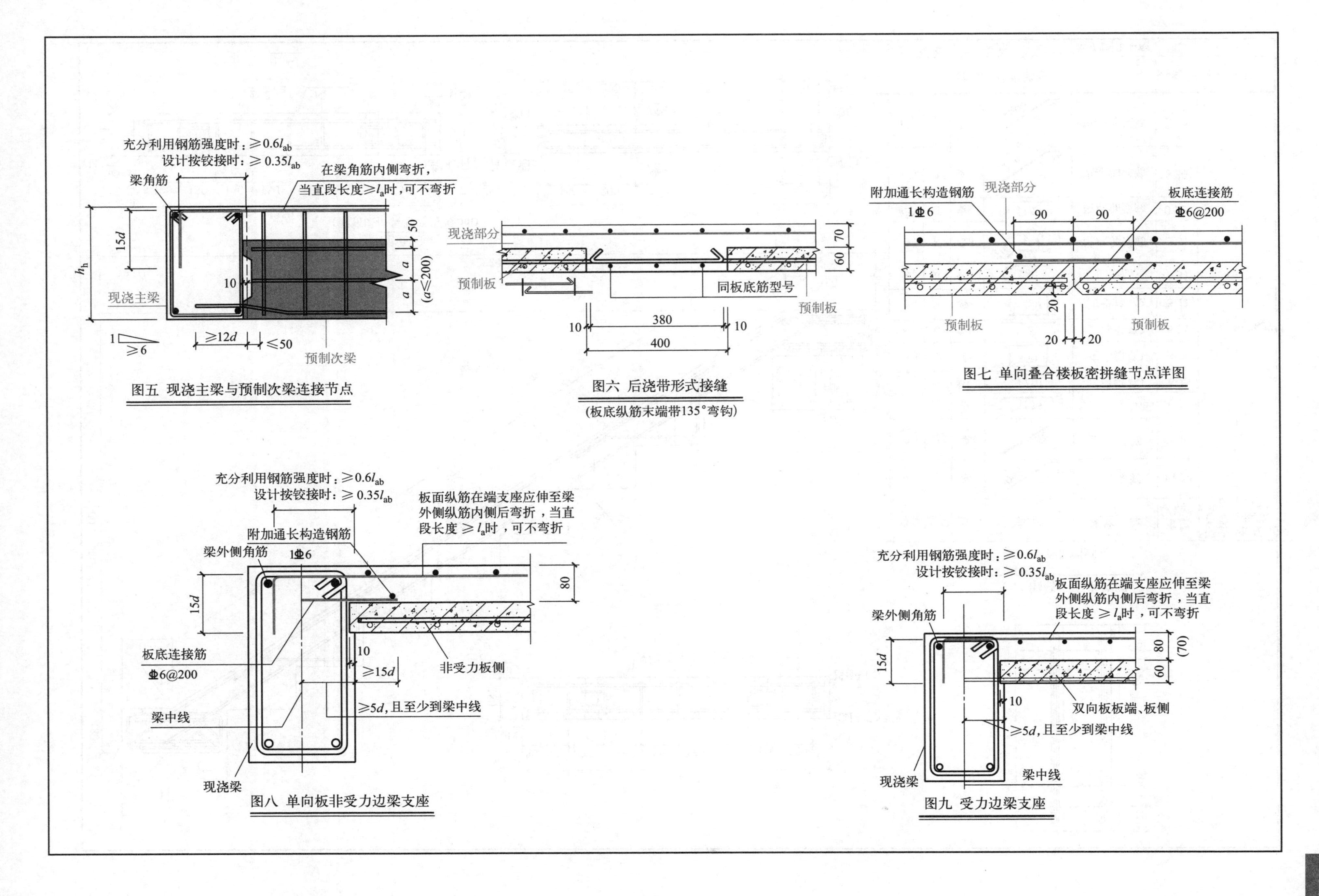

图五 现浇主梁与预制次梁连接节点

图六 后浇带形式接缝

(板底纵筋末端带135°弯钩)

图七 单向叠合楼板密拼缝节点详图

图八 单向板非受力边梁支座

图九 受力边梁支座

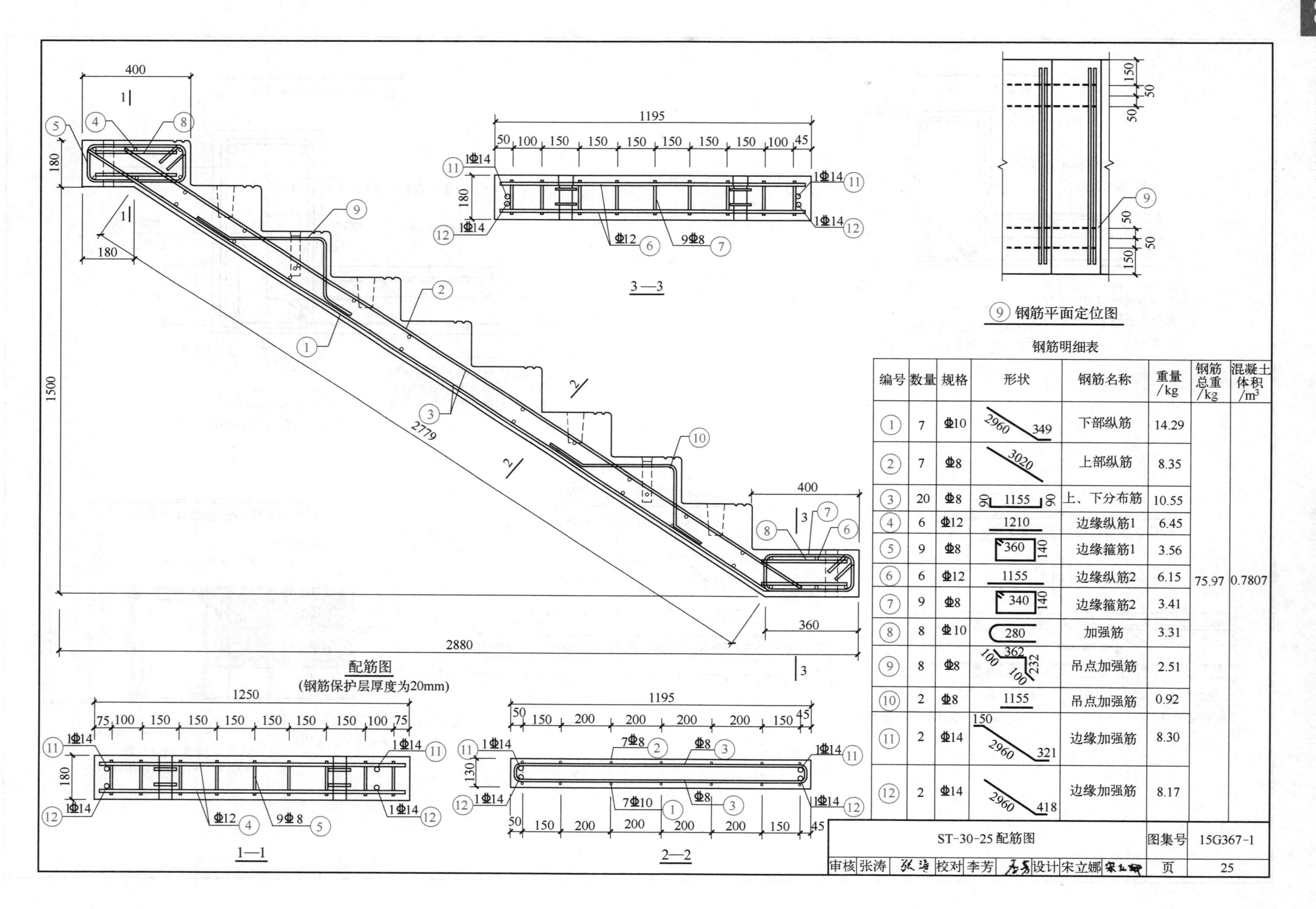

钢筋明细表

编号	数量	规格	形状	钢筋名称	重量/kg	钢筋总重/kg	混凝土体积/m³
1	7	Φ10	2960 349	下部纵筋	14.29	75.97	0.7807
2	7	Φ8	3020	上部纵筋	8.35		
3	20	Φ8	90 1155 90	上、下分布筋	10.55		
4	6	Φ12	1210	边缘纵筋1	6.45		
5	9	Φ8	360 140	边缘箍筋1	3.56		
6	6	Φ12	1155	边缘纵筋2	6.15		
7	9	Φ8	340 140	边缘箍筋2	3.41		
8	8	Φ10	280	加强筋	3.31		
9	8	Φ8	362 232 100 100	吊点加强筋	2.51		
10	2	Φ8	1155	吊点加强筋	0.92		
11	2	Φ14	150 2960 321	边缘加强筋	8.30		
12	2	Φ14	2960 418	边缘加强筋	8.17		

ST-30-25配筋图 图集号 15G367-1

审核 张涛 校对 李芳 设计 宋立娜 页 25

附录二

构件深化设计练习二

2020年浙江省装配式建筑职业技能竞赛（学生组）暨第三届全国装配式建筑职业技能竞赛（学生组）选拔赛

赛项一：构件深化设计赛题

一、考试要求

1. 考试方式：计算机操作，闭卷考试
2. 考试时间：90分钟

二、深化设计试题

1　设计任务书

1.1　任务概述

我国南方某城市学生宿舍楼一栋，地上二层、地下一层，结构体系为装配整体式混凝土框架结构，抗震等级为三级，上人平屋面，楼梯间局部出屋面，层高均为3.6m，首层采用现浇形式，二层部分采用预制部品部件，精装交付。要求对指定预制构件进行深化设计并按要求完善模型。

1.2　预制构件类型

该建筑物预制构件类型有预制柱、预制叠合梁、预制叠合板、预制楼梯，预制率大于或等于20%。

1.3　设计依据

《装配式混凝土结构技术规程》（JGJ 1—2014）
《装配式混凝土连接节点构造》（15G310-1）
《桁架钢筋混凝土叠合板》（15G366-1）
《预制钢筋混凝土板式楼梯》（15G367-1）
《混凝土结构施工图平面整体表示方法制图规则和构造详图》（16G101-1）
《混凝土结构施工钢筋排布规则与构造详图》（18G901-1）

1.4 构件材料及保护层厚度

该建筑物钢筋均采用HRB400级钢筋，用符号 ⊈ 表示，混凝土强度等级详见图纸层高表，预制叠合板、预制叠合梁、预制柱、预制楼梯混凝土保护层的厚度分别为15mm、20mm、20mm、20mm。

1.5 项目的结构图纸说明

该建筑物图纸包含以下内容：

图一 -0.030 ～ 7.170柱结构平面图；

图二 3.570梁平法施工图；

图三 3.570板配筋图；

图四 二层预制构件平面布置图。

1.6 装配式混凝土连接节点说明

1.6.1 现浇主梁与预制次梁连接节点见图五。

1.6.2 预制叠合楼板采用后浇带的整体式接缝连接形式，其连接节点见图六，叠合板与边梁支座的连接形式见图七，叠合板与中间梁支座的连接形式见图八，预制楼梯上下端的支座节点见图九。

1.6.3 预制叠合板、预制叠合梁均搁进支座10mm。

1.6.4 预制梯段与框架梁间留有20mm缝，预制梯段间留有15mm缝，详见二层预制构件平面布置图。

1.7 叠合板底板要求

1.7.1 楼板采用60mm（预制）+70mm（现浇）的形式。

1.7.2 桁架钢筋规格代号为A80，桁架钢筋的设置应满足规程要求，需考虑到其设置能使底板的纵筋总量最低。

1.7.3 吊装方式为吊桁架筋的形式，吊点加强筋为2 ⊈8，长度为280mm，设两组吊点，吊点位置设置在距板边 $L/5 \pm 100$ 波峰处。

1.7.4 预制板底板左右板边分别设置1 ⊈6的不外伸构造钢筋，钢筋中心距板边缘距离为25mm。

1.7.5 预制底板上XH3字符标示的配件为金属材质的加高型86线盒，高度100mm，接 ϕ20锁母。

1.7.6 柱切角处板钢筋构造应满足《混凝土结构施工钢筋排布规则与构造详图》18G901-1中的要求，矩形洞口JD1尺寸400mm×400mm，为永久性洞口，即洞内无钢筋，并应在合适的位置放置 ⊈12的加强筋。

1.7.7 预制底板相应位置应设置粗糙面及构件安装符号。

1.7.8 预制底板的其他未说明处应满足图纸及现行标准、图集、规范的要求。

1.8 叠合梁要求

1.8.1 预制叠合梁两端搁进支座均为10mm。

1.8.2 拉筋为 ⊈6，拉筋布置满足相关要求。

1.8.3 箍筋采用组合封闭箍。

1.8.4 叠合梁的吊装预埋件选用吊钉（型号为KK2.5×170），吊装工况调整系数取1.2。

1.8.5 叠合梁两端设置非贯通键槽，构造腰筋不伸出。

1.8.6 叠合梁中TG1为预埋DN100的镀锌钢套管，套管中心标高为楼层结构标高 H-0.280m，平面定位详见图纸所示。

1.8.7 叠合梁相关部位应设置粗糙面符号、键槽符号及构件安装符号。

1.8.8 叠合梁的其他未说明处应满足图纸及现行标准、图集、规范的要求。

1.9 预制楼梯要求

1.9.1 预制楼梯抗震等级为三级。

1.9.2 预制楼梯的挑耳统一设置在上侧，尺寸详见预制构件平面布置图；上下端支座做法详见节点大样。

1.9.3 预制楼梯的吊装及脱模预埋件均选用内埋式螺母。

1.9.4 预制楼梯的滴水线设置在梯井一侧，设置有防滑槽。

1.9.5 预制楼梯其他未说明的构造配筋参考15G367-1中的ST-30-25配筋图（另见ST-30-25配筋图）。

2 设计内容及结果输出

根据以上任务书要求，对如下预制混凝土构件进行深化设计并输出结果。

2.1 深化设计要求

对 PCB3 叠合板、PCL1 叠合梁、PCLT1（3.570 ～ 5.370）预制楼梯分别进行深化设计并将结果以图纸输出。每个构件深化设计图纸中应包含的内容：模板图、配筋图、构件信息表（至少包含混凝土体积、构件重量、混凝土强度）、埋件信息表（至少包含埋件编号、名称、规格、数量）、配筋表（至少包含编号、直径、级别、钢筋加工尺寸、钢筋重量）。

深化设计图纸要求图面整洁、文字和标注不得有重叠现象。

2.2 模型完善要求

根据给出的图纸中的预制范围，将其他的预制构件布置在模型中的相应位置并均应有编号（注：应考虑预制板间后浇带处的钢筋避让，预制次梁与现浇主梁钢筋间的避让，预制框架梁与预制柱钢筋的避让），使模型完整准确。

2.3 结果输出要求

2.3.1 深化设计图纸，均采用 A2 图幅绘制，并分别以“2F-PCB3”“2F-PCB6”“2F-PCL1”“2F-PCLT1”为详图名称保存在模型中。

2.3.2 将最终的模型以“座位号 + 姓名 .rvt”为文件名命名。

2.3.3 将文件保存在桌面上，并通过平台上交。

注：配套图纸见图一～图九、ST-30-25 配筋图（见附录一配套图纸）。

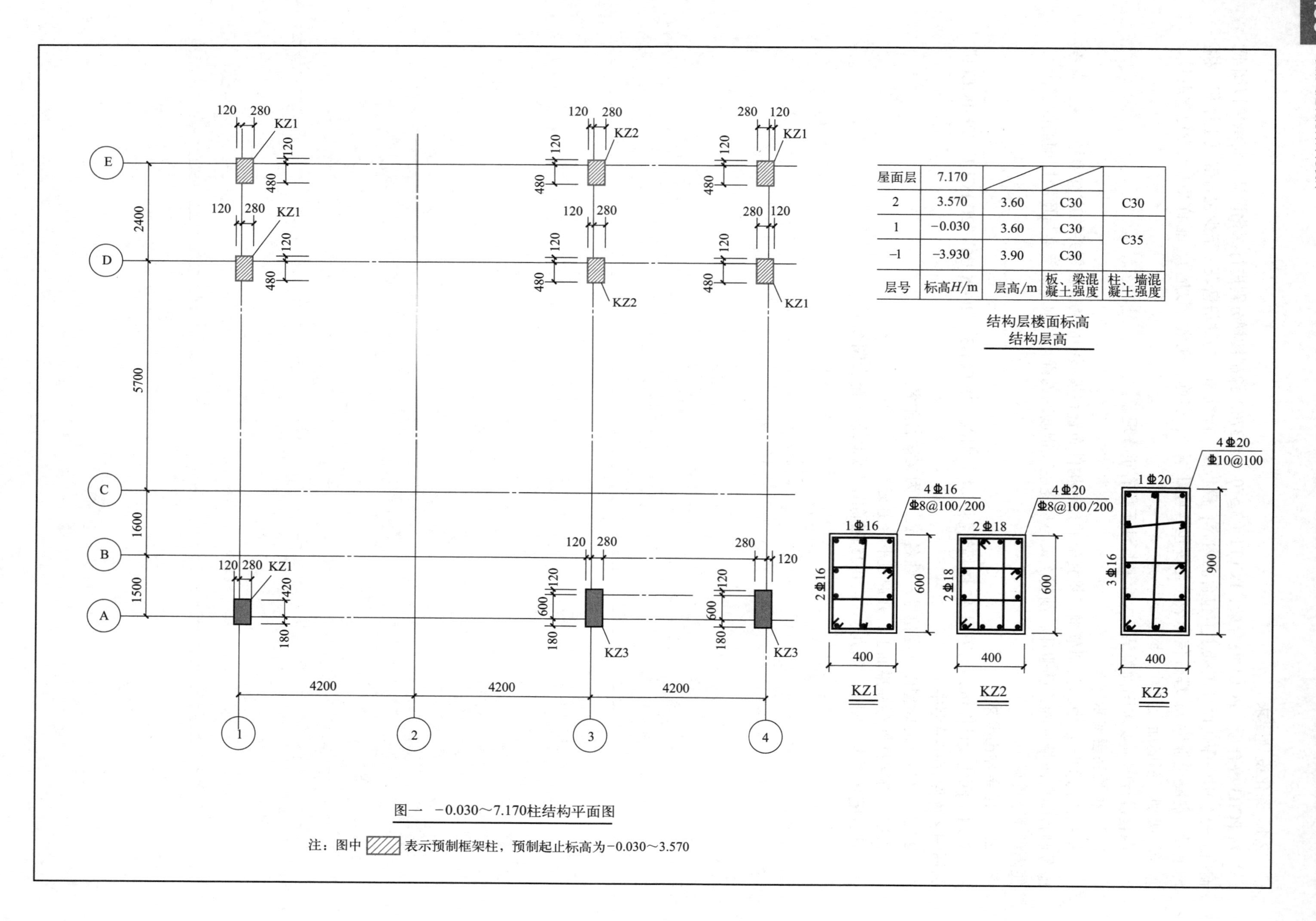

层号	标高H/m	层高/m	板、梁混凝土强度	柱、墙混凝土强度
屋面层	7.170			
2	3.570	3.60	C30	C30
1	−0.030	3.60	C30	C35
−1	−3.930	3.90	C30	

结构层楼面标高
结构层高

图一 −0.030～7.170柱结构平面图

注：图中▨表示预制框架柱，预制起止标高为−0.030～3.570

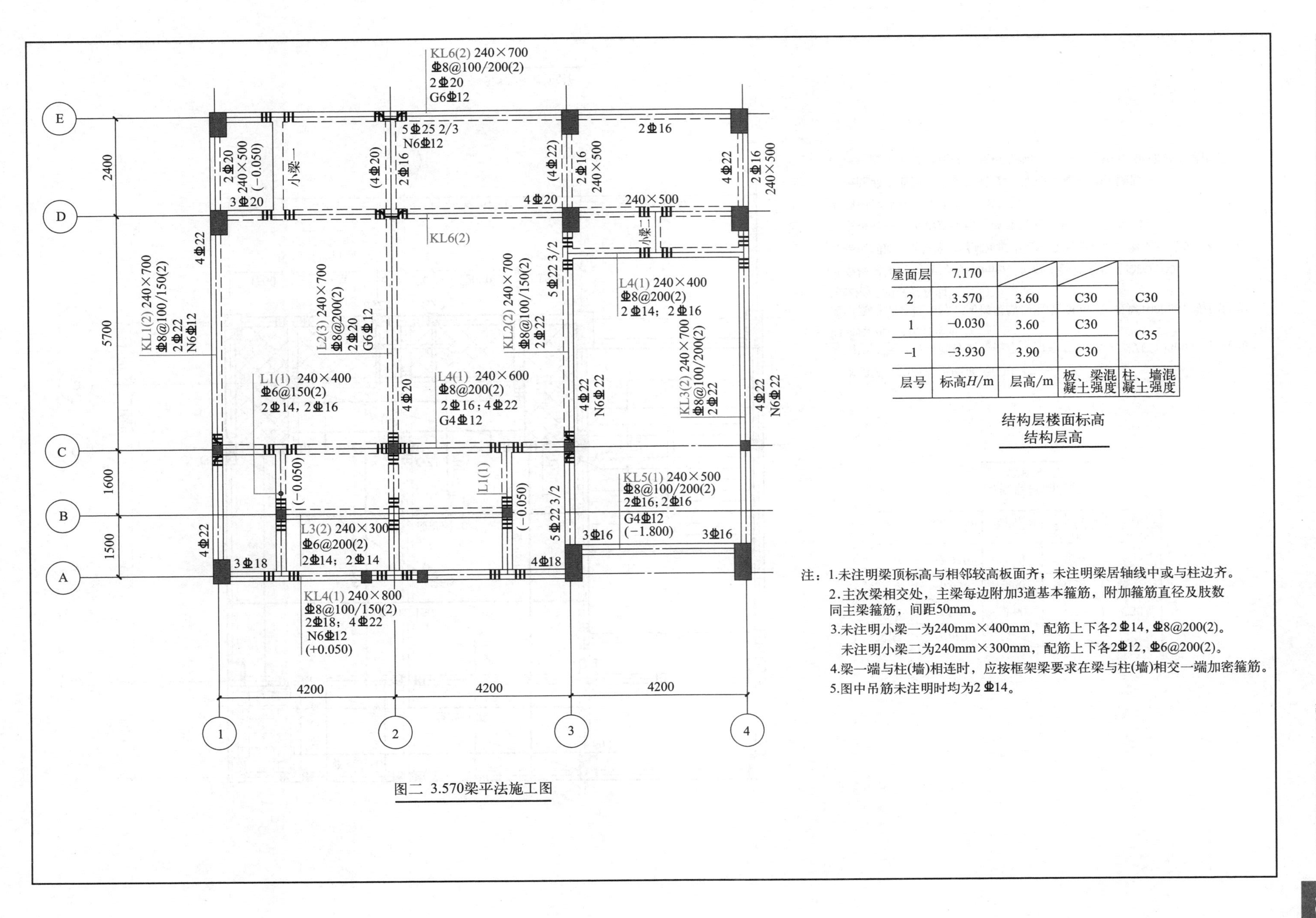

屋面层	7.170			
2	3.570	3.60	C30	C30
1	−0.030	3.60	C30	C35
−1	−3.930	3.90	C30	
层号	标高H/m	层高/m	板、梁混凝土强度	柱、墙混凝土强度

结构层楼面标高

结构层高

注：1.未注明梁顶标高与相邻较高板面齐；未注明梁居轴线中或与柱边齐。

2.主次梁相交处，主梁每边附加3道基本箍筋，附加箍筋直径及肢数同主梁箍筋，间距50mm。

3.未注明小梁一为240mm×400mm，配筋上下各2⏀14，⏀8@200(2)。

未注明小梁二为240mm×300mm，配筋上下各2⏀12，⏀6@200(2)。

4.梁一端与柱(墙)相连时，应按框架梁要求在梁与柱(墙)相交一端加密箍筋。

5.图中吊筋未注明时均为2⏀14。

图二 3.570梁平法施工图

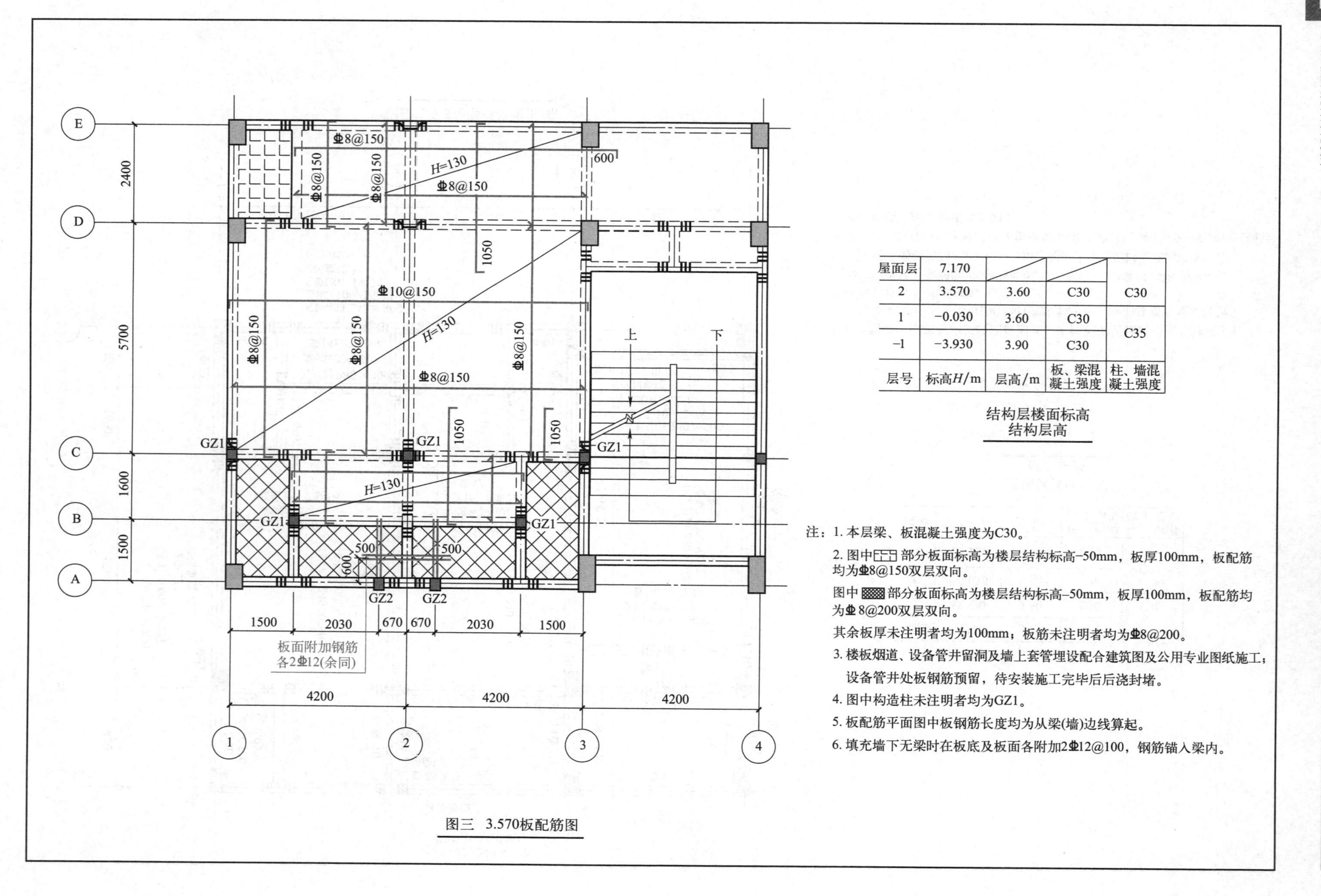

屋面层	7.170			C30
2	3.570	3.60	C30	
1	−0.030	3.60	C30	C35
−1	−3.930	3.90	C30	
层号	标高H/m	层高/m	板、梁混凝土强度	柱、墙混凝土强度

结构层楼面标高
结构层高

注：1. 本层梁、板混凝土强度为C30。

2. 图中[图例]部分板面标高为楼层结构标高−50mm，板厚100mm，板配筋均为Φ8@150双层双向。

图中[图例]部分板面标高为楼层结构标高−50mm，板厚100mm，板配筋均为Φ 8@200双层双向。

其余板厚未注明者均为100mm；板筋未注明者均为Φ8@200。

3. 楼板烟道、设备管井留洞及墙上套管埋设配合建筑图及公用专业图纸施工；设备管井处板钢筋预留，待安装施工完毕后后浇封堵。

4. 图中构造柱未注明者均为GZ1。

5. 板配筋平面图中板钢筋长度均为从梁(墙)边线算起。

6. 填充墙下无梁时在板底及板面各附加2Φ12@100，钢筋锚入梁内。

图三 3.570板配筋图

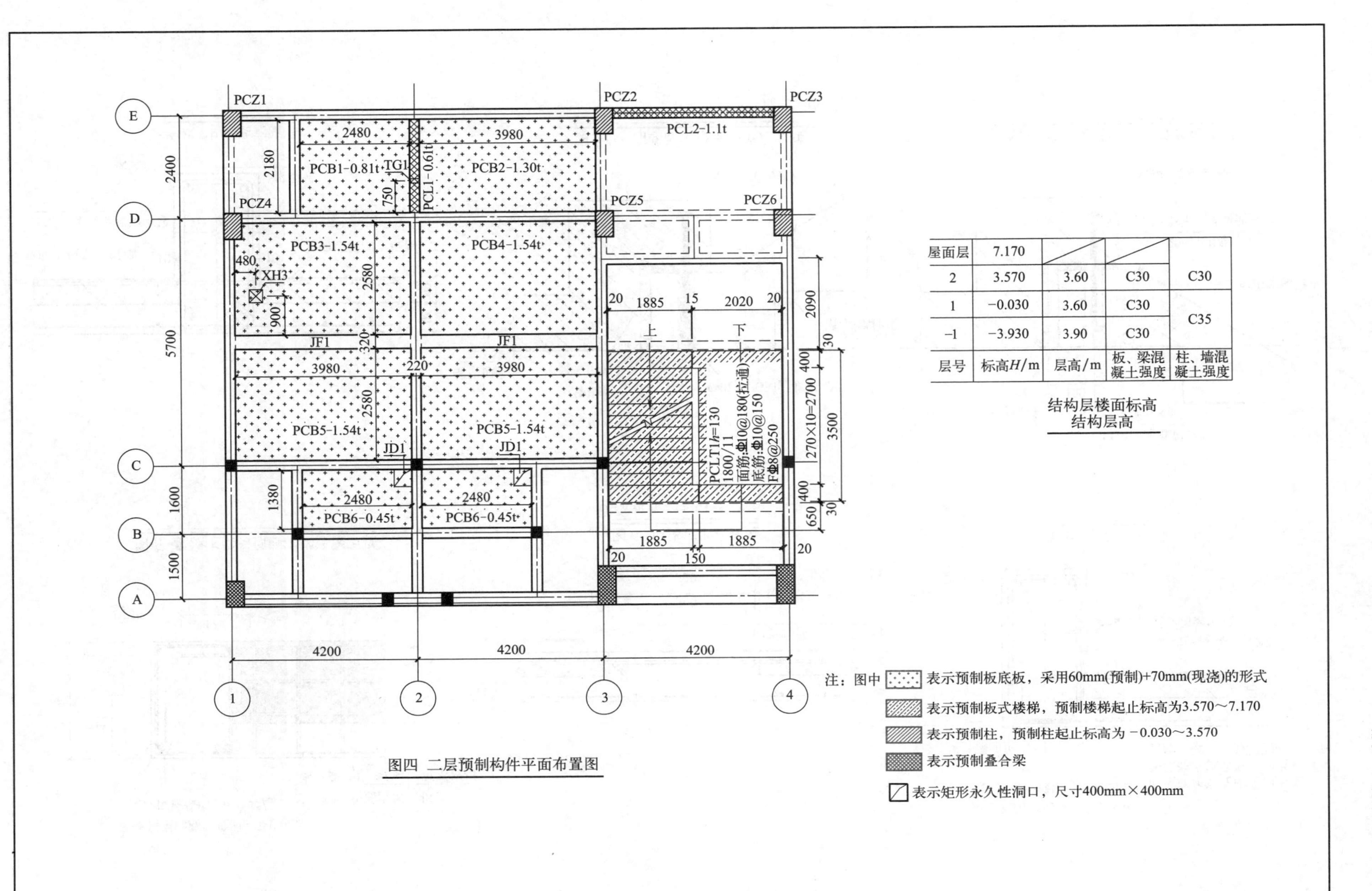

屋面层	7.170			
2	3.570	3.60	C30	C30
1	−0.030	3.60	C30	C35
−1	−3.930	3.90	C30	
层号	标高H/m	层高/m	板、梁混凝土强度	柱、墙混凝土强度

结构层楼面标高
结构层高

注：图中 表示预制板底板，采用60mm(预制)+70mm(现浇)的形式
表示预制板式楼梯，预制楼梯起止标高为3.570～7.170
表示预制柱，预制柱起止标高为 −0.030～3.570
表示预制叠合梁
表示矩形永久性洞口，尺寸400mm×400mm

图四 二层预制构件平面布置图

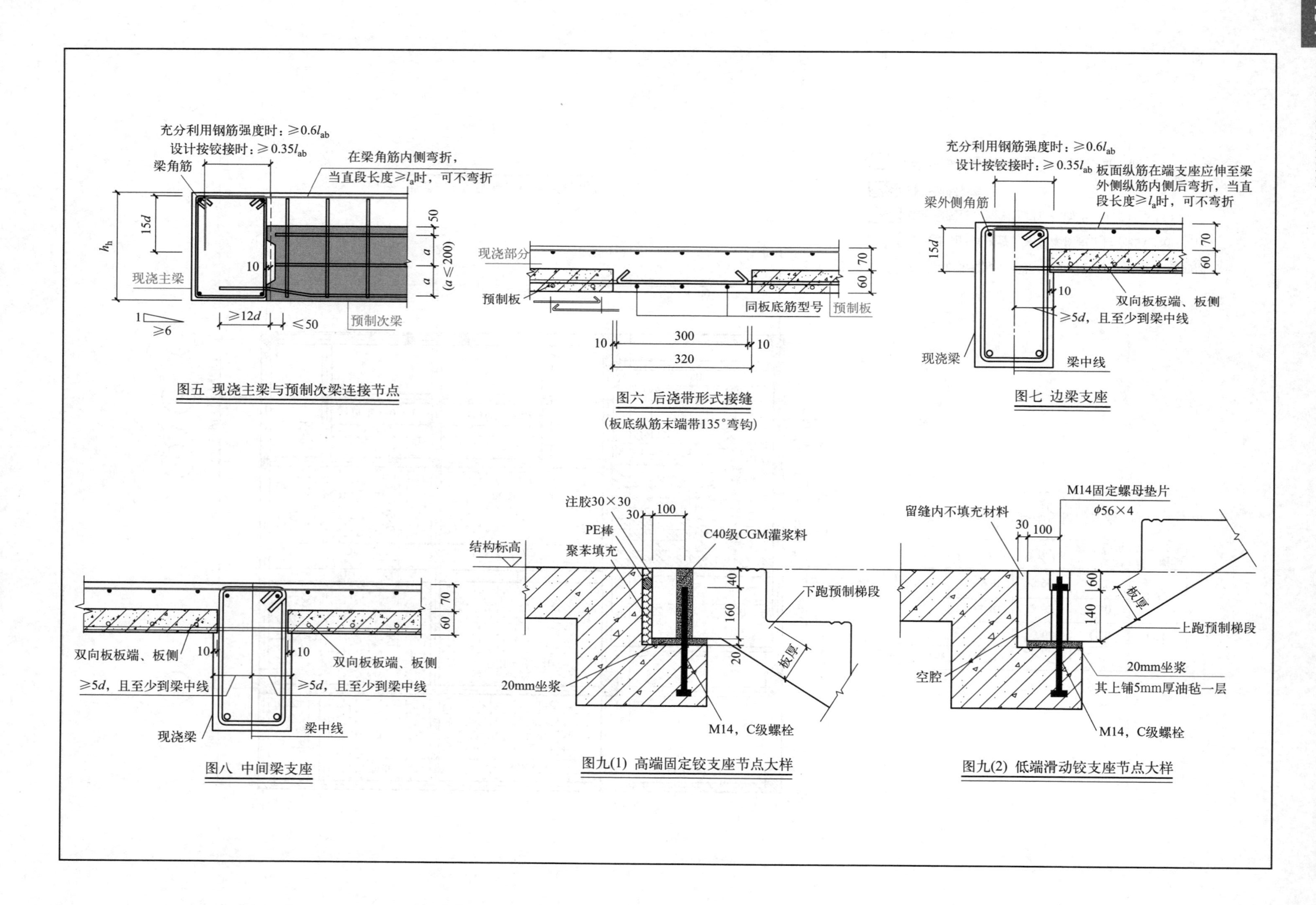

图五 现浇主梁与预制次梁连接节点

图六 后浇带形式接缝
(板底纵筋末端带135°弯钩)

图七 边梁支座

图八 中间梁支座

图九(1) 高端固定铰支座节点大样

图九(2) 低端滑动铰支座节点大样

参考文献

[1] 中华人民共和国住房和城乡建设部．装配式建筑评价标准：GB/T 51129—2017[S]. 北京：中国建筑工业出版社，2018.

[2] 中华人民共和国住房和城乡建设部．混凝土结构工程施工质量验收规范：GB 50204—2015[S]. 北京：中国建筑工业出版社，2015.

[3] 杨思忠，郭宁，任成传，等．钢筋套筒灌浆连接技术在装配式公租房工程中的应用 [J]. 混凝土世界，2018（4）：47-53.

[4] 李桂燕，刘凤东，王冬梅，等．装配式建筑用套筒灌浆材料的研究及应用现状 [J]. 天津建设科技，2019，29（S1）：83-85.

[5] 于慧．高层装配式建筑墙板吊装的应用研究 [D]. 淮南：安徽理工大学，2017.

[6] 岳莹莹．基于 BIM 的装配式建筑信息共享途径和方法研究 [D]. 聊城：聊城大学，2017.

[7] 魏宏毫．装配式低能耗建筑气密性设计研究 [D]. 济南：山东建筑大学，2017.

[8] 常春光，王嘉源，李洪雪．装配式建筑施工质量因素识别与控制 [J]. 沈阳建筑大学学报（社会科学版），2016，18（01）：58-63.

[9] 郑玉婷．装配式建筑可持续发展评价研究 [D]. 西安：西安建筑科技大学，2018.